제1판

영양교사 단기 합격 전략서

심재범 전공영양

이론1 하

- 식품학
- 조리원리

심재범 편저

박문각 임용 동영상강의 www.pmg.co.kr

박문각

이 책의
차례

Part 3

식품학

Part 4

조리원리

이 책에 수록된 기출 문제는 스스로 풀어보는 용도로 수록돼 있습니다. 따라서 문제의 답과 해설은 제공하지 않습니다.

영양교사 단기 합격 전략서

심재범 전공영양 이론1 하

식품학

수분

1 수소 결합과 물의 특징

(1) 수소 결합

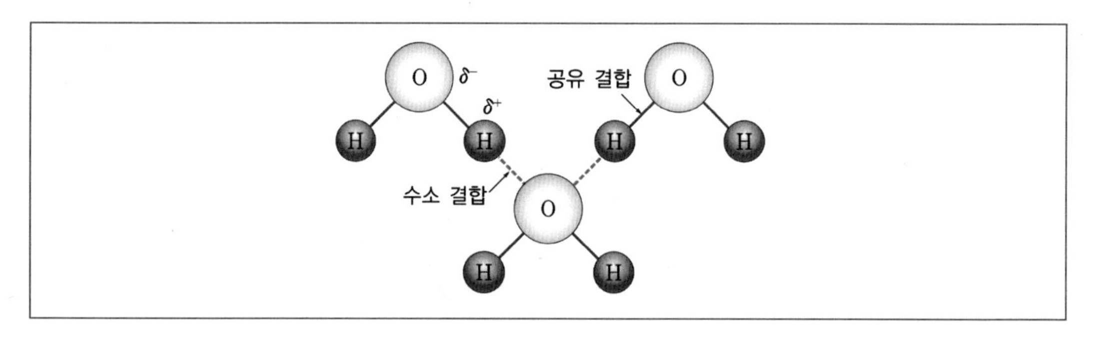

전기 음성도 차이로 산소는 부분적 음전하(δ^-)가 되고, 수소는 부분적 양전하(δ^+)가 됨. 부분적 음전하인 O와 부분적 양전하인 H 사이의 결합을 수소 결합이라고 함

(2) 물의 특징

(아래 특징들은 모두 물 분자 간 수소 결합 때문)

① 비슷한 분자량의 다른 물질들에 비해서 비점(=끓는점), 융점(=녹는점)이 높음
(참고로, 물에 설탕·소금 등의 용질이 녹아 있으면 순수한 물보다 비점은 올라가고, 어는점은 내려감)

② 비열이 큼(비열=어떤 물질 1g의 온도를 1℃ 올리는 데 필요한 열량)
물보다 식용유의 비열이 낮아 식용유 온도가 빨리 올라감

③ 물은 다른 액체에 비해 표면 장력이 큼

④ 온도가 내려가면, 물 분자 간 수소 결합이 더 정밀해져 부피 감소(=밀도는 증가), 그러나 4℃ 이하에서는 물의 부피 증가, 얼음이 되면 부피 더 증가

2 자유수와 결합수

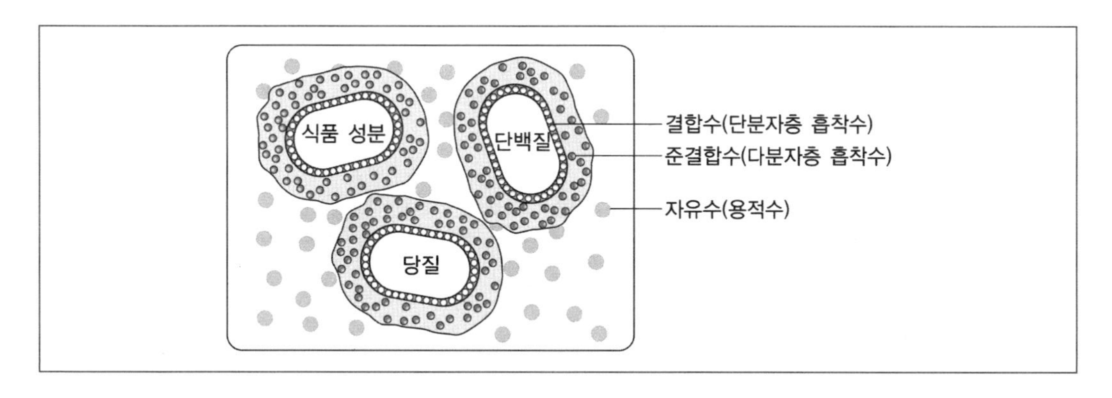

자유수(자유롭게 이동하는 물)	결합수(식품 성분에 결합된 물)
용매로 작용 ○	용매로 작용 ×
미생물 생육에 이용 ○	미생물 생육에 이용 ×
화학 반응에 사용 ○	화학 반응에 사용 ×
동결, 증발 ○	동결, 증발 ×
수증기압 관여 ○	수증기압 관여 ×

3 수분 활성(Aw)

(1) 수분 활성이란?

(일정 온도에서) 식품 수증기압 / 순수한 물의 수증기압

① **수분 활성 vs 수분 함량**: 수분 함량은 높더라도 결합수가 비율이 높다면 수분 활성은 떨어질 수 있음. 식품 저장성은 수분 함량보다 수분 활성이 더 중요함

② 순수한 물의 수분 활성은 1. 모든 수분이 자유수

(2) 식품의 수분 활성이 1보다 작은 이유

수분 활성은 '식품 수증기압 / 순수한 물의 수증기압'이다. 식품의 수분 일부는 탄수화물, 단백질 등 수용성 식품 성분과 단단하게 결합된 결합수 상태로 존재한다. 따라서, 식품의 수증기압은 순수한 물의 수증기압보다 작으므로, 식품의 수분 활성은 1보다 작다.

> 평형상대습도(ERH) = 수분 활성 × 100
> 0% < ERH < 100%, 0 < Aw < 1

수분 활성도 계산(계산기 사용 가능, 모든 나눗셈은 소수 셋째 자리에서 반올림)

- 30% 소금물
- 설탕 20%, 물 30% (나머지는 물에 녹지 않는 성분으로 간주)

단, 수분 활성도 = 물의 몰수 / (물의 몰수 + 용질 몰수)
설탕 분자량 342, 소금 분자량 58.5, 물 분자량 18

- (70/18) / { (70/18) + (30/58.5) } = 3.89 / (3.89+0.51) = 0.88
- (30/18) / { (30/18) + (20/342) } = 1.67 / (1.67+0.06) = 0.96

중간 수분 식품

수분 활성 0.65~0.85 정도의 식품으로 미생물 생육을 억제해 보존성은 높이면서도 식품 고유의 조직감은 유지

기출 문제 2020-A10

다음은 식품의 수분과 수분 활성도에 관한 내용이다. 〈작성 방법〉에 따라 서술하시오. [4점]

식품 중의 수분은 자유수와 결합수 형태로 존재하는데 ㉠ 식품 중에 결합수의 양이 증가하면 식품의 저장성이 향상된다. 식품의 저장성은 수분함량보다는 수분 활성도의 영향을 더 많이 받는다. 일반적으로 ㉡ 식품의 수분 활성도는 순수한 물의 수분 활성도보다 작다.

〈작성 방법〉

- 결합수의 성질을 고려하여 밑줄 친 ㉠의 이유 2가지를 제시할 것
- 순수한 물의 수분 활성도 값을 쓰고, 밑줄 친 ㉡의 이유를 제시할 것

4 등온 흡습 곡선/등온 탈습 곡선

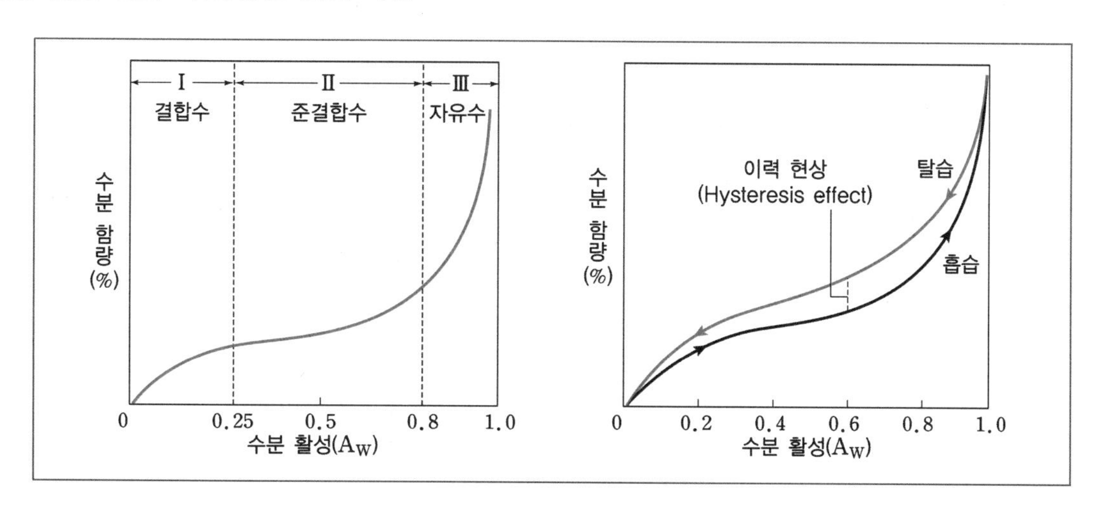

(1) 영역

- 영역 I(단분자층 형성 영역): 식품과 물의 이온 결합, 결합수
- BET point: 영역 I과 II의 경계, BET 단분자층을 형성하는 수분 활성(1겹의 막이 형성)

  객관식 단분자층을 형성하는 수분량
- 영역 II(다분자층 형성 영역): 물과 물 수소 결합, 준결합수
- 영역 III(모세관 응축 영역): 식품 중 수분의 대부분(95% 정도) 차지, 자유수

(2) 등온 흡습 곡선, 등온 탈습 곡선

(일정 온도에서) 식품의 수분 함량과 평형 상대 습도(또는 수분 활성)의 관계를 나타낸 그래프
x축에 수분 활성 또는 평형 상대 습도를 표기

(3) 이력 현상(=히스테리시스)

등온 흡습 곡선과 등온 탈습 곡선이 일치하지 않는 현상. 같은 수분 활성에서의 수분 함량은 흡습 시보다 탈습 시가 더 높음. 흡습 시와 탈습 시의 식품 구조가 다르기 때문이라고 하는데 정설은 없음

5 수분 활성도와 식품의 품질

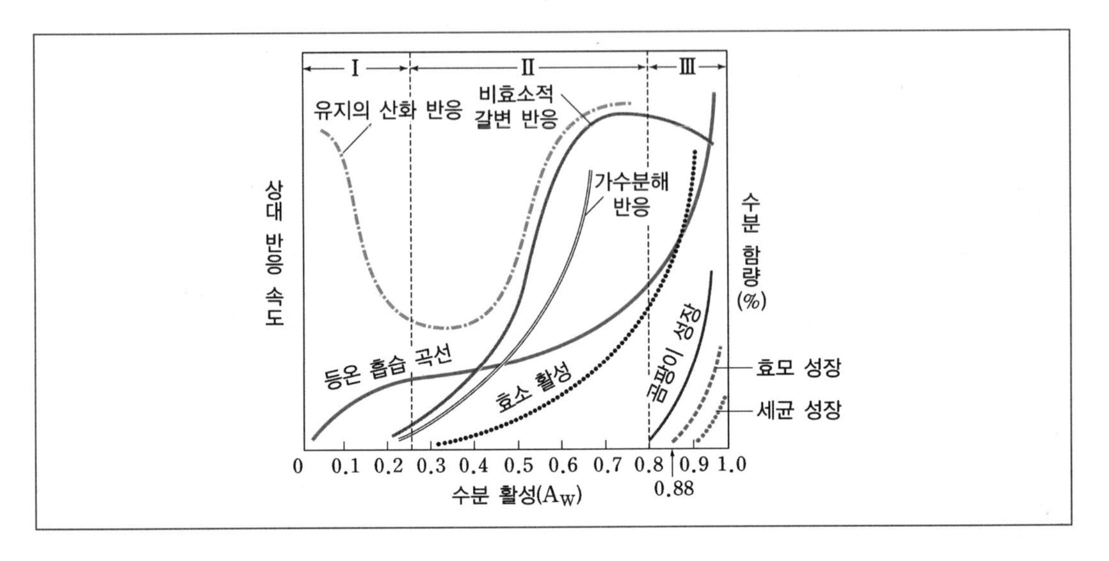

(1) 미생물

① 더 높은 수분 활성을 필요로 하는 순서: 세균 > 효모 > 곰팡이

② 수분 활성을 낮추는 방법: 건조, 냉동, 염장(소금), 당장(설탕)

(2) 유지 산화

수분 활성이 낮으면, 다른 것은 괜찮으나 유지 산화가 증가해서 문제임

BET point 근처에서 식품 저장성이 가장 좋음(다른 것도 좋고, 유지 산화도 최소)

- 영역 I에서 그래프를 왼쪽 방향으로 볼 때, 수분 활성이 감소함에도(이용할 물이 없는데), 되레 유지 산화 속도가 증가하는 이유? 단분자층조차 형성하지 못할 정도로 수분이 부족한 상태가 되어서, 지방 성분이 산소, 빛, 금속에 쉽게 노출되기 때문
- BET point 근처에서 유지 산화 속도가 최저인 이유
  식품 표면의 물 분자가 과산화물 분해 억제, 금속 이온 수화로 촉매 작용 억제
- 수분 활성이 높아지면 산화 촉진 인자의 이동성 증가

(3) 효소

리파아제는 Aw 0.1~0.3에서도 활성을 나타냄

(4) 비효소적 갈변

수분이 적을 때 물질의 이동성이 제한, 수분이 많을 때 희석 효과로 갈변 속도 감소

기출 문제 2016-B4

다음은 수분 활성도(water activity)와 식품 안정성(stability)의 관계를 보여주는 그래프이다. A 반응곡선은 영역 I (단분자층 형성 영역)에서 수분 활성도가 낮을수록 오히려 상대 속도가 증가하는 현상을 보인다. 이러한 현상이 나타나는 이유를 설명하고 A 곡선의 반응 명칭을 쓰시오. [4점]

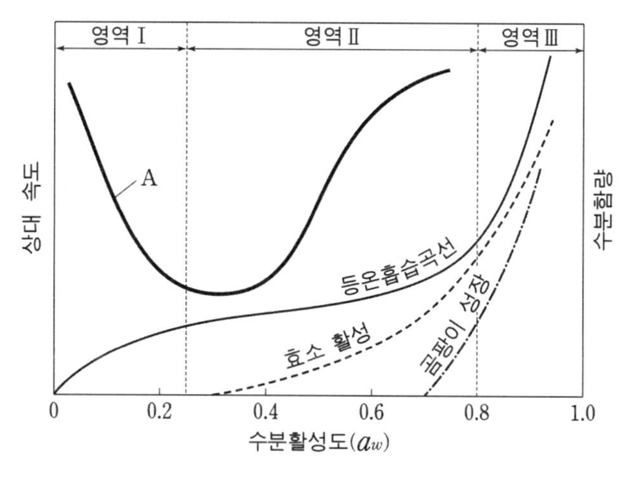

탄수화물

1 개념

탄수화물은 '1개의 알데히드기 또는 케톤기'와 '2개 이상의 히드록시기' 함유

탄수화물 = 단당류 + 이당류 + 소당류(올리고당) + 다당류

- 당류 : 영양정보표 및 영양소섭취기준 / 당류는 단당류 + 이당류
- 당질 : 식품교환표(구) / 당질 = 탄수화물, 또는 당질은 식이섬유를 제외한 것
- 단순당과 복합당 : 식사요법
  - 단순당 : 단당류, 이당류. 식품으로는 설탕, 꿀, 사탕, 음료수 등등
  - 복합당 : 다당류. 식품으로는 과일, 곡류 등등

2 단당류

(1) 작용기에 따라

① 알도스 : 알데히드기 함유

② 케토스 : 케톤기 함유

(2) 탄소 수

3탄당 이상이며, 5탄당과 6탄당이 가장 흔함

구분	알도스	케토스
3탄당	글리세르알데히드	디히드록시아세톤
5탄당	리보오스, 자일로스, 아라비노스	리불로오스
6탄당	포도당, 갈락토스, 만노스	과당

(3) 사슬형과 고리형

① 생체 내 주로 사슬형보다 고리형으로 존재

고리형 포도당 = 헤미 아세탈 구조 / 고리형 과당 = 헤미 케탈 구조

② 부제 탄소 : 탄소의 4개의 결합손에 서로 다른 원자나 원자단이 결합

③ 아노머 탄소 : 사슬형이 고리형으로 바뀔 때 새로 부제 탄소가 되는 탄소를 아노머 탄소라고 함 (포도당, 갈락토스는 1번 탄소, 과당은 2번 탄소가 아노머 탄소임)

④ 글리코시드성 $-OH$기 = 아노머 탄소에 결합된 $-OH$기 = 헤미 아세탈(또는 헤미 케탈) $-OH$기(포도당, 갈락토스는 1번 탄소에 결합된 $-OH$기, 과당은 2번 탄소에 결합된 $-OH$기가 글리코시드성 $-OH$기임. 사슬형에서부터 원래 있던 히드록시기가 아니라 고리형이 되면서 새로 만들어진 히드록시기임. 당류의 화학에서 매우 중요하니 탄소 번호 꼭 기억)

⑤ **환원당**: 유리 상태(=비결합 상태)의 글리코시드성 $-OH$기 있어야 환원력 있음(환원당)

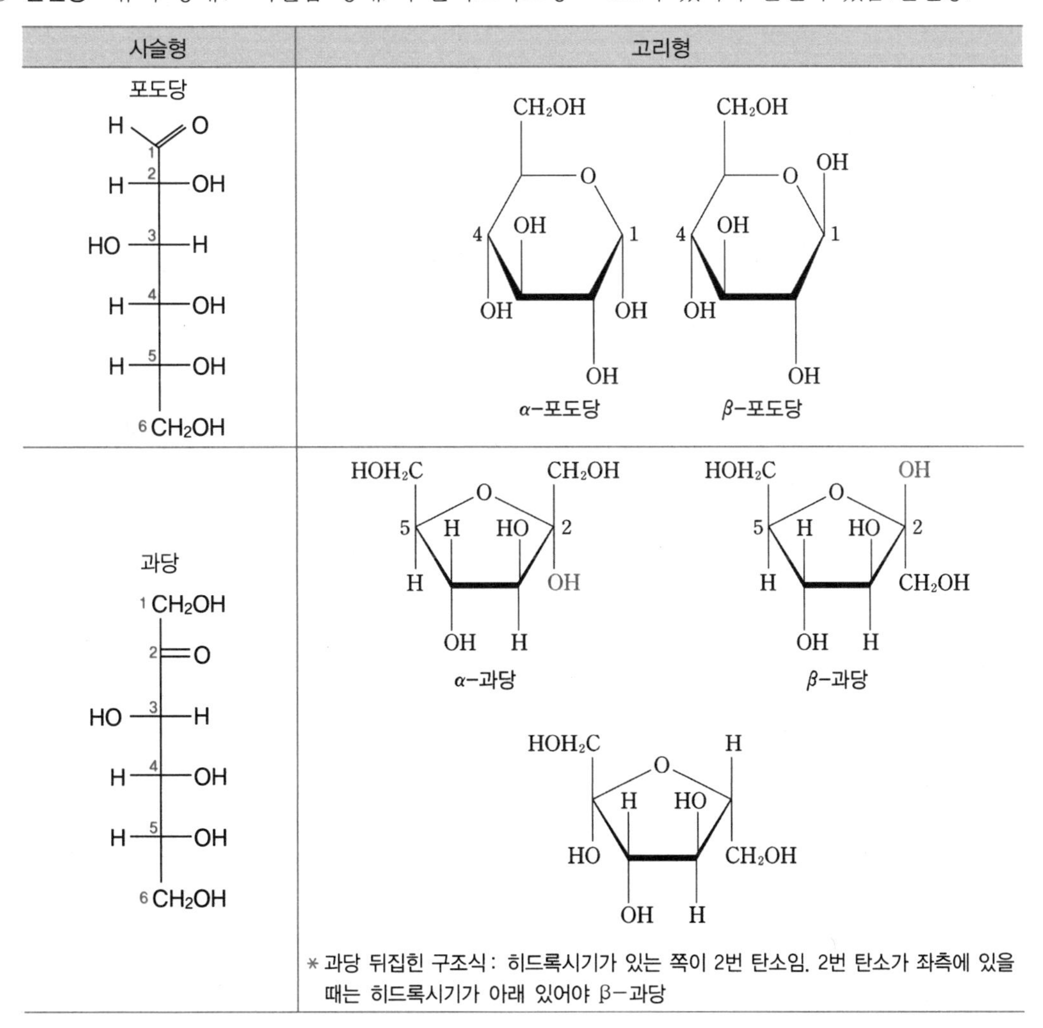

Fructose

α-D-fructofuranose ⇌ Fructose ⇌ β-D-fructofuranose

α-D-fructopyranose ⇌ Fructose ⇌ β-D-fructopyranose

과당의 furanose형 및 pyranose형

(4) **이성질체**

① 거울상 이성질체(enantiomer): 거울에 비춰진 모습이라는 뜻 예 D-포도당과 L-포도당

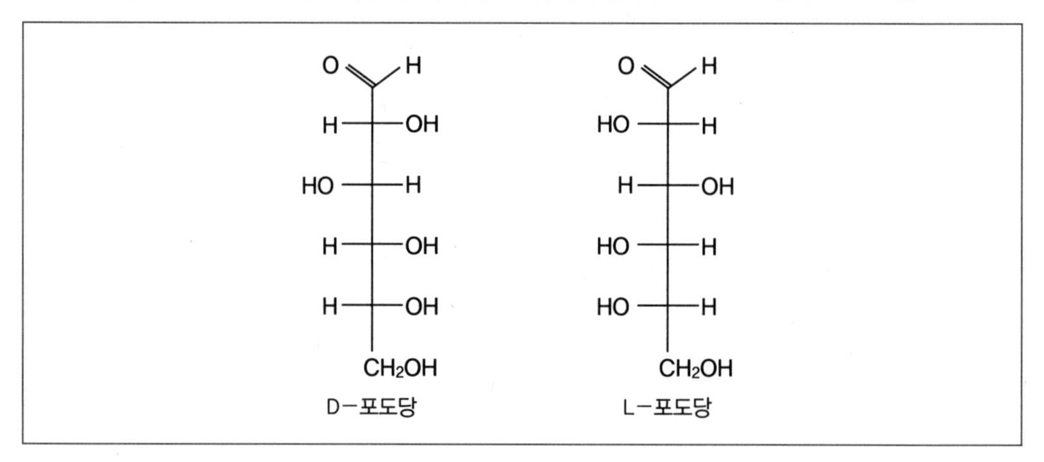

㉠ 단당의 D형, L형 구분법: 아노머 탄소에서 가장 먼 부제 탄소에 결합된 -OH기의 위치. 오른쪽이 D

㉡ 자연계 D형이 많음. 생체 내 대사되는 형태는 D형

㉢ L형은 에너지를 생성하지 않으므로 대체 감미료로 이용

② **광학이성질체**: (비)선광도가 서로 반대임. (+)는 우선성, (−)는 좌선성

예 D(+) 포도당은 우선성이고 L(−) 포도당은 좌선성

- D(−) 포도당도 있는가? 아니다.
- D는 꼭 (+)인가? 아니다. 과당은 D(−) 과당, L(+) 과당

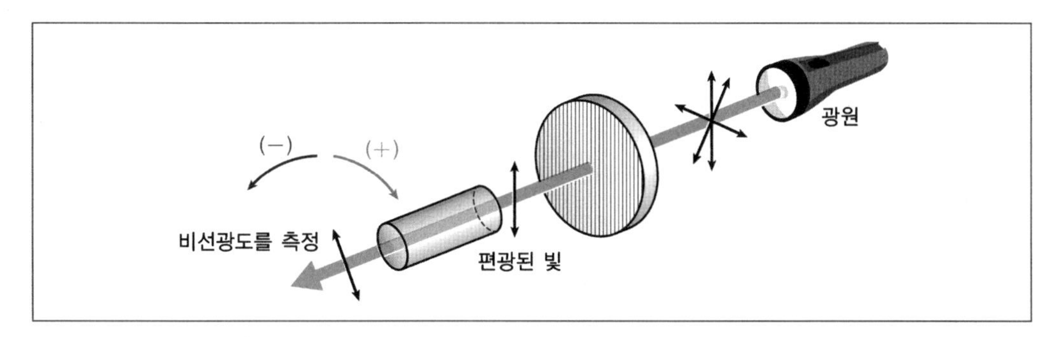

㉠ (비)선광도: 당(또는 아미노산) 용액에 편광을 쪼였을 때 빛이 꺾이는 각도, 선광성은 그런 특성, 부제 탄소 없으면 → D/L 구분 없음, 선광성 없음, (+)/(−) 구분이 없음(예 글리신)

㉡ 라세미체: 우선성과 좌선성이 1:1로 존재하여 선광도 값이 0이 된 혼합물

③ 에피머: 하나의 부제 탄소에서만 구조가 다름

㉠ D−갈락토스 & D−포도당

㉡ D−포도당 & D−만노스

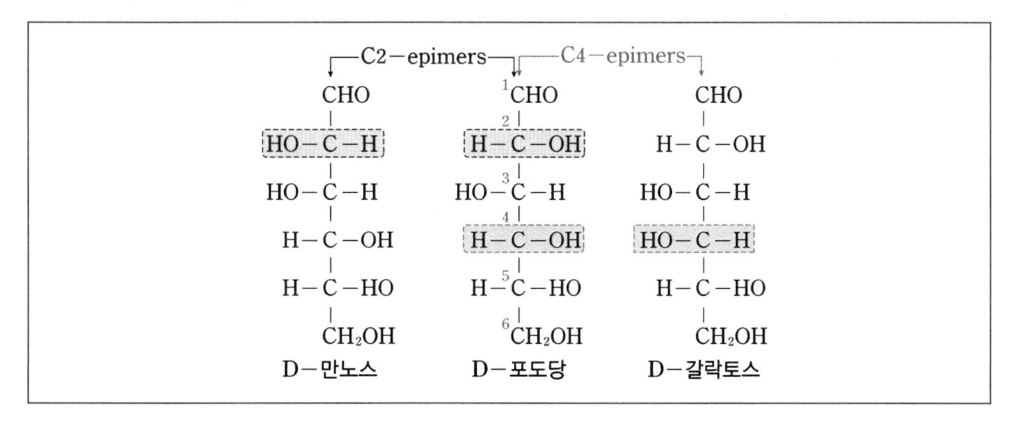

④ 입체이성질체

㉠ 개수(사슬형에서) : $2^{\text{부제 탄소 수}}$

㉡ 포도당의 부제 탄소 수 = 4, 포도당의 입체이성질체 개수 = 2^4 = 16개

㉢ 과당의 입체이성질체 개수 = 2^3 = 8개

⑤ 아노머

㉠ 고리형에서 글리코시드성 −OH기가 우측에 있을 때, 글리코시드성 −OH기가 평면의 아래로 가면 α형, 위로 가면 β형

㉡ α형과 β형은 서로 아노머 관계

㉢ 유리 상태의 글리코시드성 −OH기는 고리형에서 위/아래 이동이 가능[한 번 α형(아래)이라 해서 영원히 α형인 것이 아니고, 온도 등 외부 환경에 따라 β형(위)이 될 여지도 있는 것임]

(5) 5탄당

5탄당은 자연계에 거의 유리 상태로 존재하지 않으며 중합체의 구성 성분으로 존재. 자일란, 아라반 등은 인체에 소화 효소가 없어 열량원으로 이용되지 못함

① 리보오스(ribose)

㉠ 핵산 구성(핵산 = RNA + DNA)

- 인체 내에서는 포도당으로부터 리보오스 합성(5탄당 인산 경로)
- 리보오스는 RNA 구성, 디옥시리보오스는 DNA 구성
- 2번 탄소의 히드록시기에서 산소 원자 제거된 것이 디옥시리보오스

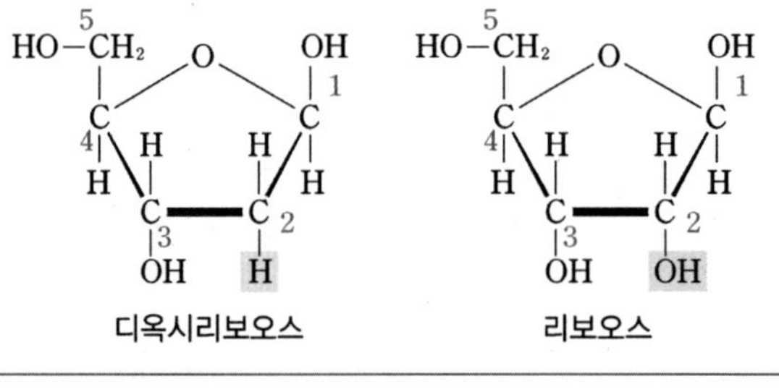

디옥시리보오스　　리보오스

㉡ 조효소 구성

- NAD, FAD : 리보오스
- NADP : 리보오스의 2번 탄소에 -OH기 대신 인산기
- CoA : 리보오스의 3번 탄소에 -OH기 대신 인산기

② 자일로스(xylose) : 설탕의 60% 단맛으로 저칼로리 감미료, 목재에서 추출(목재당이라고도 함)

③ 아라비노스(arabinose) : 아라비노스는 아라반을 구성하는 단당(아라반은 단순 다당류이며, 아라비아 검을 구성)

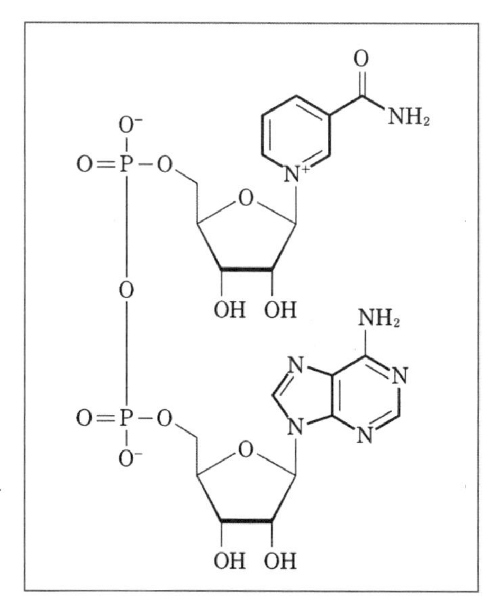

NAD

(6) 6탄당

포도당(glucose)	• 맥아당, 유당, 설탕, 전분, 셀룰로오스, 글리코겐 성분 • 유리 상태로도 존재 • 고리형 중 α형이 더 안정하고 더 닮
과당(fructose)	• 과실 중에 널리 존재 • 유리 상태의 과당은 pyranose형 및 furanose형(pyranose형일 때 더 안정) • 이당류 및 소당류를 구성할 때는 furanose형 • 당류 중 용해도가 가장 커서 결정화 어려움 • 천연당 중 가장 닮
갈락토스(galactose)	• 유당 구성 성분 • 뇌 및 신경 조직에서 발견되는 당지질 및 당단백질의 성분 • 뇌 발달이 왕성한 영유아에 필수적 • 유리 상태로 존재하지 않음
만노스(mannose)	• 다당류인 만난 및 글루코만난의 구성 성분 • 유리 상태로 존재하지 않음

3 당유도체

(1) 데옥시(deoxy)당

단당류에서 히드록시기의 산소 원자 하나가 제거된 당

단당	데옥시당	
리보오스	디옥시리보오스	ribose는 RNA, deoxyribose는 DNA 구성
만노스	람노스(rhamnose)	
갈락토스	푸코스(fucose)	푸코스는 해조류의 다당류인 푸코이단의 기본 단위

(2) 알돈산(aldonic acid)

① 단당류의 알데히드기(−CHO)가 산화되어 카르복실기(−COOH)로 변한 것(1번 탄소)

② 포도당의 알돈산은 글루콘산

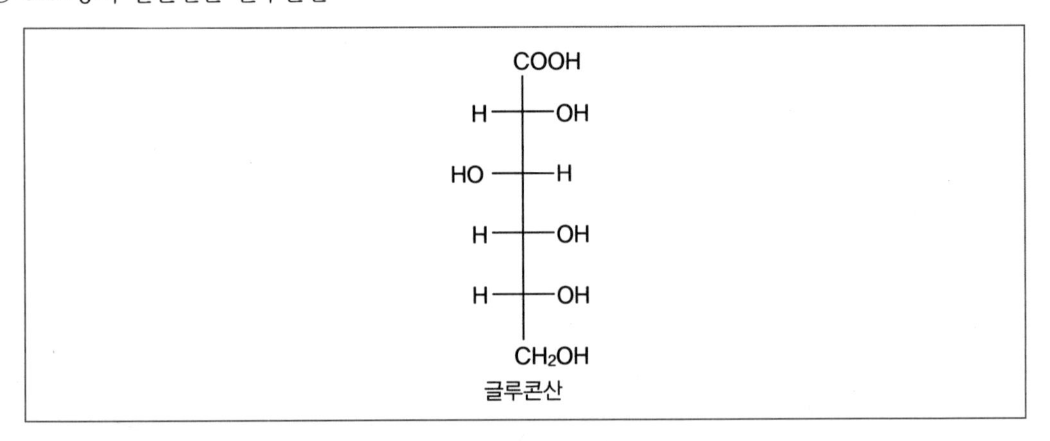

글루콘산

* 두부 응고제의 하나인 글루코노델타락톤을 물에 녹이면 글루콘산이 됨

(3) 우론산

① 단당류 말단의 히드록시기가 산화되어 카르복실기로 변한 것(6번 탄소)

② $-CH_2OH$가 $-COOH$로 산화된 것

③ 포도당의 우론산은 글루쿠론산, 갈락토스의 우론산은 갈락투론산

갈락투론산 사슬형 구조식	갈락투론산 고리형 구조식
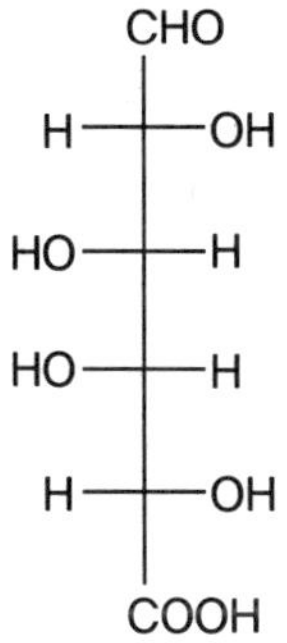 CHO H—OH HO—H HO—H H—OH COOH	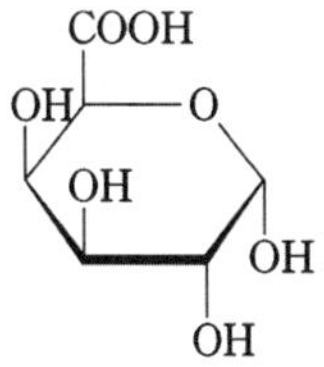 COOH OH O OH OH OH

* 참고로, 갈락투론산은 펙트산의 구성 단위

(4) 알다르산

단당류에서 알데히드기와 말단의 히드록시기가 모두 카르복실기로 산화된 것(1번과 6번 탄소)

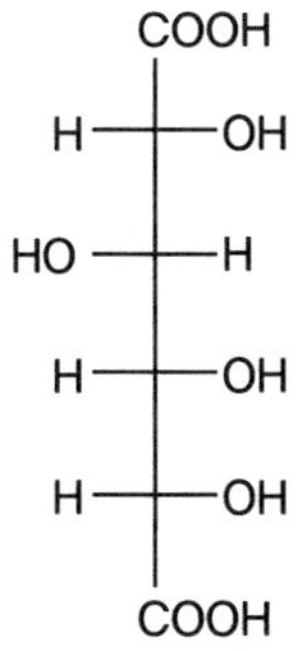

COOH
H—OH
HO—H
H—OH
H—OH
COOH
글루카르산

* 당산 = 알돈산, 우론산, 알다르산

(5) 당알코올

① 당의 알데히드기가 환원되어 히드록시기로 변한 것

② $-CHO$가 $-CH_2OH$로 환원(1번 탄소)

③ 일반적으로 보습성 있음

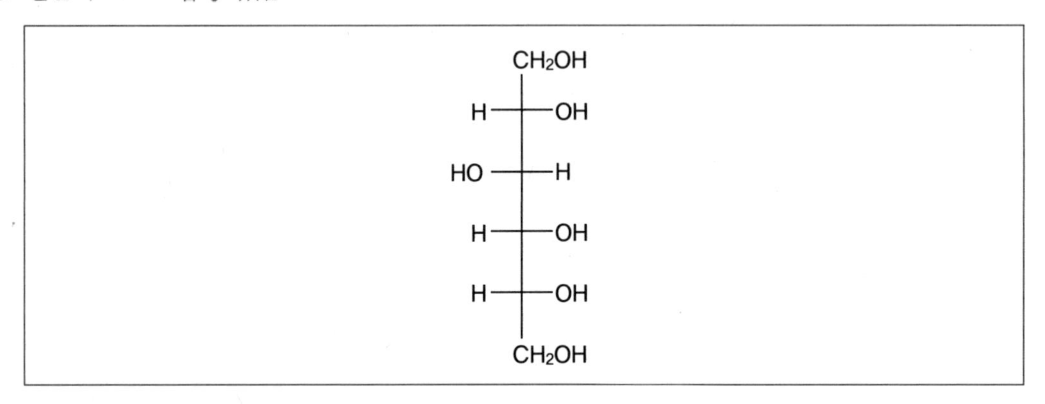

포도당의 당알코올인 솔비톨

④ 종류

- 포도당(C_6) → 솔비톨 2.6kcal/g, 감미료, 비타민 C 합성 재료
- 만노스(C_6) → 만니톨 1.6kcal/g, 감미료, 곶감 · 미역 · 고구마의 흰 가루
- 자일로스(C_5) → 자일리톨 2.4kcal/g, 충치 예방
- 에리트로스(C_4) → 에리트리톨 열량 거의 없음
- 말토스(이당) → 말티톨 3kcal/g

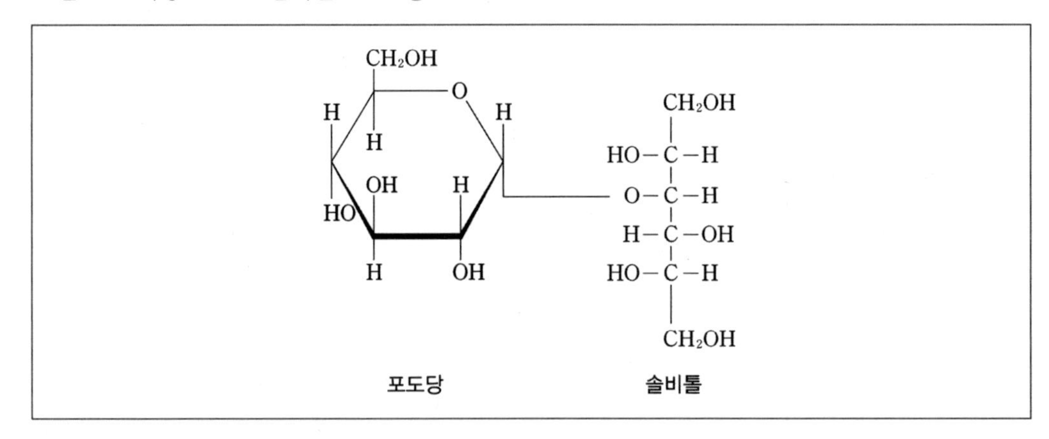

말티톨

- 리비톨 : 리보오스의 당알코올, 비타민 B_2 구성 성분
- 이노시톨 : 고리 구조의 당알코올, 근육당이라고도 함

⑤ 감미도: 과당 > 설탕 > 포도당

- 자일리톨, 말티톨은 설탕 정도
- 만니톨, 솔비톨, 에리트리톨은 포도당 정도

  * 당알코올, 알돈산 등 (거의) 알도스 유도체

(6) 아미노당

① 히드록시기가 아미노기로 치환된 당

② 대표적 아미노당: 글루코사민(갑각류 껍질의 키토산 구성, 세균 세포벽 등을 구성)

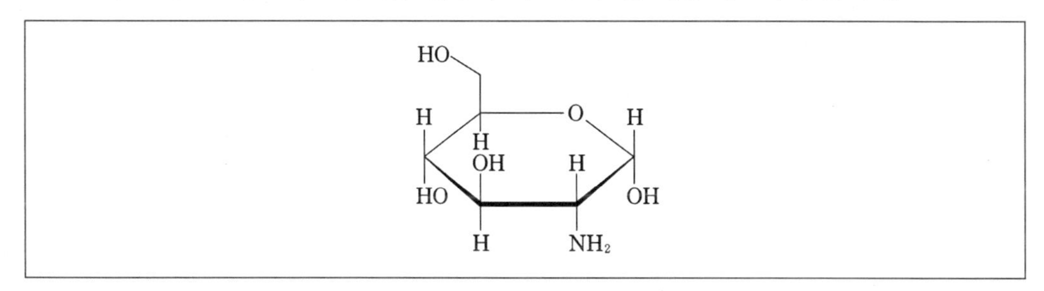

글루코사민

(7) 배당체

① 배당체 = 당 + 아글리콘 (당의 글리코시드성 −OH기와 아글리콘 결합 산물)

② 배당체를 이루고 있는 당 이외의 성분

4 이당류

(1) 글리코시드 결합

① 일반적 개념: 당의 글리코시드성 −OH기와 다른 분자의 결합, 탈수 축합

② 탄수화물에서: 당의 −OH기 + 당의 −OH기(1개 이상의 글리코시드성 −OH기 포함), 탈수 축합

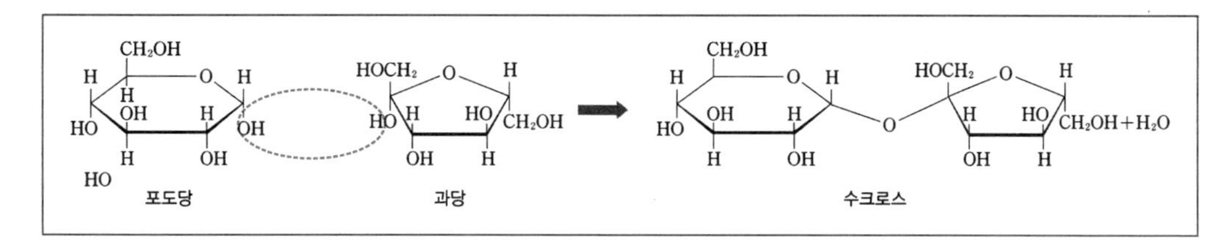

(2) 종류

① 설탕, 자당, 서당, 수크로스(sucrose) : (α−)포도당과 (β−)과당의 α−1,2 글리코시드 결합

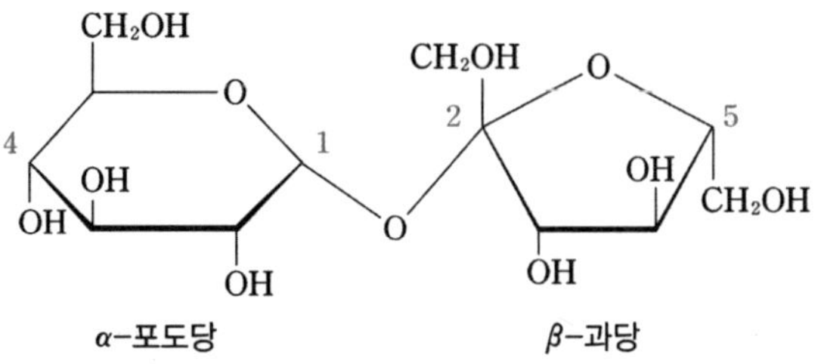

α-포도당 β-과당

② 유당, 젖당, 락토스(lactose) : (β−)갈락토스와 포도당의 β−1,4 글리코시드 결합. 유산균 발육 촉진

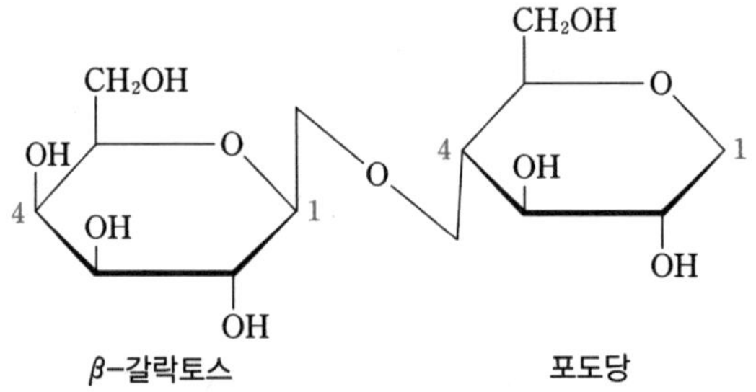

β-갈락토스 포도당

③ 엿당, 맥아당, 말토스(maltose) : (α−)포도당과 포도당의 α−1,4 글리코시드 결합

α-포도당 포도당

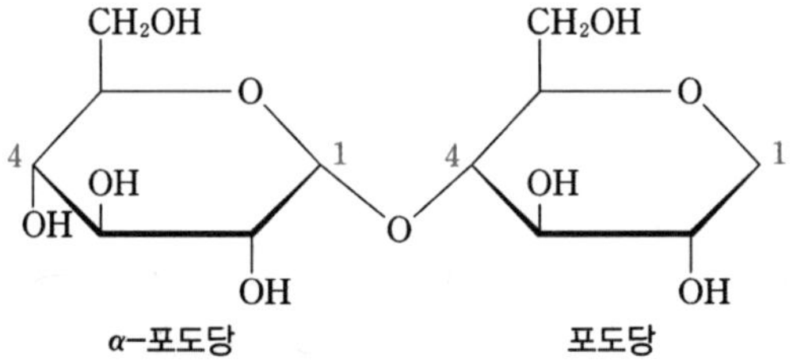

④ 셀로비오스 : (β−)포도당과 포도당의 β−1,4 글리코시드 결합

(3) 전화당

① '설탕의 가수분해'로 생긴 포도당과 과당의 1:1 혼합물

② 벌꿀에 많음 참고 설탕−[벌의 타액에 전화 효소(=인버타아제)] → 전화당

③ 설탕보다 달다.

④ 환원력 있음

* 전화란? 설탕이 가수분해될 때 선광도가 우선성(설탕)에서 좌선성(전화당)으로 바뀜

(4) 환원당

① 유리 상태의 글리코시드성 –OH기 있는 당(유리 상태의 글리코시드성–OH기란? 글리코시드 결합에 참여하지 않은 것)

② 글리코시드성 –OH기가 모두 글리코시드 결합에 참여하면 → 유리 상태의 글리코시드성 –OH 기가 없음 → 비환원당

③ 모든 단당류와 이당류 중 대표적 비환원당은, 설탕

④ 다당류는 유리 상태의 글리코시드성 –OH기 있지만 비환원당 취급

⑤ 환원당은 펠링 시약을 붉은색으로(설탕은 시약 색이 변하지 않음), 베네딕트 시약을 초록·노랑·붉은색 등으로 변화시킴

환원당

- 유리 상태의 글리코시드성 –OH기 있는 당 (고리)
- 알데히드기 또는 케톤기 (사슬)
- 환원당은 ┌ 펠링 시약 붉은색으로, 포도당 + Cu^{2+} → (글루콘산) + Cu^{+}
  └ 마이야르에서 환원당의 카보닐기 필요

당유도체

당알코올 ┌ 마이야르 반응 ×
(이유? 환원당 아니고 카보닐기 없음)
└ 펠링 ×

(5) 선광도와 변선광

① 설탕 우선성, 전화당 좌선성, 포도당 우선성, 과당 좌선성

② 변선광: α형 또는 β형으로 존재하는 결정 상태의 환원당을 물에 녹일 때 α형과 β형이 평형을 이루면서 선광도가 바뀌는 현상

예 α–D–포도당 +112°, β–D–포도당 +19°의 초기 선광도가 시간이 지나면서 α형 : β형 = 37 : 63에서 평형을 이루면, +52°를 나타냄. α형으로만 구성된 결정은 +112°일 것이나, 물에 녹이면 α형 중 일부가 β형으로 변하므로 평형 상태의 선광도 값은 +52°가 됨

(6) 단맛

① 단맛 순서: 과당 > 전화당 > 설탕 > 포도당 > 맥아당 > 갈락토스 > 유당

② 냉장 과일이 더 단 이유

㉠ 과당은 β형이 α형보다 닮

㉡ 냉장 시 β형 비율 증가

객관식 냉장 시 포도당 α형으로 바뀌며 α형 더 닮

③ 설탕은 단맛의 표준

(7) 설탕 정리

설탕은 유리 상태의 글리코시드성 −OH기가 없음

↙ ↘

비환원당 / 설탕은 α, β 이성질체가 없음

↙ ↘

변선광을 나타내지 않음 / 온도 변화에 상관없이 단맛 일정 / 당류 중 단맛 수용도 가장 높음

↘ ↙

설탕은 단맛 표준 물질

Q

1. 설탕이 변선광을 나타내지 않는 이유?
2. 설탕이 가수분해되어 전화당이 될 때, 선광도가 우선성(설탕) → 좌선성(전화당). 이것이 변선광 아닌 이유?

정답

① 변선광 정의 제시
② 설탕은 환원당 아님
③ 설탕은 유리 상태의 글리코시드성 −OH기가 없으므로, 설탕은 α, β 이성질체가 없음
④ 제시된 현상은 설탕이 전화당(포도당+과당)으로 분해되면서 선광도가 바뀐 것일 뿐

1. ②, ③
2. ① / ②, ③ 쓰고 '설탕은 변선광 나타내지 않음' / ④

5 소당(=올리고당) (단당 3~10개 정도)

(1) **말토올리고당**: 포도당과 포도당의 α-1,4

인체 소화 효소에 의해 가수분해○

(2) **프락토올리고당**: 과당과 과당의 β-2,1 (이눌린과 비교 설명하기)

인체 소화 효소에 의해 가수분해 ×

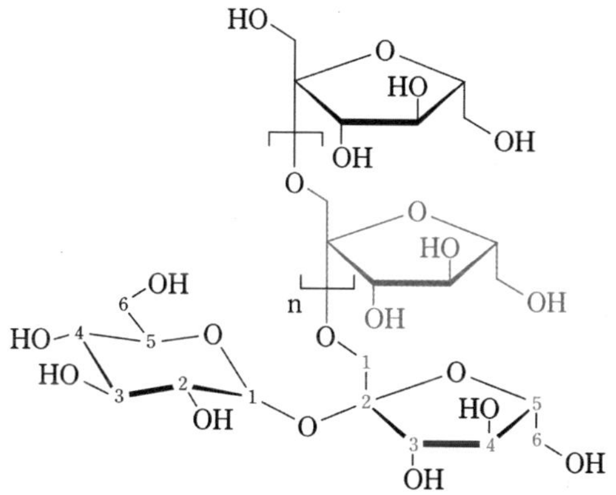

(3) **기타 올리고당**: 라피노스, 겐티아노스, 스타키오스

① 인체 소화 효소에 의해 가수분해 ×

② 장내 비피더스균 생육에 이용됨

③ 인슐린 분비 자극하지 않음

④ 혈청 콜레스테롤 수준 저하. 일부 올리고당은 장내 세균에 의해 짧은 사슬 지방산이 돼 대장 벽세포의 에너지원(미미한 수준)

3당류	라피노스	• 갈락토스 + 설탕, 비환원성 • 대두, 면실 등 식물 종자에 함유, 비피더스균 생육에 이용, 가스 생성
	겐티아노스	포도당 + 설탕, 비환원성
4당류	스타키오스	• 갈락토스 + 라피노스, 비환원성 • 대두, 면실 등 식물 종자에 함유, 비피더스균 생육에 이용, 가스 생성

6 다당류

(1) 단순 다당류와 복합 다당류

① **단순 다당류**: 구성 단당류가 한 종류

㉠ **식물성**: 전분, 셀룰로오스

㉡ **동물성**: 글리코겐, 키틴, 키토산

② **복합 다당류**: 구성 단당류가 두 종류 이상

㉠ **식물성**: 펙틴, 헤미셀룰로오스

㉡ **동물성**: 히알루론산

(2) 종류

① **전분(녹말)**: 식물성 저장 탄수화물, 전분 = 아밀로스 + 아밀로펙틴

㉠ **아밀로스**: 포도당이 α−1,4 결합으로 연결된 사슬

㉡ **아밀로펙틴**: 아밀로스 사슬의 중간중간에 α−1,6 결합에 의한 가지

② **글리코겐**: 동물성 저장 탄수화물, 아밀로펙틴과 구조 유사, 가지가 더 많음

③ **식이섬유**

㉠ 주로 식물 세포벽 구성

㉡ **셀룰로오스(=섬유소)**: 포도당이 β−1,4 결합으로 연결된 직쇄상 사슬, 인체에는 셀룰라아제 없어서 셀룰로오스 가수분해 못함

7 전분(=녹말, starch)

(1) 전분 분자 vs 전분 입자

① 전분 분자: 아밀로오스, 아밀로펙틴

② 전분 입자

㉠ 아밀로오스와 아밀로펙틴으로 이루어진 알갱이

㉡ 전분 분자끼리 수소 결합에 의해 입자 형성

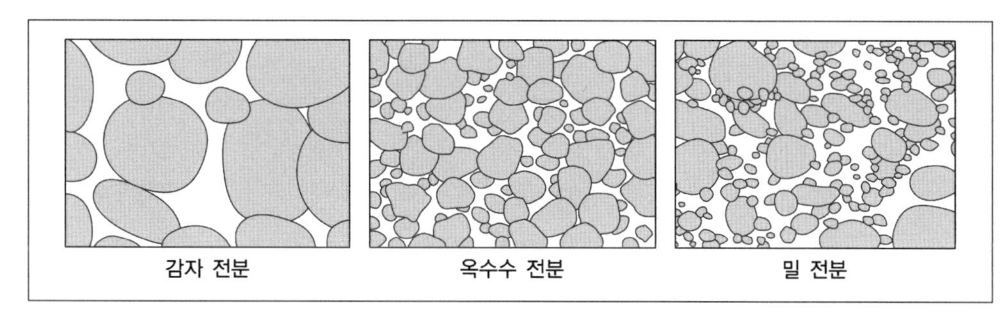

(2) 아밀로오스와 아밀로펙틴

① 전분 구성

㉠ 전분은 아밀로오스와 아밀로펙틴의 혼합물로 전분마다 구성 비율이 다름
대략, 아밀로오스:아밀로펙틴 = 2:8

㉡ 찰전분: 아밀로펙틴으로만 구성된 전분

㉢ 메전분: 아밀로오스 + 아밀로펙틴으로 구성된 전분

㉣ 찹쌀, 찰옥수수, 차조(거의 아밀로펙틴으로만 구성됨) ↔ 멥쌀, 메옥수수, 메조

② 아밀로오스

㉠ 포도당이 α-1,4 글리코시드 결합으로 연결된 사슬

㉡ 나선 구조, 직선 구조(직선 구조란 가지 구조가 아님을 의미)

㉢ 요오드 반응: 아밀로오스 나선 구조의 내부 공간에 요오드가 들어가 포접 화합물을 형성하며, 청남색을 띰. 아밀로오스의 사슬 길이가 길 때 청남색이 짙어짐

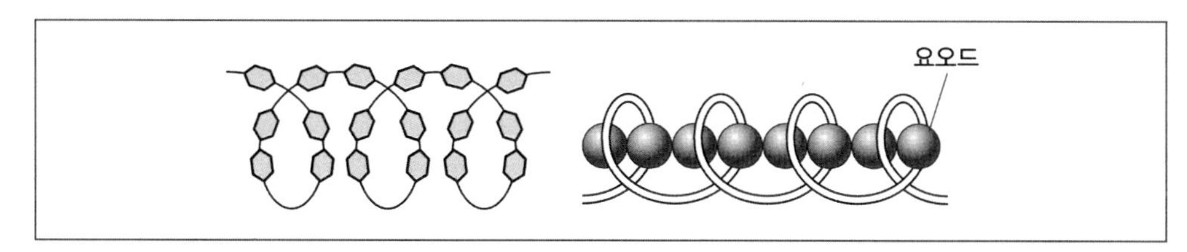

③ 아밀로펙틴

㉠ 가지 구조: 아밀로오스 사슬의 중간중간에 α−1,6 결합에 의한 가지

㉡ 나선 구조 아님: 포접 화합물 ×, 요오드 반응에 의해 자주색

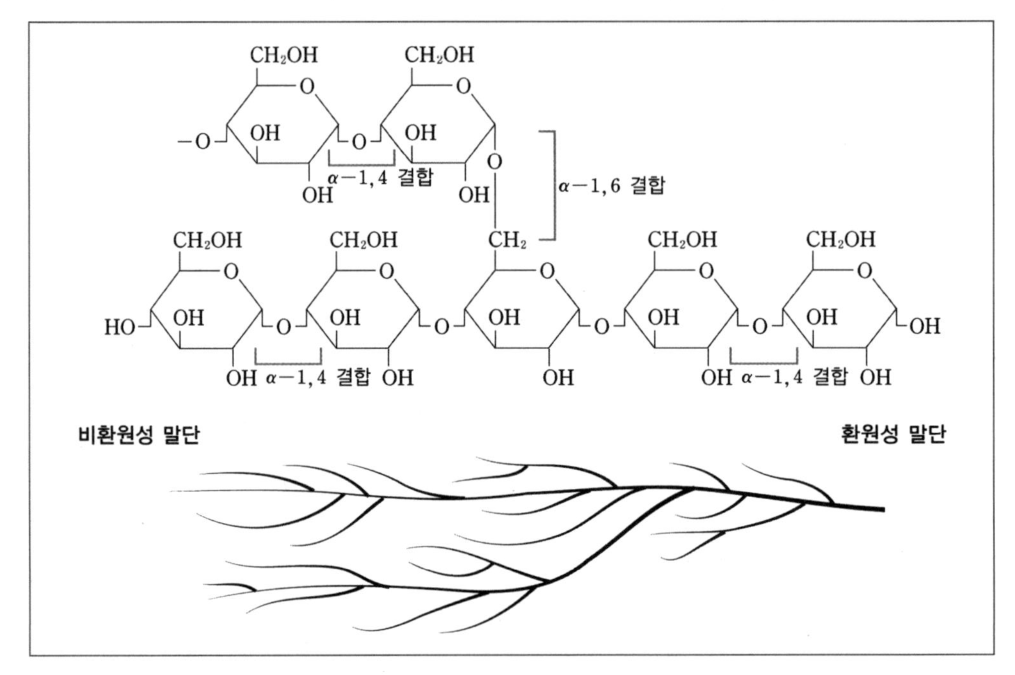

㉢ 아밀로스와 아밀로펙틴의 한쪽 끝에 환원성 말단이 존재하나, 전분 분자량 대비 미미하므로 전분은 비환원성으로 간주함

(3) 전분 분해 효소

① α−아밀라아제(액화 효소)

㉠ α−1,4 결합을 무작위 가수분해. α−한계덱스트린, 포도당, 맥아당, 소당류 생성

㉡ 전분에 α−아밀라아제를 처리하면 맑은 액체가 되고 점도가 낮아짐. 따라서, 액화 효소라 함

예 타액, 췌장액, 발아 종자, 미생물

② β−아밀라아제(당화 효소)

㉠ 비환원성 말단부터 말토스 단위로 α−1,4 결합을 가수분해 예 β−한계 덱스트린, 맥아당

㉡ 전분에 β−아밀라아제를 처리하면 말토스 함량 증가로 단맛이 증가하므로 당화 효소라고 함

예 곡류, 서류(특히 고구마), 두류, 맥아

③ γ−아밀라아제(=글루코아밀라아제): 비환원성 말단부터 포도당 단위로 α−1,4와 α−1,6 결합을 가수분해 예 동물의 간, 미생물

④ 이소아밀라아제: α−1,6 결합 가수분해, 아밀로펙틴, 글리코겐

⑤ 이소말타아제: α−1,6 결합 가수분해, 이소말토오스

(4) 덱스트린

① 전분 가수분해(산, 효소 등에 의해) 시 생성되는 여러 중간 크기의 생성물들
(맥아당 < 덱스트린 < 전분)

② 덱스트린은 전분에 비해 물에 용해도 증가, 겔 형성은 어려움

③ 한계 덱스트린

㉠ α－한계 덱스트린: 아밀로펙틴에서 α－아밀라아제가 작용하지 못하고 남은 부분

㉡ β－한계 덱스트린: 아밀로펙틴에서 β－아밀라아제가 작용하지 못하고 남은 부분

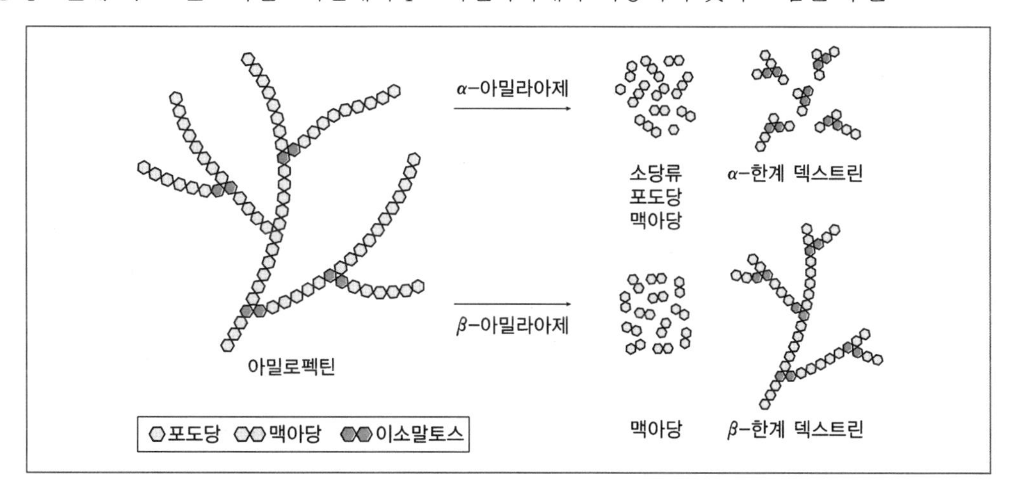

(5) 호화, 겔화, 노화

① 생전분(β－전분)

㉠ 전분을 물에 풀면 현탁액

㉡ 전분 입자는 부분적으로 결정성 있음(전분 입자에는 결정성 영역과 비결정성 영역 공존)

㉢ 아밀로오스와 아밀로펙틴의 부분적 규칙적 배열

㉣ X선 회절법: 결정 구조 해석을 위해서 쓰임

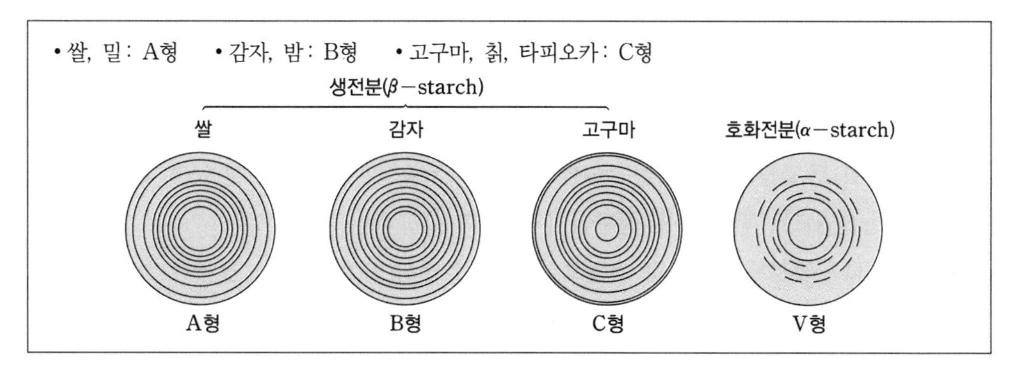

생전분의 X선 회절도

객관식 동심원의 규칙성 있는 배열

전분 입자의 구조

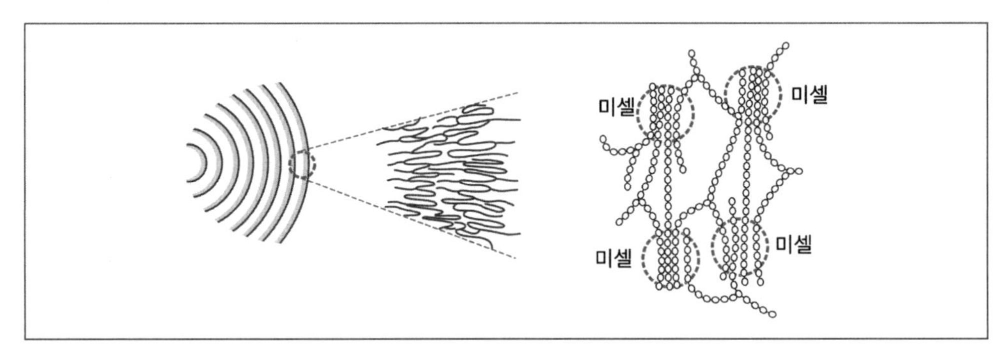

전분의 미셀 구조와 전분 입자에서의 배열

② **호화**: 전분을 물과 함께 가열하면 전분 입자가 팽윤 후 붕괴함. 콜로이드 용액(졸) 형성. 부분적 결정성 소실

㉠ **2가지 요소**: 전분 호화를 위해 필요한 2가지 요소는 물과 가열

㉡ **눈에 보이는 변화**: 뿌연 생전분 현탁액이, 점성과 투명도가 생긴 졸로 바뀜

예 전분 풀, 생쌀 → 밥

㉢ **단계**

- **수화**: 비결정성 부분에 수분 침투, 부피 증가, 건조시키면 원 상태로 돌아가는 가역적 단계
- **팽윤**: 가열 시 전분 입자는 계속 수분 흡수하면서 비가역적 팽창
- **교질화(또는 입자 붕괴)**: 입자가 붕괴되면서 아밀로오스가 입자 밖으로 새어 나옴. 콜로이드 용액이 됨(졸 상태). 투명, 점성

㉣ **호화 시 결정성 영역 소실(=부분적 결정성 소실)**: 호화되면 미셀 구조 파괴되어 결정성 영역 소실되므로 전분 종류 상관없이 X선 회절도 V형

㉤ **기타**: 생전분이나 노화 전분보다 호화된 전분이 소화 효소 접근이 쉬워 소화가 더 잘 됨. 호화 전분 = α-전분

㉥ **복굴절성**: 굴절률이 달라 빛이 갈라지는 현상. 호화 시 복굴절성 소실. 편광현미경으로 측정

참고 광선 투과율은 증가

생전분(β-전분) —호화(=α화)→ 호화 전분(α-전분) —노화(=β화)→ 노화 전분(β-전분)

③ 겔화, 노화

- 호화 → 겔화 → 노화
- 호화 → 노화

㉠ 겔화: 호화 전분이 식으면, 전분 분자끼리 망상 구조를 형성하며, 망상 구조 안에 물이 갇힌 반고체의 겔 형성. 수소 결합

- 밥은 호화를 이용한 음식
- 묵과 과편은 겔화를 이용한 음식(참고 과편 겔화는 펙틴 아니고 전분)
- 탕평채는 청포묵으로 만듦

㉡ 노화: 호화, 겔화 전분을 오래 방치하면, 전분 분자끼리 수소 결합을 하여 재결정화(이때 겔의 망상 구조가 수축해 이액 현상). 노화 전분의 결정 구조는 전분 종류 상관없이 모두 B형

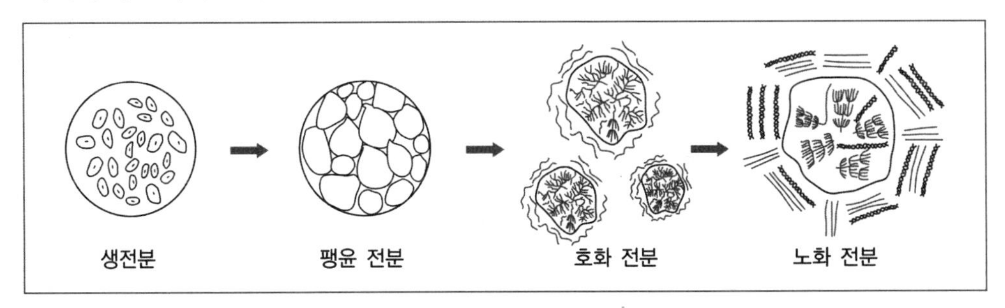

④ 호화, 겔화, 노화의 영향 요인

구분	호화	겔화	노화
전분 출처	서류(감자, 고구마)가 곡류(쌀, 옥수수, 밀)보다 호화가 잘 됨	도토리, 메밀 (감자, 고구마 전분은 겔화가 잘 안 됨)	곡류가 서류보다 노화가 잘 됨
입자 크기	입자가 클수록 호화 촉진(다수) * 입자 크기에 대해서는 학계에 반론이 있음		입자 작을수록 노화 촉진
아밀로오스	• 아밀로오스 함량 높을수록 호화 촉진 – 아밀로오스는 직선 구조로 입체 장애가 없음 – 아밀로펙틴은 가지 구조로 입체 장애가 있음	아밀로오스 함량 높을수록 촉진	• 아밀로오스 함량 높을수록 노화 촉진 – 아밀로오스는 직선 구조로 입체 장애가 없어 수소 결합을 통한 재결정화 용이 – 아밀로펙틴은 가지 구조로 입체 장애가 있어 재결정화 어려움

수분 함량	높을수록(수분이 있어야 팽윤됨)		• 30~60%일 때 촉진 – 수분 함량 낮으면 전분 분자의 이동 및 회합 제한 – 수분 함량 높으면 희석되어 회합이 어려움
온도	높을수록		• 냉장 온도(0℃~5℃)에서 노화 촉진 • 냉동 온도에서는 노화 억제됨(전분 분자의 이동 및 회합 제한) • 온도가 60℃ 이상이면 노화 거의 안 일어남 • 노화 방지를 위해서는 냉장보다는 냉동 또는 차라리 상온이 좋음
산	• 책마다 다름 – 촉진, 미미, 억제, 무언급 등 • 산이 호화에 미치는 영향보다 산이 점도에 미치는 영향 위주로 학습(산에 의한 분해로 전분의 길이가 짧아져 점도 감소)	산에 의한 분해로 아밀로오스 길이 짧아지고 겔 강도 감소	약산, 강산 다름
알칼리	• 알칼리성에서 촉진: NaOH를 첨가하면 가열하지 않아도 호화될 정도 • 전분의 수소 결합에 영향을 줘서, 전분 입자의 팽윤 촉진		알칼리성에서 억제
염류	• 대부분의 염류는 촉진, 황산염은 억제 • 전분의 수소 결합에 영향을 줘서, 전분 입자의 팽윤 촉진		대부분의 염류는 억제, 황산염은 촉진
당류 (설탕 등)	호화 억제(설탕은 보습성이 뛰어나 전분 호화에 필요한 물을 설탕이 빼앗음)	전분 입자의 붕괴를 억제하여 겔 강도 감소	노화 억제(설탕에 의한 탈수로, 전분 분자의 이동 및 회합 제한)
유화제		유화제가 아밀로오스와 복합체 형성하여 겔 강도 감소	유화제(MG, DG, 자당지방산에스테르)가 전분 분자를 감싸서 전분 분자의 재결정화 방해로 노화 억제
지방	전분 수화 지연으로 호화 억제		전분의 수소 결합 방해하여 노화 방지

용어 정리

- 호화 억제되었다 = 호화 시간 길어졌다 = 호화 속도 느려졌다 = 호화 온도 높아졌다
- 겔화 억제되었다 = 겔 강도 약화졌다

산성 조건에서 노화

- 산성에서 노화 촉진(교문사, 과학으로 풀어 쓴 식품과 조리원리)
- 약산성 촉진, 강산성 억제(교문사, 식품학)
- 산성에서 노화 촉진, 강산성에서 지연(파워북, 이해하기 쉬운 식품학)
- 약산성은 영향 없음, 산성은 촉진, 강산성은 억제(파워북, 식품화학)
- (약산성 또는) 산성에서 노화 촉진 이유: 전분의 수소 결합을 돕기 때문
- 강산성에서 노화 억제 이유: 산 분해로 전분의 길이가 짧아지므로

* 식초: 산, 소금: 염, 설탕: 당류

노화 억제 사례(원리는 영향 요인 표 참고)

수분 함량 조절	열풍 건조 및 굽거나 튀기기로 수분 함량 낮춤	라면, 비스킷, 건빵(열풍 건조한 면이 건면, 튀긴 면이 유탕면)
	설탕을 탈수제로 사용	양갱, 케이크
	수분 80% 유지	죽
	냉동 건조하여 수분 함량 낮춤	냉동 건조미
온도 조절	냉동	냉동 떡, 냉동 빵
	60℃ 이상 유지	보온 밥통에 보관한 밥
유화제	MG, DG, 자당지방산에스테르 등의 유화제 사용	빵, 과자, 케이크

실생활 적용

- **빵을 구울 때 고온에서 구움**
  전분 호화를 위해서는 수분과 가열 필요. 밀가루 반죽에 수분 함량이 적으므로 고온에서 구워야 전분 호화가 됨(← 밥, 라면 등과 비교하면 빵 반죽에는 물이 많이 들어가지 않음)
- **호화를 먼저 시킨 후 설탕을 나중에 첨가**
  설탕은 보습성이 뛰어나 전분 호화에 필요한 물을 설탕이 빼앗음
- **찹쌀을 이용한 음식의 조리 시간이 긺**
  아밀로펙틴 함량이 높아 전분 호화에 시간이 걸림
- **전분 소스를 만들 때 산은 나중에 첨가**
  산에 의한 분해로 전분의 길이가 짧아져 점도 감소
- **찰옥수수가 메옥수수보다 더 늦게 단단해짐**
  찰옥수수는 아밀로펙틴 함량이 높아 전분 노화가 더딤
  백설기&절편(멥쌀) vs 인절미&경단(찹쌀) 마찬가지 원리
- **면 제조 공정에서, 면을 스팀에 쪄서 전분 호화(라면 끓일 때 면이 빨리 익음), 열풍 건조(건면) 또는 튀기기(유탕면)로 수분 함량 낮춰 노화 방지**
- **떡을 만들 때 소금 첨가**
  소금은 염의 일종이며, 황산염을 제외한 대부분의 염은 전분 호화 촉진(전분의 수소 결합에 영향을 줘 전분 입자의 팽윤 촉진하는 원리)
- **국수 삶은 뒤 찬물에 담금**
  호화 중지

(6) 전분의 기타 변화

① 당화

㉠ 전분에 산이나 효소를 작용시키면 단당, 이당, 올리고당으로 가수분해돼 단맛 증가. 덱스트린도 함유 예 물엿, 조청, 식혜, 고추장

㉡ β-아밀라아제에 의한 당화(최적 온도 65℃)

- 식혜: 보온 밥통에 밥과 엿기름물
- 고구마: 고구마를 구울 때 65℃에서 잠시 유지

② 호정화: 전분을 160~180℃의 건열 가열(습열의 반대, 물을 가하지 않고 가열한단 뜻)하면, 전분이 가수분해돼 가용성 전분을 거쳐 다양한 길이의 가용성 덱스트린으로 분해됨

㉠ 전분이 호정화되면 용해도 증가, 소화율 증가, 점성 감소, 노화 억제됨 / 황갈색(호정화 시 황갈색 원인 물질 덱스트린)

㉡ 호화는 물리적 변화, 호정화는 물리뿐만 아니라 화학적 변화

㉢ 미숫가루(쌀·콩 등을 볶아 가루로 만듦), 누룽지, 팝콘, 뻥튀기, 루(밀가루와 버터를 가열), 토스트기에 식빵 구운 것, 프라이팬에 밀가루만 구운 것

- 건열 가열인데 가수분해는 어떻게? → 자체의 물을 이용함
- 원래 '호정'과 '덱스트린'은 같은 뜻이나 흔히 호정화라고 하면, 건열 가열해 덱스트린으로 만든 것을 말함
- 건열 가열로 생성된 덱스트린을 특별히 피로덱스트린이라 지칭하기도 함

객관식 전분 길이를 짧게 하는 여러 요인들 : 산 처리, 오래 젓기, 효소 처리, 호정화 → 점도 저하, 용해도 증가, 노화 억제

객관식 죽은 호화를 위해 잘 저어야 함. 오래 저으면 내부 결합 끊어져 점도 감소(호화 시 점도가 높아지나, 너무 저으면 결합이 끊어져 전분 길이 짧아져 점도가 낮아짐)

③ 비교

㉠ 전분 vs 덱스트린

- 전분이 분해되면, 소화율 증가, 용해도 증가, 점도 감소, 환원력 증가
- 전분 노화 억제됨
- 전분의 요오드 반응 점차 사라짐(청색 → 무색)

㉡ DE에 따른 여러 물엿 비교

- 물엿은 포도당, 맥아당, 덱스트린 등 함유
- Dextrose Equivalent(포도당 당량값) $= \frac{\text{포도당 질량}}{\text{고형분 질량}} \times 100$

(DE가 크면 분해 정도가 크다는 뜻, 포도당 비율이 높다는 뜻)

- DE가 커지면, 노화 관련 및 요오드 반응은 생각할 필요 없음. 단맛 증가, 나머지 성질 유사, 결정성 증가

㉢ 전분 vs 엿 : 객관식 2010－27－④ 엿은 전분 당화액 농축한 것, 전분보다 단맛과 점도 증가하고 결정화 작용 억제

- 변성 전분 : 천연 전분은 식품가공에 이용할 때 한계가 있어 목적에 적합하도록, 전분을 물리적 · 화학적 · 효소적으로 처리하여 만든 것을 변성 전분이라 함. 변성 전분의 종류는 처리하는 방법에 따라 산처리 전분, 산화 전분, α화 전분(＝호화 전분), 가교 전분 등이 있음
- 저항(성) 전분 : 소화 효소에 의해 분해되지 않아서 인체 내 소장에서 소화 · 흡수되지 않고 대장 미생물에 의해 분해되는 전분으로, 식이섬유와 유사한 생리활성을 제공함

기출 문제 2020-B8

다음은 전분의 호화에 관한 내용이다. 〈작성 방법〉에 따라 서술하시오. [4점]

생전분은 전분의 종류에 따라 특징적인 X-선 회절도를 나타내는데, 고구마 전분의 경우 (㉠)형이다. 전분이 호화되면 ㉡ 전분의 종류에 관계없이 X-선 회절도는 V형을 나타낸다. 전분의 호화는 수분함량, pH, 온도, 염류, 당 등에 의해 영향을 받으며, ㉢ 알칼리성 염류는 전분의 호화를 촉진시키고, ㉣ 고농도의 당은 전분의 호화를 억제시킨다.

〈작성 방법〉

- 괄호 안의 ㉠에 들어갈 유형의 명칭을 제시할 것
- 밑줄 친 ㉡, ㉢, ㉣의 이유를 각각 1가지씩 제시할 것

기출 문제 2021-B9

다음은 전분에 관한 내용이다. 〈작성 방법〉에 따라 서술하시오. [4점]

전분은 아밀로오스(amylose)와 아밀로펙틴(amylopectin)으로 구성되어 있다. 아밀로오스는 ㉠ 요오드 정색반응에서 청색을 나타내며, ㉡ 아밀로펙틴에 비해 노화되기 쉽다. 전분은 α-아밀레이스(amylase)와 β-아밀레이스 등에 의해 가수분해 되는데, ㉢ α-아밀레이스는 액화효소, ㉣ β-아밀레이스는 당화효소라고 한다.

〈작성 방법〉

- 밑줄 친 ㉠과 ㉡의 이유를 아밀로오스의 구조와 관련지어 각각 제시할 것
- 밑줄 친 ㉢과 ㉣의 이유를 효소의 작용 기전과 관련지어 각각 제시할 것

기출 문제 2023-B7

다음은 전분의 분해에 관한 설명이다. 〈작성 방법〉에 따라 서술하시오. [4점]

㉠ 전분을 수분의 첨가 없이 150~190℃로 가열하면 자체의 수분에 의해서 부분적인 분해가 일어나 가용성 덱스트린을 형성하게 된다. 분해가 일어나면 전분의 용해성과 점성이 변하고 소화성이 좋아진다.

㉡ 효소를 사용하여 전분을 분해하면 덱스트린 혼합물이 함유된 물엿을 만들 수 있다. 물엿은 분해 정도에 따라 감미도와 점도, ㉢ 결정성 등이 변하므로 캔디 등의 다양한 식품에 첨가된다.

〈작성 방법〉

- 밑줄 친 ㉠, ㉡의 변화를 나타내는 용어를 순서대로 쓸 것
- 물엿의 분해도가 높아질 때 밑줄 친 ㉢의 변화를 쓸 것
- 캔디를 제조할 때 첨가한 물엿이 설탕 용액의 결정화에 미치는 영향을 서술할 것

기출 문제 2024－A6

다음은 밀가루의 구성 성분과 조리 과정 중의 변화에 관한 설명이다. 〈작성 방법〉에 따라 서술하시오. [4점]

> 밀 글루텐은 주로 프롤라민(prolamin)과 ㉠ 글루텔린(glutelin) 계열의 단백질로 구성되어 있다. 반죽의 물성은 글루텐의 함량뿐 아니라 2가지 계열의 단백질 구성 비율에 따라서 변한다. 물과 밀가루를 혼합하면 글루텐은 수화되어 망상 구조를 형성하고, 망상 구조 내부에 팽윤된 전분 입자와 작은 기공이 함유된다. 전분 입자는 가열에 의하여 ㉡ 호화된다.

〈작성 방법〉

- 밑줄 친 ㉠에 해당하는 밀 단백질의 명칭을 쓰고, 반죽에 어떠한 물성을 부여하는지 쓸 것
- 밑줄 친 ㉡에서 전분의 X－선 회절도가 V형으로 변형되는 이유를 전분 입자의 구조를 포함하여 서술할 것
- 고농도의 당 첨가가 밑줄 친 ㉡이 일어나는 온도에 어떠한 영향을 미치는지 서술할 것(단, 수분 첨가량은 동일함)

8 펙틴

식물 뿌리, 과일 등의 세포벽에 존재. 세포 간 접착제

(1) 프로토펙틴, 펙틴(산), 펙트산

① 펙트산 : 갈락투론산의 α－1,4 글리코시드 결합에 의한 폴리머

② 펙틴(산) : 펙트산이 메틸 에스터화된 것(펙틴산과 펙틴은 유사)

③ 프로토펙틴 : 미숙한 과일에는 펙틴이 세포벽 내의 셀룰로오스와 결합한 프로토펙틴이라는 형태로 존재함. 단단한 질감

㉠ 펙틴질이라 하면 위 물질들 모두를 통칭하는 용어

㉡ 현재 각 전공서들에 있어 펙틴에 대한 개념 정의가 명확하지 않은 상태로 펙틴과 펙틴산은 유사하다고 보는 것이 가장 합리적임

㉢ 식물의 생애주기에서 나타나는 순서는 프로토펙틴(미숙) → 펙틴(성숙) → 펙트산(과숙)

(2) 고메톡실 펙틴 / 저메톡실 펙틴

① 갈락투론산은 원래 －COOH 보유(다음 페이지의 그림에서 왼쪽)

㉠ COOH(카르복실기) ＋ CH_3OH[메탄올(＝메틸알콜)의 히드록시기] → $COOCH_3$(메틸에스테르 또는 메틸에스터라고 함)

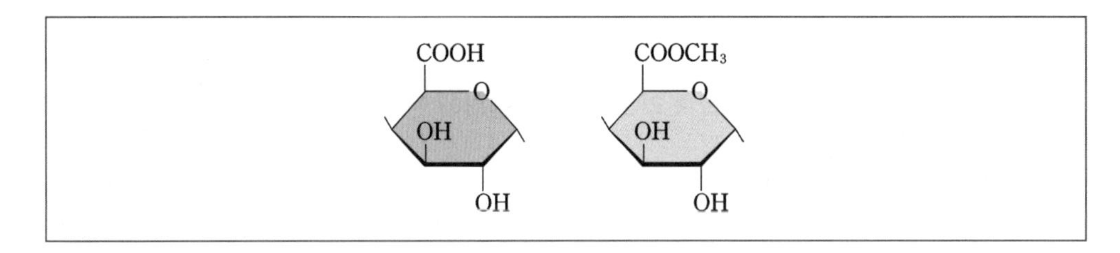

ⓒ $-OCH_3$를 메톡실기라고도 하는데, $-OCH_3$ 비율이 높다는 뜻에서 고메톡실 펙틴이라 불림

② **고메톡실 펙틴** : 메톡실기 함량 기준 7% 이상(실제 자연계 메톡실기 최대 함량 14% 정도), 메틸 에스터화도(degree of esterification, DE) 기준 50% 이상

(3) 펙틴 관련 효소

프로토펙티나아제	• 프로토펙틴 → 펙틴 • 조직 연화
펙틴에스터라아제(=펙타아제)	• 펙틴의 메틸 에스테르 부분을 가수분해 • 저메톡실 펙틴이나 펙트산 생성 • 과일 주스 발효 중 메탄올 생성의 원인(두통, 구토 등등, 시신경염, 사망)
폴리갈락투로나아제(=펙티나아제)	펙틴 또는 펙트산에서 갈락투론산 간의 α-1,4 결합을 가수 분해, 절임식품 연부, 과일 주스 청징

* 성숙 및 조직 연화 : 프로토펙티나아제(미숙 → 성숙), 폴리갈락투로나아제(성숙 → 과숙)
* 가급적 펙타아제, 펙티나아제 용어 사용 않도록 함. 펙틴 분해 효소 전체를 펙티나아제라고도 함

객관식 식물에 당연히 있고 미생물에도 있음

(4) 과일의 익음에 따라

① 미숙한 과일에는 불용성의 프로토펙틴, 단단한 식감(겔 형성 어려움)

② "by 프로토펙티나아제, when 미숙한 과일이 익을 때(성숙할 때)" "(또는 미숙한 과일을 물에 넣고 끓이면)" : 불용성 프로토펙틴 → 수용성 펙틴(펙틴은 겔 형성 가능, 고메톡실 펙틴과 저메톡실 펙틴은 겔 형성 기전이 다름)

③ 성숙한 과일이 과숙할 때

→ (탈에스테르화) 고메톡실 펙틴 → 저메톡실 펙틴 → 펙트산 (by 펙틴에스터라아제)

→ (연화) 폴리갈락투로나아제

(5) 겔 형성 기전

① 고메톡실 펙틴의 겔 형성

㉠ 재료: 펙틴, 산, 당

㉡ 조건: 산성 조건(pH 2~4 정도)에서, 50% 이상의 당 첨가 시, 펙틴은 겔 형성

㉢ 원리

- 산의 H^+에 의한 펙틴의 음전하($-COO^-$) 중화로 정전기적 반발력 약화
- 설탕이 탈수제 역할을 하여 (펙틴 표면의 수화수가 제거되어) 펙틴(분자/사슬/생략) 간 접근 용이
- 이로 인해, 펙틴 분자끼리 (수소 결합) → (가교 및) 망상 구조 형성

참고
- 과일을 썰어 최소한의 물과 함께 끓여야 하며, 다량의 물을 사용하면 펙틴이 희석돼 겔이 잘 형성되지 않음
- 잼의 재료: 사과, 포도는 펙틴과 산 풍부. 그러나 딸기는 산의 함량은 많으나 펙틴 함량이 낮은 편
- 실제로는 잼 만들 때 주로 설탕만 추가(산은 과일에 이미 함유)

② 저메톡실 펙틴의 겔 형성: 칼슘 이온 같은 2가 양이온에 의한 이온 결합으로 겔이 형성되는데, 칼슘 이온이 펙틴(분자)의 카르복실기 사이에서 가교를 만들어 망상 구조를 형성. 고메톡실 펙틴의 겔 형성과 비교할 때, 꼭 산성 조건일 필요 없고 당 필요 없음(저당도·저칼로리 잼 만들기 가능)

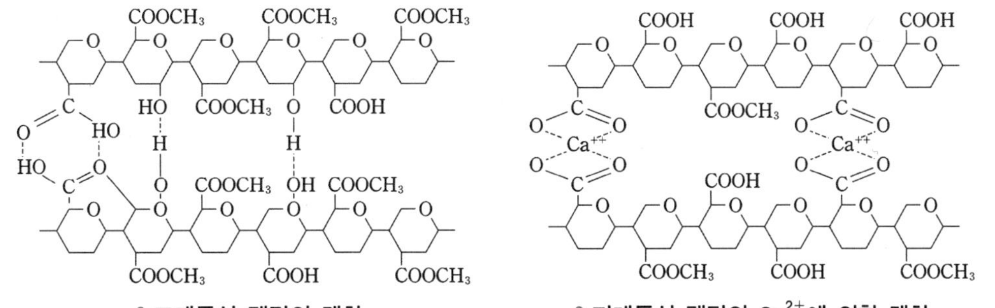

▮ 고메톡실 펙틴의 겔화

▮ 저메톡실 펙틴의 Ca^{2+}에 의한 겔화

참고
- 고메톡실 펙틴 겔은 탄력성 강함
- 저메톡실 펙틴 겔은 부서지기 쉽고 탄력 떨어짐
- 고메톡실 펙틴으로 만든 잼이 이수현상 덜함(수화력이 더 강함)
- 미숙·과숙한 과일을 쓰면 겔 형성이 어려움
- 객관식 저메톡실 펙틴은 겔 형성이 어려워 Ca^{2+} 첨가해야 겔 형성에 도움

Further Study

- 고메톡실 펙틴으로 잼을 만들 때, 메톡실기 함량이 높을수록 당과 산이 더 적게 필요하다.
  (교문사, 과학으로 풀어 쓴 식품과 조리원리 4판, p.217)
- 고메톡실 펙틴의 경우는 겔 형성 시 메톡실기 함량이 증가함에 따라 당의 함량도 높아져야 한다.
  (파워북, 식품화학 초판, p.79)

펙틴양의 간이 측정법

펙틴이 알코올에 의해 응고 침전되는 성질을 이용하는 것으로 시험관에 일정량의 과즙을 넣고 95% 에탄올을 동량 넣은 다음 잘 흔들어서 두면 과즙에 함유된 펙틴양에 따라 침전도가 달라짐(에탄올에 의한 탈수로 펙틴 겔 형성)

- 펙틴 많음 : 젤리 모양으로 응고하거나 또는 큰 덩어리가 됨
- 펙틴 보통 : 여러 개의 젤리 모양의 덩어리
- 펙틴 조금 : 소수의 작은 덩어리가 생기거나 또는 덩어리가 생기지 않음

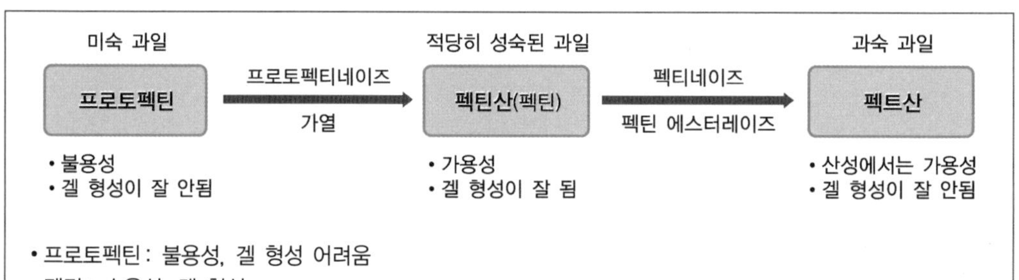

- 프로토펙틴 : 불용성, 겔 형성 어려움
- 펙틴 : 수용성, 겔 형성
- 펙트산 : 수용성, 찬 물에 녹지 않음. 겔 형성 어려움

기출 문제 2014-A기입11

다음 괄호 안의 ㉠, ㉡에 해당하는 용어를 순서대로 쓰시오. [2점]

식이섬유는 물에 녹지 않는 불용성 식이섬유와 물에 녹는 수용성 식이섬유로 분류된다. 불용성 식이섬유인 셀룰로스는 포도당과 포도당이 (㉠) 결합으로 중합되어 있으며, 수용성 식이섬유인 펙틴은 주성분인 갈락투론산(galacturonic acid)과 갈락투론산이 (㉡) 결합으로 중합되어 있다.

기출 문제 2019-B6

다음은 펙틴에 대해 설명한 내용이다. 〈작성 방법〉에 따라 순서대로 서술하시오. [5점]

덜 익은 과일이나 채소에 들어 있는 (㉠)은/는 숙성됨에 따라 펙틴(pectin)으로 전환된다. 펙틴은 (㉡)이/가 α-1,4 결합으로 연결된 직쇄상 다당류로 (㉢)에 따라 고메톡실 펙틴(high methoxyl pectin)과 저메톡실 펙틴(low methoxyl pectin)으로 분류된다. 고메톡실 펙틴의 겔(gel) 형성에는 유기산과 설탕이 필요하며, ㉣ <u>저메톡실 펙틴의 겔 형성을 위해서는 2가 양이온이 필요하다</u>.

〈작성 방법〉

- ㉠, ㉡, ㉢에 해당하는 명칭과 용어를 순서대로 쓸 것
- 밑줄 친 ㉣의 저메톡실 펙틴의 겔 형성기전에 대해 서술할 것

기출 문제 2024-B5

다음은 교사와 학생의 대화 내용의 일부이다. 〈작성 방법〉에 따라 서술하시오. [4점]

교 사: 오늘 수업 시간에는 딸기잼을 만들어 보겠습니다. 재료는 딸기와 설탕입니다.
학 생: 새콤한 맛이 나도록 레몬즙도 넣으면 어떨까요?
교 사: 그러면 신맛이 강해지고 색과 질감도 변하게 될 거예요.
학 생: 왜 색이 변할까요?
교 사: 딸기의 ㉠ <u>펠라고니딘(pelargonidin) 색소 물질</u>이 ㉡ <u>산</u>과 반응하면 더 선명한 붉은 색으로 변하기 때문이에요.
학 생: 그럼 질감은 왜 변할까요?
교 사: 질감에 관여하는 ㉢ <u>펙틴질이 산과 반응</u>하기 때문이에요. 그리고 가열하는 과정에서 설탕이 산과 반응해서 (㉣)(으)로 변형되기 때문이에요.

〈작성 방법〉

- 밑줄 친 ㉠을 알칼리성 용액에 넣었을 때 변화된 색을 제시하고, 밑줄 친 ㉡이 퀘르세틴(quercetin) 색소 물질과 반응하였을 때 색의 변화를 쓸 것
- 밑줄 친 ㉢에서 산이 겔(gel)화에 관여하는 기전을 서술할 것
- 괄호 안의 ㉣에 해당하는 물질의 명칭을 쓸 것

9 기타 다당류

이눌린	• 프럭탄의 일종(* 프럭탄이란 과당을 기본 당으로 하는 다당류, 과당과 과당의 β−2,1 결합 / 이눌린은 끝에 포도당 있어서 끝에 2개 같이 보면 설탕 같음) • 돼지감자, 우엉, 백합 뿌리, 더덕, 도라지 • 가수분해해 과당 제조에 이용 • 인체 내 소화 효소 없음
글루코만난	• 글루코스와 만노스가 1:2 비율로 결합된 복합 다당류 • 곤약의 주성분 • 인체 내 소화 효소 없음
셀룰로오스	식물 세포벽 구성 성분, 포도당이 β−1,4 결합으로 연결
헤미셀룰로오스	• 자일로스, 아라비노스 등이 결합된 복합 다당류 • 알칼리에 잘 녹는 특징
글리코겐	• 동물성 단순 다당류 • 아밀로펙틴과 비슷하나 아밀로펙틴에 비해 길이가 짧고 가지가 많음 • 비결정성
키틴, 키토산	• 동물성 단순 다당류 • 키틴은 N−아세틸 글루코사민의 중합체 • 키토산은 글루코사민의 중합체 • 키틴, 키토산 모두 β−1,4
황산콘드로이틴	동물의 연골 조직이나 결합 조직에 존재하는 점액성 복합 다당류
히알루론산	동물의 안구 유리체나 결합 조직에 함유된 복합 다당류

검류(동식물체에서 분비되는 고점성의 고무질, 식품 가공에 있어 중요한 식품 첨가물)

구분	내용
아라비아검	아카시아 나무 껍질 분비물
구아검	• 구아식물 종자에서 추출 • 갈락토만난으로 구성된 복합 다당류 • 찬물에도 용해되어 점도가 큰 용액 형성, 검류 중 점도가 가장 큼
한천	• 우뭇가사리에서 추출 • 검류 중 겔 형성 능력이 가장 뛰어남
알긴산	• 미역이나 다시마와 같은 갈조류가 생산하는 검류(갈조류 세포막 성분) • 용해도가 낮아 찬물에 녹지 않음. 뜨거운 물에 약간 녹음 • 알긴산은 칼슘, 마그네슘 같은 다가 이온이 존재하면 겔 형성 • 치즈, 드레싱 등의 안정제. 알긴산 구성 성분은 만누론산, 글루론산 • 흡착 잘 함
카라기난	홍조류에서 추출한 검류, 겔 형성 능력
잔탄검	크산토모나스 캄페스트리스가 생산하는 복합 다당류
덱스트란	• 류코노스톡 메센테로이데스가 생산하는 단순 다당류 • 김치류 발효 과정 중 첨가되는 설탕에 의해 생산됨 • 구조가 글리코겐이나 전분과 유사 • 의약품 산업에서 혈장 용량 증가에 이용되고, 식품 산업에서 안정제로 이용

* 프럭탄 – 과당의 다당류, 글루칸 – 포도당의 다당류, 갈락탄 – 갈락토스의 다당류

CHAPTER 03 단백질

1 아미노산

(1) 구조

```
           R
           |
   H2N - C - COOH
아미노기   |   카르복실기
           H
```

L형과 D형 중 식품, 인체는 L형 아미노산임

(2) 종류

① 단백질 구성 아미노산 20개

구분	아미노산
산성 (R에 카르복실기)	아스파트산, 글루탐산
염기성 (R에 아미노기)	라이신, 아르기닌, 히스티딘
중성	• 페닐알라닌, 티로신, 트립토판 ← 방향족 아미노산(벤젠 고리 포함) • 발린, 류신, 이소류신 ← 분지(=곁가지) 아미노산 • 메티오닌, 시스테인 ← 함황 아미노산 • 트레오닌, 세린 ← 수산기 • 아스파라긴, 글루타민 ← 산성 아미노산 + NH_3 • 글라이신, 알라닌, 프롤린

② 프롤린: 고리에 α－아미노기를 포함

③ 글라이신: 부제 탄소가 없음. D형・L형 구분 없음. 좌선성 우선성 구분 없음. 새우・게・조개의 감칠맛

④ 히스티딘은 이미다졸・트립토판 인돌 포함

⑤ 트립토판・티로신・페닐알라닌 같은 방향족 아미노산들(벤젠 고리 포함)은 자외선을 흡수하는 특성이 있어서 식품 중 단백질 함량 측정에 이용

(3) 성질(아미노산 용해성)

① 물에 잘 녹음(티로신, 시스테인 예외)

② 산, 알칼리에 잘 녹음

③ 염류 용액에 잘 녹음

④ 알코올에 녹지 않음(프롤린 예외)

⑤ 비극성 유기 용매(에테르, 아세톤 등)에 녹지 않음

(4) 필수 아미노산

① 체내 합성 불가, 식품으로 섭취해야 함

② 부족하면 성장 지연, 근육 감소

③ 모든 분지, 방향족 3개 중 2개, 함황 2개 중 1개, 수산기 중 1개, 염기성 중 1개

조건적 필수 아미노산

- 티로신: 페닐케톤뇨증 환자
- 글루타민: 트라우마 후, 심각한 질환으로 체내 요구량 증가할 때
- 아르기닌: 장내 대사 장애, 심한 생리적 스트레스
- 임신 후반기 태아의 조건부 필수 아미노산: 아르기닌, 시스테인(시스틴)
  - 영아: 히스티딘, 아르기닌
  - 유아: 히스티딘

(5) 비단백 아미노산

① 아미노산이지만 단백질을 구성하지는 않음

② α-아미노산, β-아미노산, γ-아미노산: 단백질을 구성하는 아미노산 20개는 모두 α-아미노산, α-아미노산 중에는 비단백 아미노산도 있음

- 알린: 알리신 전구체(마늘 단원)
- 테아닌: 녹차 감칠맛 성분
- 시트룰린, 오르니틴, 아르기노숙신산: 요소 회로에서 봤음
- 호모시스테인: 메호시에서 봤음
- 타우린: 오징어, 문어, 담즙산염 생성에 필요. 말린 오징어의 표면을 하얗게 만듦
- β-알라닌: 판토텐산, CoA 구성
- γ-아미노부티르산: 단백질 단원, 비타민 B_6 단원에서 봤음

2 단백질 구조

(1) 1차 구조

① 아미노산이 펩티드 결합으로 연결

② 펩티드란 결합의 이름 혹은 물질의 종류이기도 함

③ 물질 종류: 다이펩티드, 트리펩티드, 올리고페티드, 폴리펩티드

(2) 2차 구조

카르보닐기와 아미노기 사이에 수소 결합, α－나선 구조, β－병풍 구조, 그 외 불규칙 코일

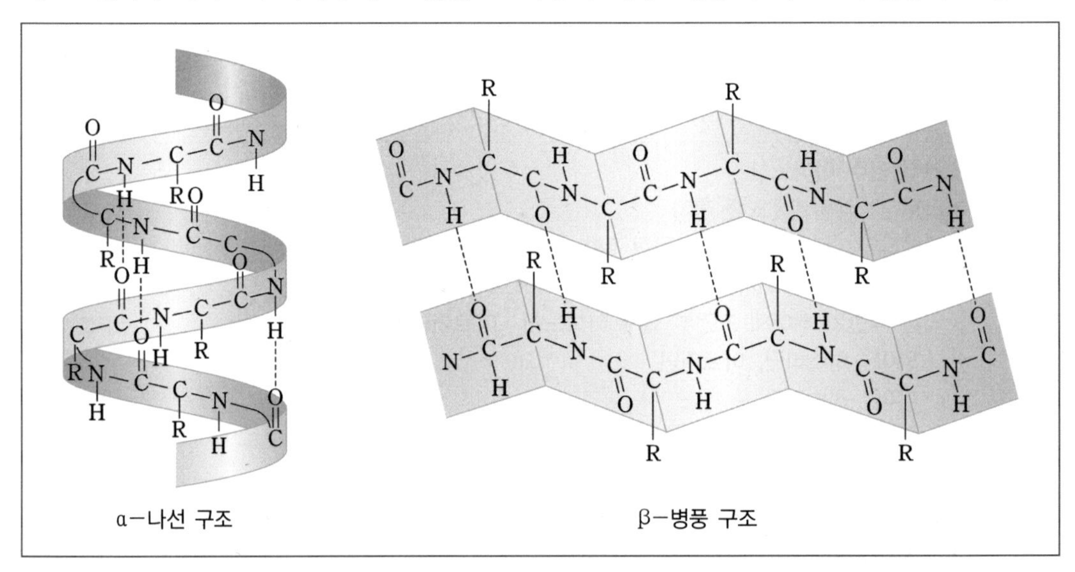

α－나선 구조　　β－병풍 구조

(3) 3차 구조

수소 결합, 이황화 결합, 이온 결합, 소수성 결합에 의해, 섬유형 또는 구형 모양을 한 것

① 섬유형: 액틴, 미오신, 콜라겐, 엘라스틴(불용성)

② 구형: 알부민, 미오글로빈, 효소(수용성)

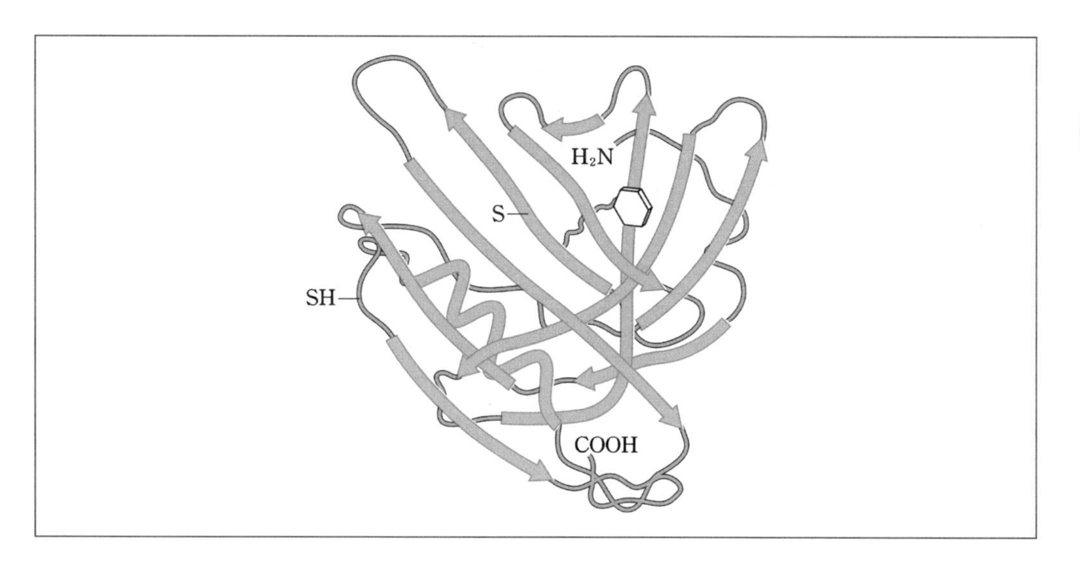

⑷ **4차 구조**

3차 구조 단백질의 결합 예 헤모글로빈

3 단백질 종류

⑴ **단순 단백질**

아미노산만으로 구성된 단백질

⑵ **복합 단백질**

핵단백질, 당단백질, 인단백질, 지단백질, 색소 단백질, 금속 단백질

⑶ **유도 단백질**

① 단순 단백질이나 복합 단백질이 변성되거나 분해된 것
② 1차 유도 단백질: 산, 알칼리, 효소, 가열 등에 의해 변성
③ 2차 유도 단백질: 1차 유도 단백질의 가수분해 산물

단순 단백질 용해성에 따른 분류

분류	용해성(가용 ○, 불용 ×)					열 응고성 (응고○ 비응고 ×)	소재
	물	0.8% NaCl	약산 pH 6	약알칼리 pH 8	60~80% 알코올		
알부민 (albumin)	○	○	○	○	×	○	오브알부민(난백), 락트알부민(유즙), 혈청알부민(혈청), 마이오겐(근육), 루코신(맥류), 레구멜린(대두)
글로불린 (globulin)	×	○	○	○	×	○	혈청글로불린(혈청), 락토글로불린(유즙), 오브글로불린-리소자임(난백), 액틴-마이오신(근육), 피브리노겐(혈장), 글라이시닌(대두), 아라킨(땅콩), 투베린(감자)
글루텔린 (glutelin)	×	×	○	○	×	×	오리제닌(쌀), 글루테닌(밀), 호르데닌(보리)
프롤라민 (prolamin)	×	×	○	○	○	×	제인(옥수수), 글리아딘(밀), 호르데인(보리)
히스톤 (histone)	○	○	○	×	×	×	히스톤(흉선), 글로빈(적혈구)
프로타민 (protamine)	○	○	○	○	×	×	살민(연어), 클루페인(정어리), 스콤브린(고등어)
알부미노이드 (albuminoid)	×	×	×	×	×	×	콜라젠(결합 조직 · 피부), 엘라스틴(결합 조직 · 힘줄), 케라틴(머리카락 · 손톱), 피브로인(명주실)

기출 문제 2014-A기입10

단순 단백질은 용매에 대한 용해성에 따라 7가지 종류로 분류된다. 이 중 수용성 단백질 2가지를 쓰고 각각의 단백질이 가열에 의해 응고하는지에 대하여 쓰시오. [2점]

4 단백질의 성질(단백질 정색 반응)

① 뷰렛 반응

㉠ 수산화나트륨, 황산 구리 이용

㉡ 펩티드 결합을 2개 이상 포함한 화합물에서 적자색

㉢ 디펩티드 검출 ×

② 닌히드린 반응 : 암모니아 또는 유리 아미노기를 가진 아민, 아미노산, 펩티드, 단백질 등과 반응해 청자색 또는 적자색

* 암모니아인지 아민인지 아미노산인지 펩티드인지 단백질인지 구분 ×

③ 잔토(=크산토)프로테인 반응 : 페닐알라닌, 티로신, 트립토판의 벤젠고리가 질산과 반응해 황색

5 단백질 변성

1차 구조에는 변화가 없으나(=펩티드 결합 가수분해 없으나) 2차, 3차 구조의 변화로 단백질 기능 상실, 특성 변화

예 달걀 흰자를 저으면 거품 형성. 생난백에는 아비딘이라는 비오틴 흡수 저해 단백질이 있는데 달걀 익히면 아비딘 변성으로 비오틴 흡수 용이해짐

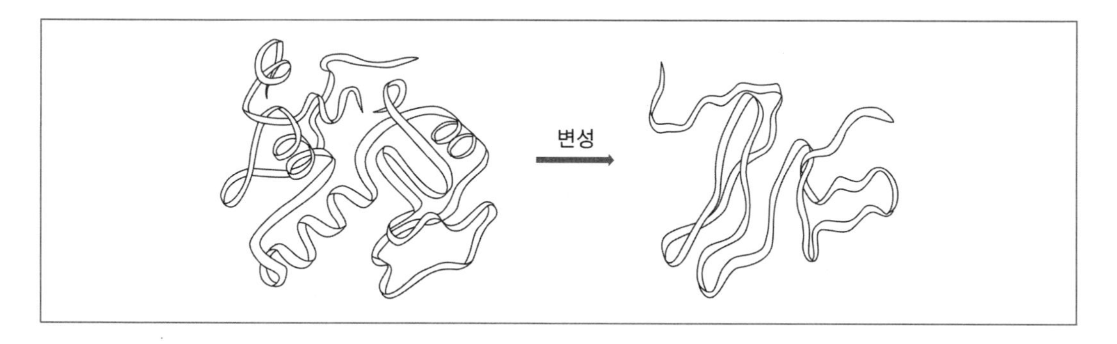

물리적	가열, 동결, 표면장력에 의한 변성(물리적 힘), 광선, 고압, 초음파
화학적	산/알칼리, 염, 이온, 아세톤, 알코올, 효소

(1) 물리적 변성

① **가열에 의한 변성**: 대부분 수용성 단백질(알부민 등)은 가열 변성되어 응고하면 불용성 단백질이 됨. 불용성 콜라겐은 가열에 의해 변성되어 수용성 젤라틴이 됨

* 단백질의 열변성에 영향을 주는 요인들(아래 요인 중 몇몇은 화학적 변성의 요인이기도 함)

요인	내용
온도	• 보통 60~70℃ 정도에서 변성(단백질 종류 따라 다름) • 카제인은 열 안정성 높음
수분	• 수분이 많으면 열 변성 쉬움 • 수분의 분자 운동이 왕성해져 펩티드 사이의 수소 결합을 쉽게 파괴
전해질	• 전해질 첨가 시 열 변성 쉬워짐 • 두부 제조 시 콩단백질 글리시닌은 가열만으로 응고되지 않으나, 70℃ 이상에서 염화마그네슘, 황산 칼슘 등을 첨가하면 응고
pH	pH가 pI에 가까울수록 응고 촉진
설탕	단백질에 설탕이나 포도당을 넣고 가열하면 응고 억제

② **동결에 의한 변성**

㉠ **식품 동결 시 변화**: 수분 활성도 하락, 미생물 생육 억제, 효소나 화학반응 속도 감소, 식품 중 대부분의 물은 빙결정이 되고 남는 물에 수용성 물질이 농축

㉡ **최대 빙결정 생성대**: 대략 −5~−1℃ 사이를 말함. 대부분(약 70~80%)의 물이 빙결정이 되는 온도 구간. 이 구간을 빨리 통과하면(급속 냉동) 작은 빙결정이 만들어지고, 이 구간을 천천히 통과하면(완만 냉동) 큰 빙결정이 만들어짐(급속 냉동=급속 동결, 완만 냉동=완만 동결)

㉢ **급속 냉동 vs 완만 냉동**: 최대 빙결정 생성대를 천천히 통과하면 얼음 결정이 커짐. 주로 세포 외에 생기며, 이렇게 생긴 큰 얼음 결정이 조직을 파괴해 생기는 변화들을 이해

완만 냉동	급속 냉동
큰 빙결정(세포 외에 생성)	작은 빙결정(세포 내에 생성)
금속, 산 등의 농축으로 단백질 동결 변성	동결 변성 적음
식품 조직의 물리적 손상 심각, 육질 저하	손상 적음 객관식 연육 효과
해동 시 드립 현상으로 풍미, 영양 성분 손실	손실 적음
해동 시 미생물과 효소 작용 용이(빠른 부패 원인)	덜 용이
	해동 후 냉동 전 상태와 유사한 품질

㉣ 근육 단백질의 동결 변성(육류, 생선 등)

동결 변성 이유	• 식품 중 수분이 빙결정으로 되면서 잔존액에 금속 및 산 농축되어 단백질 응고 촉진 • 수분이 빙결정으로 되면서 단백질이 탈수되어 단백질 간에 결합이 용이해짐 • 동결 변성은 최대 빙결정 생성대에서 잘 일어남
동결 변성 결과	불용성이 됨, 보수성 저하, 단백질이 질겨짐(동결 변성이 일어나면 물과 안 친해짐 → 보수성 저하 → 육질은 질겨짐)

㉤ 최대 빙결정 생성대를 빠르게 통과하는 급속 냉동이 필요한 2가지 이유

- 근육 단백질에 동결 변성이 일어나는 시간을 줄이기 위해
- 빙결정의 크기가 커지지 않도록 하기 위해

㉥ 드립

- 빙결정이 녹아 생성된 수분이 유출되는 현상. 이 수분에 풍미 성분 및 영양 성분이 녹아 나와 손실
- 냉동육 해동 시 드립 발생 이유
  - 단백질 동결 변성으로 단백질의 보수력이 약해졌기 때문
  - 빙결정에 의해 조직이 손상되었기 때문

㉦ 해동 시에는 실온에서 해동하지 말고 냉장고에서 서서히 해동하는 것이 좋음(급속 해동보다 완만 해동이 좋음)

- 표면과 내부의 온도차가 적으므로 → 부분적 변질 방지
- 동결 변성된 단백질이 재배열 통해 보수력을 회복할 시간 여유 생기므로 → 드립 방지

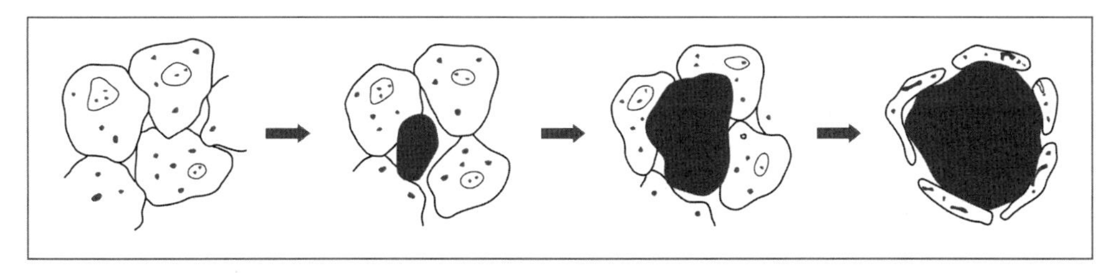

완만 동결

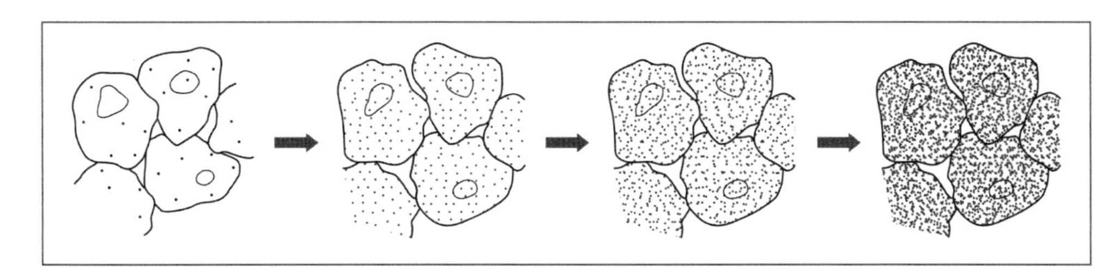

급속 동결

③ 건조에 의한 변성

㉠ 건조에 의해 폴리펩티드 사슬 사이에 있던 수분이 제거되어, 폴리펩티드 사슬끼리 서로 결합이 용이해짐

㉡ 육포, 어포와 같은 건조식품은 이미 건조에 의한 단백질 변성이 일어났기 때문에 물에 담가 흡수시켜도 원래의 생고기로 돌아가지는 못함

㉢ 낮은 압력(진공 때문)에서 급속 동결하면 단백질은 원형을 유지한 채 수분만 급속히 제거되기 때문에 진공 동결 건조 식품은 수분을 흡수시켰을 때 원래대로 돌아가는 복원성이 큼

객관식 건조커피, 건조채소도 급속 동결이 좋음

객관식 동결 건조 시, 자유수 승화(고체가 기체로)

④ 계면장력(=표면장력)에 의한 변성: 단백질을 빠른 속도로 교반하면 단일 분자막 상태로 얇은 막을 형성하면서 변성. 난백의 기포성이 좋은 예

⑤ 기타: 광선, 고압, 초음파 등에 의한 변성도 물리적 변성에 해당

(2) 화학적 변성

① 산에 의한 변성: 호상 요구르트, 치즈 등

② 염석: 다량의 염을 가했을 때 응고 침전, 두부

③ 효소: 레닌 응고 치즈

참고 염용 vs 염석

- 염용: 염을 소량 넣으면, 단백질 용해도 증가. 염이 단백질에 결합되어 단백질 분자 간 인력 감소(척력 증가)
- 염석: 염을 다량 넣으면, 단백질 응고. 중화와 탈수의 원리. 단백질 분자 간 척력 감소(인력 증가)

(3) 변성 단백질의 성질

① 용해도 감소: 내부에 있던 소수성기가 표면으로 드러나서 용해도 감소

② 점성 증가: 변성되어 단백질 분자 부피가 커지면 점성 증가

③ 생물학적 특성(효소 활성, 독성 등) 저하 및 상실

④ 소화율은 좋아짐: 변성되어 구조가 풀어지면 소화율이 증가하다가, 응고물의 구조가 너무 빽빽해지면 소화율은 다시 떨어짐. 날달걀이나 완숙보다 반숙이 소화율 높음

⑤ 반응성 증가: 생단백질에서는 보이지 않던 여러 작용기들이 표면에 드러나면서 반응성 증가

⑥ 변성 청색 이동: 단백질 용액의 자외선 흡수 스펙트럼이 단파장 쪽으로 이동하는 현상

기출 문제 2022-B4

다음은 단백질의 성질에 관한 내용이다. 〈작성 방법〉에 따라 서술하시오. [4점]

> 단백질이 가열, 산, 알칼리, 염류 등에 의해 응고되거나 물리·화학적 작용에 의해 고유의 구조가 달라지면서 본래의 성질과 다른 상태가 되는 것을 (㉠)(이)라고 하며, 이때에도 ㉡ 단백질의 1차 구조는 변하지 않는다. 치즈는 우유 단백질을 응고시킨 대표적인 식품으로 우유에 산을 넣거나, ㉢ 응유효소인 레닌을 첨가하여 제조한다.

〈작성 방법〉

- 괄호 안의 ㉠에 해당하는 용어를 쓰고, 밑줄 친 ㉡의 이유를 서술할 것
- 치즈 제조 시 밑줄 친 ㉢과 반응하여 생성되는 물질의 명칭을 쓰고, 그 응고 기전을 우유 속 무기질 성분을 포함하여 서술할 것

6 효소

(1) 가수분해효소

① α, β, γ-아말라아제(전분 분해)

② 말타아제, 락타아제, 수크라아제(이당류 분해)

③ 프로토펙티나아제, 펙틴 에스터라아제, 폴리갈락투로나아제(펙틴 분해)

④ 리파아제, 포스포리파아제(지질 분해)

⑤ 펩신, 트립신, 파파인, 피신, 브로멜린(단백질 분해)

⑥ 우유 리파아제: 유리 지방산 생성, 우유 불쾌취 또는 치즈 향미 증진

⑦ 파파야의 파파인: 고기 연육제(육질 연화), 맥주 혼탁 제거, 소화제, 내열성, 최적 60~70도

객관식 염기성 아미노산 또는 루이신, 티로신 결합 부위 가수분해

(2) 산화환원효소

① 리폭시게나아제: (다가)불포화지방산 산화

② 티로시나제: 감자 효소적 갈변

③ 폴리페놀옥시다아제: 사과, 복숭아 등 효소적 갈변

④ 퍼옥시다아제: 고등식물 존재, 내열성이 큰 편, 과일 및 채소의 데치기 지표, 과일통조림 살균 지표, 쌀의 신선도 판단

⑤ 아스코브산 산화효소: 비타민 C를 산화시킴, 양배추, 오이, 호박, 당근

(생화학)

$H_2O_2 + H_2O_2 \rightarrow 2H_2O + O_2$ 카탈라아제(철)

ROOH + 2GSH → ROH + H_2O +GSSG 글루타치온 과산화효소(셀레늄)

(식품학)

ROOH + ? → ROH + H_2O + ? 과산화효소(철)

* 과산화효소=퍼옥시다아제

(3) **전이효소**: 작용기 등을 한 물질에서 다른 물질로 전이

(4) **제거효소**: 가수분해에 의하지 않고 분리

(5) **이성화효소**: 이성질체를 만듦. isomerase, mutase, epimerase 여기 들어감

(6) **합성효소**

(7) **translocase**: 막 투과를 도움(아실 카르니틴에서 봤던 것)

기출 문제 2022-A3

다음은 효소에 관한 설명이다. 괄호 안의 ㉠, ㉡에 해당하는 용어를 순서대로 쓰시오. [2점]

- 효소는 효소위원회의 명명법에 따라 다음과 같이 7가지로 분류할 수 있다.
  - 산화환원효소(oxidoreductases)
  - 전이효소(transferases)
  - (㉠)
  - 제거효소(lyases)
  - 이성화효소(isomerases)
  - 합성효소(ligases)
  - 자리옮김효소(translocases)*

  * 2018년 8월 추가됨.
- 전분의 당화에 사용되는 α-아밀라아제, β-아밀라아제 등은 (㉠)의 일종이다.
- 식품을 저장·조리·가공할 때, 식품의 색이 갈색으로 변하는 현상을 갈변이라 한다. 효소적 갈변 반응에는 티로시나아제(tyrosinase) 및 (㉡)에 의한 멜라닌 형성 반응이 있다.
- 폴리페놀(polyphenol)류는 (㉡)에 의하여 퀴논류 화합물로 전환되고 그 이후 갈색의 중합체를 형성한다. 이는 사과나 배 등에서 나타나는 갈색화의 원인이 된다.

7 pI

(1) 양쪽성 이온, 양성 전해질

① 식품에서 대표적 사례는 아미노산, 단백질

② 양전하와 음전하를 동시에 가질 수 있음

* pH 변화에 따라 전기적으로 (+)가 될 수도 (−)가 될 수도 있음

(2) 단백질의 순전하(net charge)란?

① 단백질 분자 안에는 $-COO^-$, $-NH_3^+$ 등의 작용기를 포함하므로 모든 전하 합산해서 순전하

② 단백질 순전하가 0이라고 하는 것은 단백질 안에 전하를 띄는 부분이 전혀 없다는 게 아니라 $-COO^-$와 $-NH_3^+$의 개수가 같음을 의미

> 단백질이 전기적으로 중성 = 단백질의 순전하가 0

(3) pI(등전점)

① 단백질 또는 아미노산의 순전하가 0이 되는 pH

② 특정 pH 수용액에 아미노산과 단백질을 녹여 전류를 통하게 한 후, (+) 극이나 (−) 극 쪽으로 아미노산/단백질이 이동하지 않으면 아미노산/단백질의 순전하가 0이라는 뜻. 이때 pH가 아미노산/단백질의 고유 pI가 됨

③ 단백질의 평균 pI는 4~5 정도

(4) 우유 응고시키는 법

① 단백질의 전기 상태는 단백질 자신의 고유 pI와 주변 환경인 pH를 비교해 결정

▮ 식품 pH와 단백질 pI 비교해, 단백질 순전하 알아내기

조건	단백질
pH > pI	(−) 전하(또는 음전하)를 띤다, 순전하 < 0
pH = pI	전기적으로 중성이다, 순전하=0
pH < pI	(+) 전하(또는 양전하)를 띤다, 순전하 > 0

② 우유의 pH 6.6 정도. 카제인 단백질의 pI는 4.6
우유 pH > 카제인 pI, 따라서 카제인은 (−) 전하를 띰. 그러므로 정전기적 반발력에 의해 카제인 단백질끼리 서로 밀어냄(같은 전하끼리는 서로 밀어냄)

③ **우유에 유산균을 접종 시**: 유산균은 유당을 발효시켜 젖산을 생성 → 우유 pH 저하 → 우유 pH가 카제인 pI에 가까워지면, 카제인 순전하 0에 가까워짐 → 카제인은 정전기적 반발력 잃고 → 응고(이런 원리를 이용해 호상 요구르트나 치즈 등 생산)

* pH를 너무 낮춰 pI보다 낮아지면?

(5) 등전점에서의 성질(등전점에서 용해도 낮아 침전)

참고
- 점도, 삼투압, 팽윤, 용해도는 최소
- 흡착, 기포력, 탁도, 침전은 최대

기출 문제 2016-A12

치즈는 우유 단백질인 카제인(casein)의 등전점(isoelectric point)을 이용하여 제조한 식품이다. 카제인의 등전점(pH 4.6)보다 pH가 높을 때와 낮을 때 우유에 있는 카제인의 순전하(net charge)가 어떻게 변화되는지 설명하고, 치즈의 제조 원리를 카제인의 순전하와 정전기적 반발력(electrostatic repulsion)을 이용하여 설명하시오. [4점]

지질

1 용어

지질(lipid) = 유지(oil and fat) = 지방(fat)과 기름(oil)

- 지방 : 상온에서 고체
- 기름 : 상온에서 액체
- 에스테르 : 결합의 이름, 물질의 종류, 카르복실기와 히드록시기의 탈수 축합 $-(C=O)-O-$

2 지방산

(1) 탄소 수

$$CH_3-(CH_2)_n-COOH$$

① 카르복실기의 탄소 : 1번 탄소

② 메틸기 탄소 : ω탄소(또는 n탄소)

③ 카르복실기는 친수성, 사슬 길이가 길수록 소수성이 커짐

Short/Middle/Long + Chain + FattyAcid/Triglyceride

예 중쇄 중성 지방(MCT), 중쇄 지방산(MCFA)

(2) 이중 결합

① 포화, 불포화 지방산

㉠ 포화 지방산 : 단일 결합으로만 이루어진 지방산 $-C-C-$

㉡ 불포화 지방산

- 1개 이상의 이중 결합을 갖는 지방산 $-C=C-$
- 단일 불포화 지방산
- 다가 불포화 지방산 : 이중 결합이 2개 이상

구분	탄소수	비고			
단쇄 (짧은 사슬)	C4:0	부티르산			
	C6:0				
중쇄 (중간 사슬)	C8:0				
	C10:0	카프르산			
	C12:0	라우르산			
장쇄 (긴 사슬)	C14:0	미리스트산			
	C16:0	팔미트산			
	C18:0	스테아르산			
	C18:1	올레산	ω9, Δ9	불포화	
	C18:2	리놀레산	ω6, Δ9, 12		필수
	C18:3	α-리놀렌산	ω3, Δ9, 12, 15		필수
	C20:4	아라키돈산	ω6, Δ5, 8, 11, 14		필수
	C20:5	EPA	ω3, Δ5, 8, 11, 14, 17		
	C22:6	DHA	ω3, Δ4, 7, 10, 13, 16, 19		

참고 단쇄 = 저급 = 지방산 길이 짧다 = 분자량 작다
장쇄 = 고급 = 지방산 길이 길다 = 분자량 크다
불포화도 높다 = 이중 결합 많다

② 시스, 트랜스 지방산

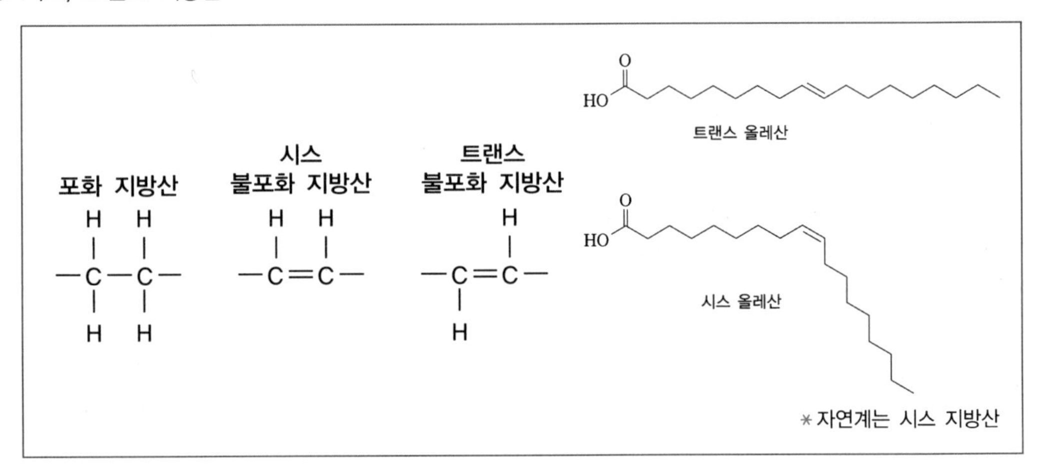

포화 지방산, 시스 지방산, 트랜스 지방산의 구조

③ 경화유와 트랜스 지방산

㉠ 경화: 액체 상태인 불포화 지방에 수소를 첨가해 고체 상태인 포화 지방으로 만듦

㉡ 경화유: 액체 상태인 불포화 지방에 수소를 첨가해 고체 상태인 포화 지방으로 만든 유지

예 쇼트닝, 마가린

㉢ 상온에서 액체인 식물성 기름을 경화시키면 고체가 됨
㉣ 이중 결합 부위가 단일 결합으로 바뀌므로 산화 안정성은 증가
㉤ 경화유 제조 과정에서 트랜스 지방산 생성
㉥ 트랜스 지방은 혈중 LDL 콜레스테롤 수치는 증가시키고, HDL 콜레스테롤 수치는 감소시켜, 심혈관계 질환을 유발할 수 있음

(3) 유지의 지방산 조성

① 버터: C_4(부티르산) 함유
② 버터, 코코넛유, 팜핵유: 단쇄 또는 중쇄 함유
③ 코코넛유, 팜핵유: 중쇄 50% 이상
- 코코넛유, 팜핵유, 팜유: 식물성임에도 포화 지방산 비율 50% 이상
- 야자유: 보통은 코코넛유를 가리키며, 팜유나 팜핵유를 가리키기도 함
- 올리브유, 카놀라유: 올레산 50% 이상
- 옥수수유, 대두유, 해바라기씨유, 포도씨유: 리놀레산 50% 이상
- 들기름, 아마인유: α-리놀렌산 50% 이상
- 어유(고등어, 정어리, 꽁치, 참치): EPA, DHA 다량(α-리놀렌산 미미)
- 우지, 라드: 스테아르산 함량 높음. 불포화 지방산 함량은 소보다 돼지가 더 높음

*'50% 이상'이란 말에 특별한 의미가 있는 것은 아니며, 시험에서는 '많이 함유' 정도로 서술

3 단순 지질

(1) 중성 지방

중성 지방(TG) = 트리글리세리드(또는 트리아실글리세롤 TAG)

① 글리세롤 + 3지방산의 에스테르 결합
② 주로 1, 3번에는 포화 지방산, 2번에는 불포화 지방산
③ 식품이나 체내 지질의 대부분은 중성 지방

(2) 왁스

① 고급 알코올과 고급 지방산의 에스테르 결합(고급은 장쇄를 의미함)
② 식물 잎, 과일 껍질 수분 증발 방지
③ 미생물 침입 차단

4 복합 지질

(1) 인지질

① 글리세로 인지질

㉠ 레시틴(포스파티딜 콜린): 양친매성 물질, 유화세, 뇌와 신경 조직의 세포막, 난황, 대두

㉡ 세팔린(포스파티딜 에탄올아민), 포스파티딜 세린, 포스파티딜 이노시톨

㉢ 글리세롤 + 2지방산 + 인산 + 염기(콜린, 에탄올아민, 세린, 이노시톨)

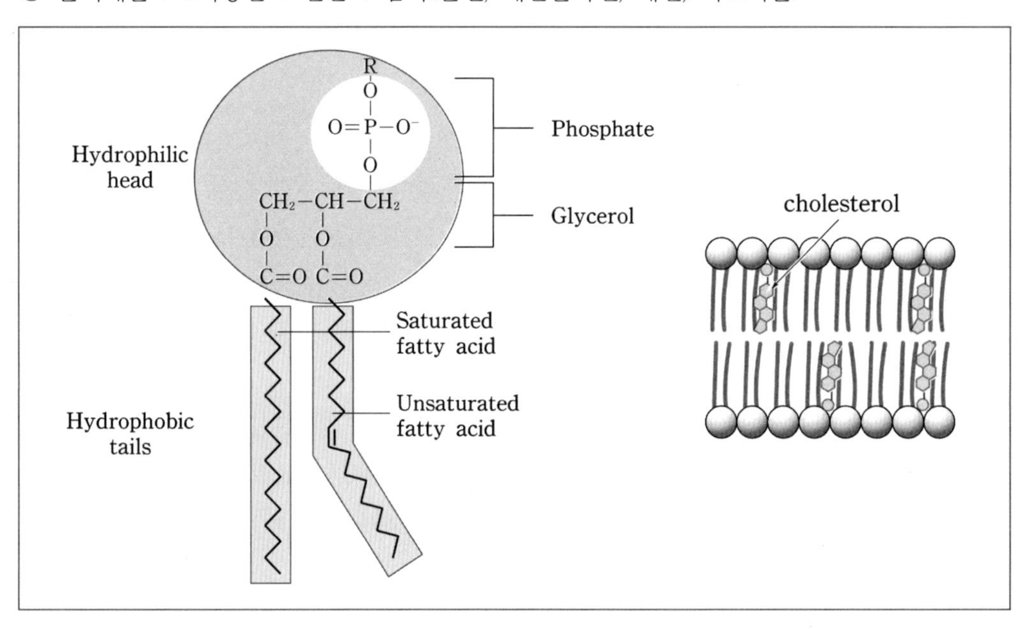

② 스핑고 인지질

㉠ 스핑고신(아미노알코올, 아미노기도 히드록시기도 있음)

㉡ 스핑고신과 지방산의 아미드 결합한 물질(스핑고신의 아미노기+지방산의 카르복실기) = 세라미드

세라미드 + 인산 + 염기(콜린) = 스핑고 미엘린

㉢ 스핑고 미엘린은 미엘린 수초에 많이 함유, 축삭을 둘러싸 절연 작용

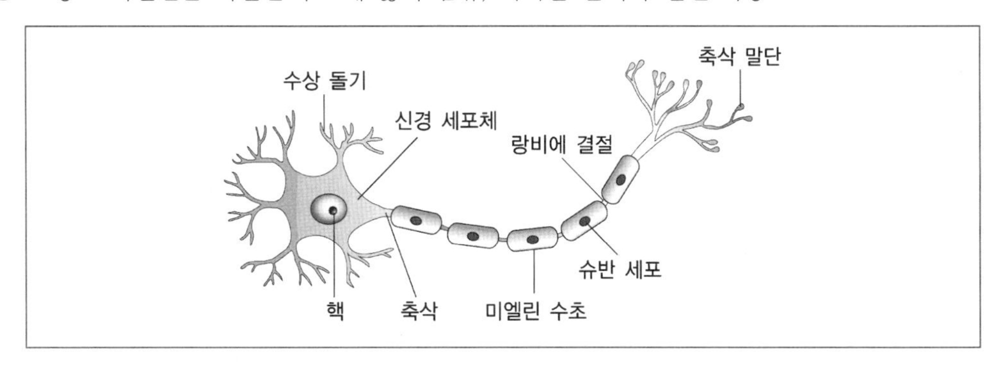

* 축삭은 전선의 구리, 미엘린 수초는 구리를 둘러싼 고무라 이해하면 쉬움

아미드 : 결합의 이름, 물질의 종류, 카르복실기와 아미노기의 탈수 축합 −(C=O)−N−

(2) 당지질

① 글리세로 당지질과 스핑고 당지질로 나뉨

글리세로 당지질 : 글리세롤 + 2지방산 + 당

② 스핑고 당지질의 예

세라미드 + 당 = 세레브로시드

㉠ 당이 갈락토스이면 갈락토 세레브로시드 : 뇌와 신경의 세포막에 많이 존재

㉡ 당이 복합당이면 강글리오시드 : 신경자극 전달

(3) 지단백질

킬로미크론, VLDL, LDL, HDL

5 유도 지질 및 기타 지질

단순 지질과 복합 지질이 가수분해될 때 얻어지는 화합물 중 지질의 성질을 유지하는 물질을 유도 지질이라고 하며, 그 외 다양한 지질이 있음

• 지방산
• 글리세롤에 지방산 1개 결합하면 모노글리세리드(MG), 2개 결합하면 다이글리세리드(DG)
• **탄화수소류**: 스쿠알렌, 지용성 비타민, 지용성 색소
• **스테로이드, 스테롤 등등**
  - **콜레스테롤**: 뇌와 신경의 세포막 구성, 세포막 유동성 유지에 도움
  - **에르고스테롤**: 식물성 스테롤(=피토스테롤)의 일종, 효모/곰팡이/버섯 등에 함유, 콜레스테롤 흡수 저해

(참고) 식물성 유지는 불포화 지방산 함량이 높고 콜레스테롤은 없으나, 동물성 유지는 포화 지방산과 콜레스테롤 함량이 높음

6 유지의 이화학적 성질

(1) 물리적 성질

① 비중
  ㉠ 유지 비중은 물보다 작아 물 위에 뜸
  ㉡ 지방산 단쇄일수록, 불포화도 높을수록 비중 증가
  ㉢ 산화중합 시 비중 증가, 유리 지방산 적을수록 비중 증가

② 점도(=점성)
  ㉠ 지방산 장쇄일수록, 불포화도 낮을수록 점도 증가
  ㉡ 산화중합 시 점도 증가

③ 광선 굴절률
  ㉠ 지방산 장쇄일수록, 불포화도 높을수록 굴절률 증가
  ㉡ 경화유 제조 시 굴절률은?
  ㉢ 유리 지방산 적을수록 굴절률 증가
  ㉣ 유지 산화 시 굴절률 증가

④ 융점
  ㉠ 고체 지방이 액체 기름으로 변하는 온도
  ㉡ 지방산 장쇄일수록 불포화도 낮을수록 융점 높아짐
  ㉢ 융점 높으면 상온에서 고체, 융점 낮으면 상온에서 액체

탄소 수	• 탄소의 수가 증가할수록(장쇄일수록) 융점이 높아짐 • 버터는 다른 동물성 유지보다 단쇄지방산을 많이 함유하고 있어 융점이 낮음. 지방산 단쇄일수록 융점 낮음
이중결합 수	• 이중결합 수가 증가할수록(불포화도 높을수록) 융점 낮아짐 • 대체로, 동물성 유지는 불포화 지방산이 적음 → 불포화도 낮으면 융점 높음 → 융점 높으면 상온에서 고체 (동물성 유지 내에 꼭 포화가 불포화보다 더 많다고 볼 수는 없음) • 대체로, 식물성 유지는 불포화 지방산이 많음 → 불포화도 높으면 융점 낮음 → 융점 낮으면 상온에서 액체
cis, trans	불포화 지방산의 경우, 시스형보다 트랜스형이 융점이 높음

Q

1. 식물성 유지가 융점 낮은 이유? or 식물성 유지가 상온 액체 이유?
2. 올리브유가 걸쭉한 액체인 이유?
3. 팜유, 코코넛유는 식물성유이지만 상온에서 고체인 이유?
4. 어유는 동물성유이지만 상온에서 액체인 이유?

* 사슬 길이가 길면 분자 간 인력 큼
* 직쇄상이 분자 간 인력 큼(포화 지방산, 트랜스형 불포화 지방산은 직쇄상 / 시스형 불포화 지방산은 꺾인 모양)

㉣ 자연계 유지는 대부분 다양한 TG의 혼합물로 응고점과 융점이 다름. 녹는점(융점)과 끓는점(비점)은 원리가 같음

㉤ 지방산 장쇄일수록 = 고급 지방산일수록 = 지방산 사슬 길이 길수록 = 지방산 탄소수 많을수록, 지방산 불포화도 높을수록 = 지방산에 이중결합 많을수록

구분	사슬 길이	불포화도	기타
비중 증가	단쇄일수록	높을수록	• 산화 중합 시 • 유리 지방산 적을수록
점도 증가	장쇄일수록	낮을수록	• 산화 중합 시
굴절률 증가	장쇄일수록 (=검화가 작을수록)	높을수록 (=요오드가 클수록)	• 유지 산화 시 • 유리 지방산 적을수록 (=산가 낮을수록)
융점 높음	장쇄일수록	낮을수록	

⑤ 발연점, 인화점, 연소점

㉠ 발연점

• 아크롤레인이라는 휘발성 자극성 냄새의 푸른 연기가 생성되는 온도
• 글리세롤 탈수(글리세롤 − $2H_2O$ = 아크롤레인)
• 풍미 저하, 건강 유해

- 발연점은 유리 지방산 함량과 이물질 함량이 많을수록, 사용 횟수 증가, 장시간 가열할수록, 유지가 노출된 표면적이 넓을수록 낮아짐

> **Tip 튀김 시**
> - 발연점이 높은 콩기름, 옥수수유 등 사용
> - 신선한 기름 사용, 튀김 옷 바로 없애기, 용기 표면적 좁고 깊은 것 사용

ⓛ 인화점: 발연점 이상에서, 유증기가 공기와 섞여 발화하는 온도

ⓒ 연소점: 인화점 이상에서, 계속 연소하는 온도

(2) 화학적 성질

구분	정확한 개념(암기 부담 있음)	값이 가지는 의미만 기억하는 법
검화가 (비누화가)	• 유지 1g을 완전히 검화시키는 데 필요한 KOH(수산화칼륨) mg수 • 검화: 유지에 알칼리를 가하여 가열하면, 가수분해돼 글리세롤과 지방산염 생성 • 보통 180~200	• 지방산의 탄소 사슬 길이 반영 • 검화가 클수록 단쇄임 * 검화가: 코코넛오일>버터>대두유 순
산가	• 유지 1g당 유리 지방산 중화를 위한 KOH (수산화칼륨) mg수 • 보통 1	• 유지에 함유된 유리 지방산의 양 반영 – 정제하지 않은 기름 및 사용한 기름은 산가가 높음 – 산가가 높은 유지가 발연점이 더 낮음
요오드가	• 100g 유지에 흡수되는 요오드 g수 • 130 이상은 건성유, 100~130 반건성유, 100 이하는 불건성유 • '건'의 의미: 산화 중합체 형성으로 피막 형성	• 지방산의 불포화도(이중 결합 많은지) 반영 – 요오드가가 높은 유지 = 불포화도 높음 = 산화가 더 잘 일어남 – 산화가 진행되면 요오드가 낮아짐
아세틸가	• 무수초산으로 아세틸화시킨 유지 1g을 가수분해할 때 얻어지는 아세트산을 중화하는 데 필요한 KOH(수산화칼륨) mg수 * 무수초산이 유지의 히드록시기와 반응	• 유지 중 히드록시기 양 측정 – 히드록시기를 가진 지방산의 함량(피마자유) – 산패 정도(MG, DG 함량)
라이헤르트- 마이슬가	• 유지 5g에 존재하는 수용성 휘발성 지방산을 중화하는 데 필요한 0.1N KOH mL 수 • 보통 1이하, 버터 26~32, 마가린 0.55~5.5	• C_4~C_6의 휘발성 수용성 지방산 함량 반영 • 버터는 (다른 유지에 비해) 단쇄 지방산 함량 많음 • 버터는 라이헤르트-마이슬가 높게 나옴 • 버터 위조 검정에 이용 가능(버터와 마가린 구별)

폴렌스케가	• 유지 5g에 존재하는 불용성 휘발성 지방산을 중화하는 데 필요한 0.1N KOH mL 수 • 보통 1이하, 버터 1.5~3.5, 팜핵유 16.8~18.2	• C_8~C_{14}의 휘발성 불용성 지방산 함량 반영 • 코코넛유와 팜핵유는 중쇄 지방산 함량 많음 또는 C_8~C_{14} 지방산 함량 많음 • 코코넛유와 팜핵유는 폴렌스케가가 높게 나옴 • 버터는 코코넛유와 팜핵유보다 폴렌스케가가 낮게 나옴 • 버터에 코코넛유 및 팜핵유 혼입되었는지 검사에 이용 가능

$$\begin{matrix} H_2C-O-C(=O)-R_1 \\ | \\ HC-O-C(=O)-R_2 \\ | \\ H_2C-O-C(=O)-R_3 \end{matrix} + 3KOH \longrightarrow \begin{matrix} H_2C-OH \\ | \\ HC-OH \\ | \\ H_2C-OH \end{matrix} + \begin{matrix} R_1COOK \\ R_2COOK \\ R_3COOK \end{matrix}$$

검화가

$$R-COOH + KOH \longrightarrow R-COOK + H_2O$$

산가

$$-CH_2-CH=CH-CH_2- + I_2 \longrightarrow -CH_2-\underset{I}{\overset{H}{C}}-\underset{I}{\overset{H}{C}}-CH_2-$$

요오드가

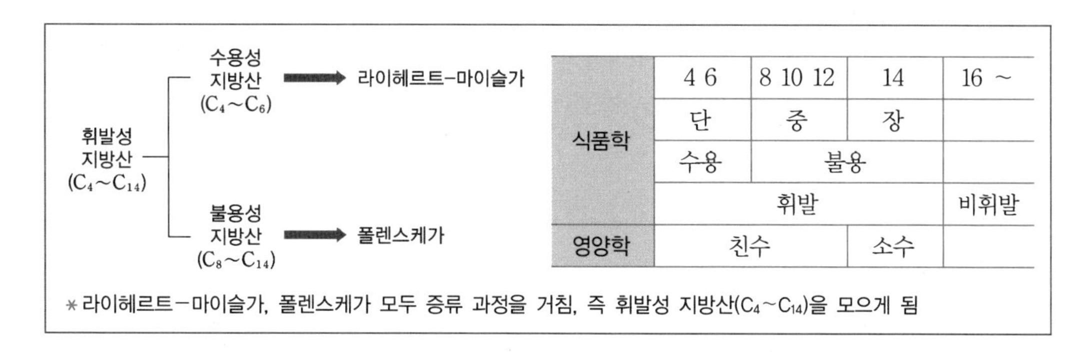

	4 6	8 10 12	14	16 ~
식품학	단	중	장	
	수용	불용		
	휘발			비휘발
영양학	친수		소수	

* 라이헤르트-마이슬가, 폴렌스케가 모두 증류 과정을 거침, 즉 휘발성 지방산(C_4~C_{14})을 모으게 됨

기출 문제 2021-A9

다음은 유지의 화학적 성질에 관한 내용이다. 〈작성 방법〉에 따라 서술하시오. [4점]

> 유지는 요오드가에 따라 건성유, 반건성유 및 불건성유로 분류되며, 건성유는 ㉠ 반건성유 및 불건성유보다 일반적으로 산화되기 쉽다. (㉡)가는 ㉢ 야자유(팜핵유, palm kernel oil) 검정에 이용되며, 라이헤르트−마이슬(Reichert−Meissl)가는 마가린의 0.5~5.5보다 ㉣ 버터가 22~34로 현저히 높아 이들의 구별에 이용된다.

〈작성 방법〉

- 밑줄 친 ㉠의 이유를 제시할 것
- 괄호 안의 ㉡에 들어갈 명칭을 쓰고, 밑줄 친 ㉢의 이유를 제시할 것
- 밑줄 친 ㉣의 이유를 제시할 것

7 유지 가공

(1) 유지 정제

① **탈검**: 식물성 유지에서 인지질 제거하는 것, 동물성 유지에서 단백질, 점질물 등 제거하는 것

② **탈산**: 알칼리와 반응시켜 유리 지방산 제거

③ **탈색**: 카로티노이드나 클로로필 같은 지용성 색소 제거

④ **탈취**: 알데히드, 케톤 등 불쾌취 제거

⑤ **동유처리(=탈랍, =윈터라이징)**: 미리 냉각시켜 고체화된 침전물을 제거함으로써, 냉장 보관 시 혼탁해지지 않도록 하는 것. 식물성 유지는 융점이 낮아 냉장 보관해도 굳지 않음. 그러나 유지에 함유된 일부 융점이 높은 지방은 냉장 시 고체화될 수 있음. 이런 융점 높은 지방을 미리 제거하는 것을 동유 처리라고 함. 정제 과정의 일부임

* 비정제유는 냉장 보관 시 고체 결정이 나타나 뿌옇게 보일 수 있음. 유리 지방산을 제거하지 않아 발연점이 낮음(올리브유, 참기름 등)

(2) 에스테르 교환반응

TG 분자 내에서 또는 TG 분자 간에 지방산의 위치를 바꾸어 유지의 물리, 화학적 성질을 변화시키는 것. 라드의 품질 특성 개선, 원하는 정도의 가소성을 지닌 마가린이나 쇼트닝을 만들 수 있음

기출 문제 2024-A12

다음은 유지의 정제와 가공에 관한 설명이다. 〈작성 방법〉에 따라 서술하시오. [4점]

> 유지는 정제와 가공 공정에 따라서 품질 특성이 결정된다. 원유의 ㉠ 탈산(deacidification)으로 유지의 발연점이 변화되고, ㉡ 액체 유지에 수소를 첨가하면 유지의 점성, 굴절률, 요오드가 등이 변화된다. 냉장 보관하는 샐러드유는 정제 과정에서 ㉢ 동유처리(winterization)된다.

〈작성 방법〉

- 밑줄 친 ㉠의 결과로 나타나는 유지의 발연점 변화를 쓸 것
- 밑줄 친 ㉡에 따른 유지의 굴절률 변화를 쓰고, 그 변화의 원인을 지방산의 탄소 결합과 연관하여 서술할 것
- 밑줄 친 ㉢을 하는 방법을 서술할 것

8 유지 산패

(1) 유지 산패

① 산패란 유지 저장 및 가공 중 냄새, 맛, 색 등등에서 품질 저하를 통틀어 일컬음. 산패 시 독성 물질 생성, 영양가 감소, 소화율 감소 등이 동반됨

② 유지 산패는 산화적 산패(=유지 산화)와 비산화적 산패로 나뉨. TG 가수분해는 비산화적 산패의 일종, 자동 산화는 산화적 산패의 일종, 가열 산화는 TG 가수분해와 자동 산화가 동시에 일어남

㉠ **TG 가수분해**: 수분, 산, 알칼리, 효소(리파아제) 등에 의해 중성 지방이 글리세롤과 지방산으로 분해되는 것

> **Tip 우유에서 불쾌취가 나는 이유**
> 우유는 수분 함량이 높은 식품으로 유지방이 수분에 의해 지방산과 글리세롤로 가수분해가 쉬우며, 우유 지방산 중 휘발성 저급 지방산들이 불쾌취를 유발한다.
> 예를 들어, 부티르산이 TG 안에 있을 때는 휘발성이 아니므로 냄새 없다가, 리파아제에 의해 유리되면 휘발성이 되어 냄새

㉡ 자동 산화

㉢ 가열 산화 = 가열에 의해 격렬한 자동 산화 + 가열에 의해 TG 가수분해(열분해)

(2) 자동 산화의 단계

유도 기간이란 산소 흡수 속도가 매우 느린 구간, 개시 단계 이전

① 개시(초기): RH → R•(지방산 라디칼)+ H•/ −[C]−C=C−[C]−

이중결합 옆의 탄소에서 수소라디칼 떨어져 나감

금속, 빛, 열에 의해 촉진되므로 보관 주의

② 전파(연쇄): R• + O_2 → ROO•(과산화 라디칼)

*책에 따라 과산화 라디칼 생성은 개시 단계로 나오기도 함

ROO• + RH → ROOH(과산화지질, 지질 과산화물) + R•

③ 종결

㉠ 과산화물 분해: ROOH의 분해를 말함. 과산화물은 분해되어 휘발성 카르보닐 화합물(알데히드, 케톤) 및 알코올 생성. 산패취. 이 과정에서 과산화물의 양은 감소[고급영양학 항산화에서 글루타치온 과산화효소(Se)의 과산화물 분해와 자동 산화 시의 과산화물 분해는 의미가 다름]

참고 • 모든 알데히드, 케톤, 알코올이 휘발성이란 뜻은 아님
• 산패취: 유통기한 지난 들기름의 이취, 콩(나물) 비린내

㉡ 중합체 형성으로 점도 증가: R•, ROO• 등 각종 라디칼끼리의 중합

R• + R• → RR

ROO• + R• → ROOR

ROO• + ROO• → ROOR + O_2

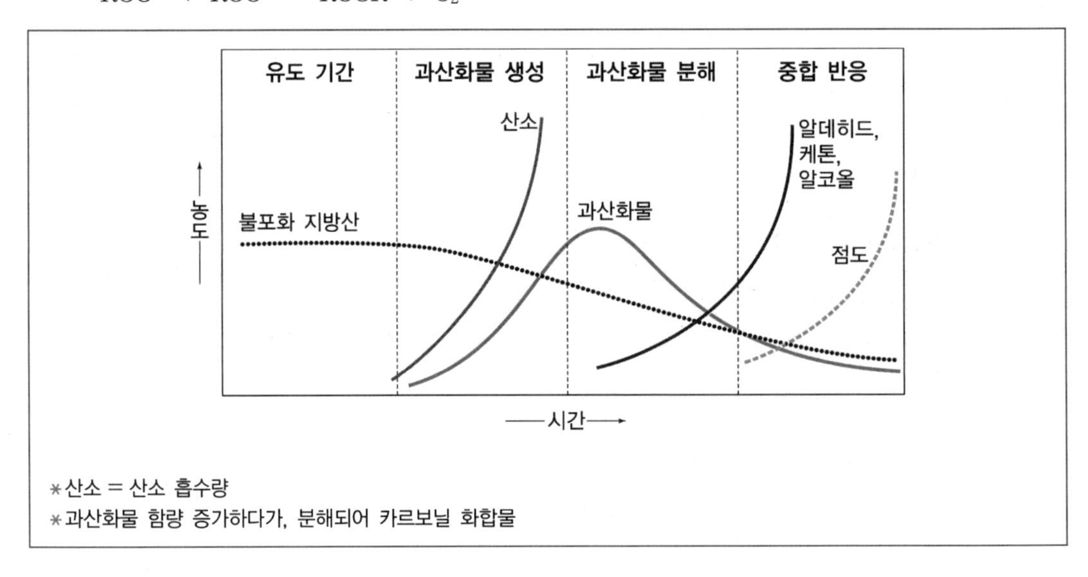

*산소 = 산소 흡수량
*과산화물 함량 증가하다가, 분해되어 카르보닐 화합물

(3) 산화 촉진 요인

① 철, 구리 등의 금속, 빛(파장 짧을수록): 자유라디칼 생성 촉진, 과산화물 분해 촉진

② 지방산 불포화도: 높을수록

③ 산소 농도: 어느 정도까지는 산소 농도에 비례

④ 온도: 10℃마다 2~3배, 0℃ 이하에서는 동결에 의해 얼음 결정이 생성되고 금속 촉매의 농도가 증가돼 자동산화 촉진

⑤ 수분 활성도: BET point 근처에서 최저

⑥ 리폭시게나아제: 리놀레산, 리놀렌산, 아라키돈산 등에 작용(올레산에는 작용하지 않음). 콩 비린내 원인

⑦ 헤마틴 화합물: 헤모글로빈, 미오글로빈, 시토크롬 등. 육류의 유지 산화 유발 인자

콩나물과 리폭시게나아제(lipoxygenase)

콩나물을 삶을 때 뚜껑을 자주 열게 되면 비린내가 남. 이는 콩에 함유된 리폭시게나아제라고 하는 효소가 물이 끓는 온도보다 낮을 때 활발히 작용하기 때문. 따라서 고온에서 빨리 익혀 산소 접촉을 차단하게 되면 리폭시게나아제의 활성화를 막을 수 있음

기름 보관 시

- 빛을 차단하기 위해 유색 용기(갈색) 사용
- 금속 재질을 피하기 위해 유리병 사용
- 낮은 온도를 위해 냉장(또는 서늘한 곳) 보관
- 산소 접촉 피하기 위해 뚜껑은 닫아서 보관
- 사용한 기름이면 이물질 제거 후 보관, 단시일 내 사용
- RH → R• + H•
- 금속, 빛, 열 개시 단계 촉진

(4) 자동 산화 & 가열 산화 비교

구분	자동 산화	가열 산화
발생 원인	산소 존재하의 상온에서 자연발생	산소 존재하의 고온 가열(즉 자동 산화 + α라고 생각하면 이해가 쉬움. 산소는 공통이고 α는 가열)
변화	지방산에서 산화 일어남	• 지방산에서 산화 일어남(더 격렬하게) • TG가 글리세롤과 유리 지방산으로 가수분해됨(지방산이 단쇄일수록, 불포화도 높을수록, TG 가수분해 잘 일어남)
결과물	• (과산화물 분해) 휘발성 알코올, 알데히드, 케톤 → 산패취 • (라디칼끼리 중합) 중합체 → 점도 상승	지방산에서 산화가 일어나는 것은 자동 산화에도 있는 반응이나 가열로 더 격렬하게 일어남 • (과산화물 가열 분해) 과산화물 생성 후 빠른 분해, 분해 산물 증가/다양화 • (라디칼끼리 가열 중합) 중합체 → 점도 급증, 쉽게 꺼지지 않는 거품
		TG가 글리세롤과 유리 지방산으로 가수분해되는 것은 자동 산화에는 없음 TG 가수분해 ┌ 유리 지방산(발연점 감소↓) └ 글리세롤 −(탈수)→ 아크롤레인(푸른 연기, 불쾌한 냄새, 독성) * 발연점 : 푸른 연기 나는 온도

튀김 시 튀김유 변화(아래 내용은 순수 기름만 가열했을 때가 아닌 튀김 재료도 넣었을 때 추가적으로 일어나는 변화임)

- 튀김옷 등의 이물질은 유지의 발연점을 낮춤
- 원래 유지는 이물질이 존재하면 발연점이 내려간다. 정제하지 않은 식용유, 한 번 사용해서 유리 지방산이 증가한 식용유, 튀김옷 등의 이물질이 존재하는 식용유는 발연점이 저하됨
- 갈색의 멜라노이딘 색소 형성(갈변, 마이야르 반응)
  - 식품 성분의 카보닐기 + 식품 성분의 아미노기
  - 유지 산화 산물인 각종 카보닐 화합물의 카보닐기 + 식품 성분의 아미노기

참고 튀김 온도는 보통 180℃ 정도, 정제 식용유의 발연점은 200℃ 정도

기출 문제 2014-A기입9

프라이팬을 가열하고 대두유를 둘렀더니 시간이 지나자 푸른 연기가 피어났다. 이 연기의 성분은 대두유의 가열 분해 산물인 (㉠)(으)로부터 생성된 (㉡)이다. 괄호 안의 ㉠, ㉡에 해당하는 용어를 순서대로 쓰시오(단, 대두유에 포함되어 있는 이물질은 제외함). [2점]

기출 문제 2022-B8

다음은 영양교사와 학생의 대화이다. 〈작성 방법〉에 따라 서술하시오. [4점]

오늘은 고구마튀김을 만들 거예요. 바삭한 튀김을 만들기 위해 튀김옷으로 어떤 밀가루를 사용하는 것이 좋을까요?

㉠ 박력분이 좋다고 배웠어요.

맞아요. 밀가루의 단백질 성분과 관련이 있기 때문이죠.

그럼 기름은 발연점이 높은 것이 좋다고 하셨으니까 지난번 실습 시간에 사용하고 모아 둔 대두유를 다시 쓸까요?

안 돼요. 신선한 대두유를 사용할 거예요. 기름을 여러 번 사용할수록 몸에 해로운 ㉡ 아크롤레인(acrolein)이 쉽게 만들어지므로 신선한 기름을 사용하는 것이 좋아요.

〈작성 방법〉

- 바삭한 튀김을 만들기 위해 밑줄 친 ㉠을 사용하는 이유를 밀가루의 단백질 성분과 관련하여 2가지를 서술할 것
- 밑줄 친 ㉡이 생성되는 과정을 원인물질을 포함하여 서술할 것

기출 문제 2018-B7

다음은 엄마와 딸의 대화이다. 〈작성 방법〉에 따라 서술하시오. [5점]

엄마 : 오늘은 튀김을 만들어 볼까? 기름을 넣었으니 온도를 160℃로 맞춰봐.
딸 : 네. 기름이 남았는데 왜 새 기름을 사용했어요?
엄마 : 남은 기름은 ㉠ 유통기한이 지난 기름이야. 그래서 어제 새로 사 온 기름을 사용한 거야.
딸 : 엄마! 벌써 온도가 180℃가 넘었어요.
엄마 : 그래? 뜨거우니까 기름이 튀지 않게 가장 자리에 살짝 넣어 가며 해 보자.
… (중략) …
딸 : 엄마. 이제 다 끝났으니 정리할까요?
엄마 : 그래. ㉡ 튀김에 사용한 기름은 다른 병에 옮겨서 보관하자.
딸 : 제가 기름은 바람이 잘 통하는 곳에서 뚜껑을 열고 식힌 후 병에 옮겨 담아 둘게요.

〈작성 방법〉
- 밑줄 친 ㉠, ㉡의 기름에서 일어날 수 있는 산화의 차이를 서술할 것(단, 이 두 기름은 지방산 조성이 동일하다고 가정함)
- 밑줄 친 ㉡에 영향을 미친 요인 2가지를 대화에서 찾아 제시할 것
- 밑줄 친 ㉡에서 나타난 변화 2가지를 서술할 것

기출 문제 2023-B4

다음은 교사와 학생의 대화이다. 〈작성 방법〉에 따라 서술하시오. [4점]

교 사: 지난주에 도넛을 만들었으니 이번 주에는 채소튀김을 만들어 볼까요?
학 생: 선생님! 지난주에 도넛을 만들 때 튀김기름으로 사용했던 대두유는 다 썼어요. 대신 라드를 사용해도 될까요?
교 사: 글쎄. 라드를 사용해서 튀기면 대두유보다 ㉠ 푸른 연기가 나는 온도가 더 낮고 안 좋은 냄새와 맛이 더 많이 날 뿐 아니라 ㉡ 유리지방산도 많이 생겨요.
학 생: 그럼 대두유를 준비해서 사용하겠습니다.
교 사: 그렇지만 정제 대두유를 사용하더라도 ㉢ 기름을 높은 온도에서 계속 가열하면 점도가 증가하고 거품도 나니까 너무 오래 가열하면 좋지 않아요.

〈작성 방법〉
- 밑줄 친 ㉠을 나타내는 용어의 명칭을 쓸 것
- 튀길 때 밑줄 친 ㉡의 생성량에 영향을 미치는 유지 지방산의 구조적 특성 2가지를 서술할 것
- 밑줄 친 ㉢의 이유를 쓸 것

(5) 유지의 산패도 측정 방법

① TBA가: TBA 시약이 불포화 지방산의 산화생성물인 말론알데히드와 반응하여 생성된 적색을 비색정량(흡광도 측정)

② 활성산소법: 유지를 97℃ 물에 중탕하면서 일정한 속도의 공기를 불어 넣어 산패 유도. 정기적으로 과산화물가를 측정하여, 유지의 산패 유도 기간을 알아내는 방법

③ 랜시매트법: 유지를 랜시매트라는 기계에서 100℃로 유지시키면서 공기를 주입하여 만들어진 유지 산화물의 전기전도도를 측정하여 산패 유도 기간을 알아내는 방법

④ 오븐시험법: 오븐에 넣고 관능 검사

장점	방법이 쉬움, 제과제품처럼 부수지 않고는 유지 추출을 할 수 없는 식품은 관능 검사가 적당
단점	사람마다 개인차 존재하여, 산패 진행 정도를 객관화시키키 어려움

⑤ 과산화물가

- 유지 1kg 중 과산화물 mg 당량수
- 유지에 함유된 과산화물 함량, 과산화물과 KI를 반응시켜 생성된 I_2를 티오황산나트륨으로 적정(산화 초기에 유용한 지표, 과산화물의 양은 산화 초기에 증가하다가 종결 단계에서는 과산화물이 분해되면서 과산화물의 양이 감소하므로)

⑥ 카르보닐가

- 유지에 함유된 (알데히드, 케톤 같은) 카르보닐 화합물 함량
- 알데히드, 케톤이 디니트로페닐히드라진과 반응하여 생성된 적색을 비색정량(산화가 진행될수록 카르보닐 화합물의 양은 증가)

(6) 항산화제와 상승제

① 천연 항산화제

㉠ 토코페롤(=비타민 E), 고시폴(면실유에 포함된 천연 항산화제이나 독성 있음), 세사몰(참기름), 오리자놀(미강유), 레시틴(난황, 대두유), 폴리페놀(채소·과일·차), 폴리페놀의 일종으로 양파의 케르세틴(=퀘르세틴, =퀴세틴)

㉡ 자유라디칼 제거 작용

② 상승제: 자신은 항산화 효과가 없거나 약하지만, 다른 항산화제의 효과를 상승시켜 줌

㉠ 비타민 C, 구연산(=시트르산), 사과산(=말산)

㉡ 구연산, 말산, 인산염 등등: (금속과 킬레이트 결합하여) 산화를 촉진하는 금속 불활성화

㉢ 비타민 C(아스코브산): (유지 식품에서 상승제로서) 산화된 비타민 E를 환원시켜 재생시킴

(7) 변향

① 정제 전의 유지 냄새가 복원되는 현상

② 콩기름의 콩비린내나 풋내를 정제 과정 중 제거하였으나 저장 중 다시 냄새

③ 리놀렌산의 함량이 높은 유지에서 변향이 잘 일어남

객관식

• 튀김 중, 식품과 기름의 상호작용으로 식품 중의 색소나 인지질 등 용출되어 갈변
• 온도 높고, 가열 길고, 노출 표면적 넓을수록 많은 거품
• 식품 수분 증발과 거품 관련 있음
• 유지 산화 시, 전체 불포화도는 감소하나, 비공액 이중결합 비율 감소, 공액 이중결합 비율 증가

객관식 유지 광산화란?

• 감광제: 클로로필, 헤모글로빈, 미오글로빈 등 천연색소
• 삼중항 산소(보통 산소) −(by 감광제)→ 일중항 산소(반응성이 큼)
• 일중항 산소는 유지 산화를 더 잘 일으킴
• 산소 소거제: 일중항 산소를 삼중항 산소로 다시 돌려 놓음, 비타민 E, 카로티노이드 등이 대표적

9 핵산

(1) 뉴클리오티드와 핵산

① 염기의 종류

㉠ 퓨린 계열: 아데닌, 구아닌

㉡ 피리미딘 계열: 시토신, 유라실, 티민

② 뉴클리오시드, 뉴클리오티드

염기	뉴클리오시드(당+염기)	뉴클리오티드(인산+당+염기)
아데닌	아데노신	아데노신 일인산(AMP) = 아데닐산
구아닌	구아노신	구아노신 일인산(GMP) = 구아닐산
시토신	시티딘	시티딘 일인산(CMP) = 시티딜산
유라실	유리딘	유리딘 일인산(UMP) = 유리딜산
티민	티미딘	티미딘 일인산(TMP) = 티미딜산

㉠ 당은 리보오스 또는 디옥시리보오스임

㉡ 리보오스는 RNA 구성, 디옥시리보오스는 DNA 구성

㉢ 당이 디옥시리보오스인 경우, 뉴클리오시드와 뉴클리오티드의 이름 앞에 디옥시를 붙임

예 디옥시유리딘, 디옥시유리딘 일인산, dUMP, dU, 디옥시유리딜산

③ 핵산

㉠ 핵산에는 RNA와 DNA가 있음. 핵산은 polymer

㉡ 핵산 구성의 단위체(monomer)는 뉴클리오티드

㉢ 뉴클리오티드는 리보뉴클리오티드와 디옥시리보뉴클리오티드

		뉴클리오티드↓		핵산↓
리보오스	⊂	리보뉴클리오티드	⊂	RNA
디옥시리보오스	⊂	디옥시리보뉴클리오티드	⊂	DNA

RNA 구성 단위체	AMP(A), GMP(G), UMP(U), CMP(C)
DNA 구성 단위체	dAMP(dA), dGMP(dG), dTMP(dT), dCMP(dC)

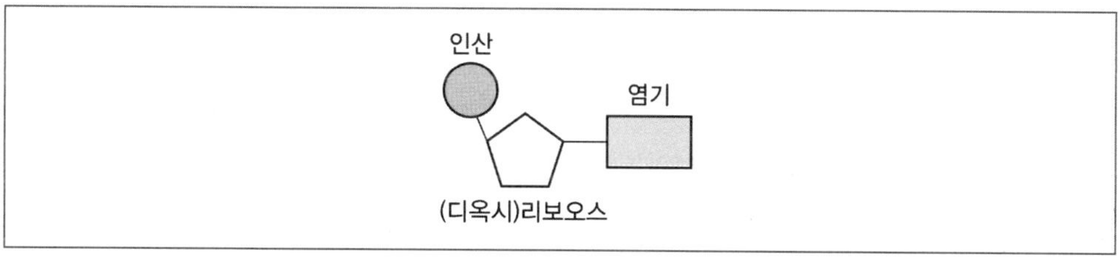

인산

염기

(디옥시)리보오스

• 차이: 리보오스는 2번 탄소에 OH가 연결된 것, 디옥시리보오스는 2번 탄소에 H가 연결된 것

• 공통: 1번 탄소에 염기 연결, 5번 탄소에 인산기 연결

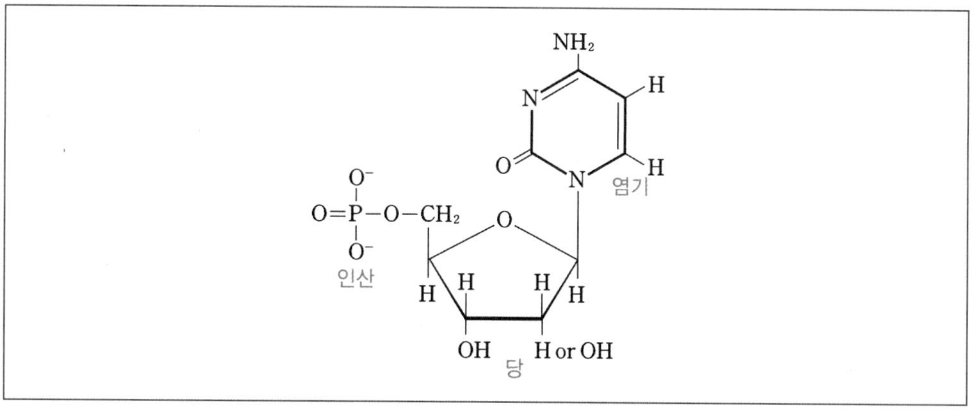

NH_2

N H

O H N 염기

O^-

$O=P-O-CH_2$ O

O^-

인산 H H H H

OH H or OH

당

오탄당 염기 Base
글리코시드 결합 (glycosidic bond)
OH=리보오스
H=디옥시리보오스
뉴클리오시드
뉴클리오티드(뉴클리오시드 1인산)
뉴클리오시드 2인산
뉴클리오시드 3인산
퓨린
아데닌 Adenine
구아닌 Guanine
피리미딘
사토신 Cytosine
유라실 Uracil
티민 Thymine

(2) 각 과목에서 이용

① 식사요법: 퓨린 계열 염기(아데닌, 구아닌)는 요산으로 배출, 요산이 배출 안 되고 몸에 쌓이면 통풍, 저퓨린식

② 생화학: ATP, GTP, UTP, UDP－포도당

③ 영양학: cAMP(사이클릭 AMP)는 2차 전령

④ 식품학: IMP · GMP(맛성분)

㉠ 구아노신 일인산 = 5′－GMP = 구아닐산(버섯)

㉡ 이노신 일인산 = 5′－IMP = 이노신산(육류－소고기, 어류－가다랑어, 멸치) (이노신산의 염기는 하이포잔틴)

⑤ 고급영양학 & 영양판정

㉠ 디옥시유리딜산 → 티미딜산

㉡ 디옥시유리딘 → 티미딘

결합 방식

1. 이당류 ~ 다당류
   글리코시드 결합, 당의 −OH기 + 당의 −OH기 (1개 이상의 글리코시드성 −OH기 포함), 탈수 축합
2. 디펩티드 ~ 단백질
   펩티드 결합, 한 아미노산의 카르복실기 + 다른 아미노산의 아미노기, 탈수 축합
3. 핵산
   포스포디에스테르 결합, 인산기 + 히드록시기, 탈수 축합

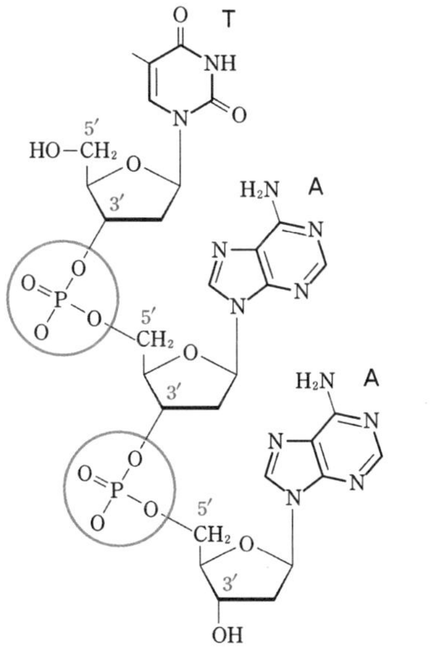

4. 에스테르 결합
   - 카르복실산과 알코올이 만나 에스테르가 만들어짐
   - 카르복실기와 히드록시기가 만나 에스테르 결합을 함. 탈수 축합

$$R_1-(C=O)-\underline{OH} + R_2O\underline{H} \rightarrow R_1-(C=O)-OR_2$$

   - 식품학에서 : 갈락투론산의 −COOH(카르복실기)와 CH_3OH(메탄올)
   - 영양학에서 : 지방산(카르복실기 보유) + 글리세롤(히드록시기 보유) → TG
     지방산(특히, 레시틴의 아실기) + 콜레스테롤(히드록시기 보유) → 콜레스테롤 에스테르
5. 글리코시드 결합(glycosidic bond)
   - 크게 봤을 때 : 당의 글리코시드성 −OH기와 다른 분자의 결합, 탈수 축합
     다른 분자에서 −OH기 아닐 수도 있음(뉴클리오티드에서 리보오스와 염기 결합 시)
   - 탄수화물에서 : 당의 −OH기 + 당의 −OH기 (1개 이상의 글리코시드성 −OH기 포함), 탈수 축합

6. 배당체(glycoside)

당의 글리코시드성 –OH기와 아글리콘(당이 아님) 결합 산물

배당체 = 당 + 아글리콘

참고
- 중합 : 모노머(단위체 · 단량체)가 폴리머(중합체)가 되는 것, 식품학 조리원리 사례를 보면, 다이머 이상만 돼도 중합이란 말을 사용함
  → 1~3은 중합 / 글리세롤 + 3지방산은 중합 아님
- 탈수 축합 : 물이 빠지면서 결합 → 1~6 모든 결합은 탈수 축합
- 가수분해 : 물을 첨가하면서 분해

색과 갈변

1 식품 천연색소의 분류

식물성	불용성	클로로필		녹색 예 시금치	
		카로티노이드	카로틴 류	α, β, γ−카로틴, 리코펜	노랑, 주황, 빨강 예 당근, 토마토, 파프리카
			잔토필 류	루테인, 크립토잔틴, 칸타잔틴 등등	
	수용성	(넓은 의미로) 플라보노이드	안토잔틴	(좁은 의미로, 플라보노이드) 백색 또는 담황색 색소 예 무, 양파, 양배추, 콜리플라워	
			안토시아닌	적색, 자색, 청색 예 포도, 가지, 블루베리, 자주감자, 딸기, 사과	
			탄닌	수용성 무색이나 산화되면 불용성 갈색	
동물성	불용성	카로티노이드		난황, 새우	
	수용성	헤모글로빈		혈색소	
		미오글로빈		근육색소	

* 불용성은 물을 용매로 할 때 녹지 않는다는 뜻임. 불용성과 지용성을 같은 말로 봐도 좋음

2 클로로필(=엽록소)

(1) 구조 및 기본 사항

① 녹황색 채소의 엽록체에 존재

② 클로로필은 녹색의 지용성 물질

H_3C — $COCH_3$
CH_3^+ N CH_3
N---Mg---N
$C_{20}H_{39}OOCCH_2CH_2$ — (피톨)
N C_2H_5
CH_3OOC — 메탄올 CH_3
O

▮ 클로로필

메탄올
피톨

마그네슘 이온이 수소 이온으로 치환된 그림

구조 특징

- 포피린 고리 중심에 마그네슘 이온
- 피톨과 결합하여 피틸 에스테르 형성된 상태. 포피린 고리 쪽에 카르복실기
- 메탄올과 결합하여 메틸 에스테르 형성된 상태. 포피린 고리 쪽에 카르복실기

(2) 클로로필의 변화

- 색은 마그네슘에 달림: 원래는 포피린 고리 중심에 마그네슘으로 녹색, 산성 조건에서 마그네슘 이온이 수소 이온으로 치환되면 갈색
- 불용성이냐 수용성이냐는 피톨과 에스테르 결합 여부에 달림
  - 피톨과 에스테르 결합 시 불용
  - 피톨 제거 시 수용(산성 · 알칼리성 · 클로로필라아제에 의해)
- 가열은 별도 요인으로 보지 말고, 산 또는 효소에 노출되는 계기로 봄

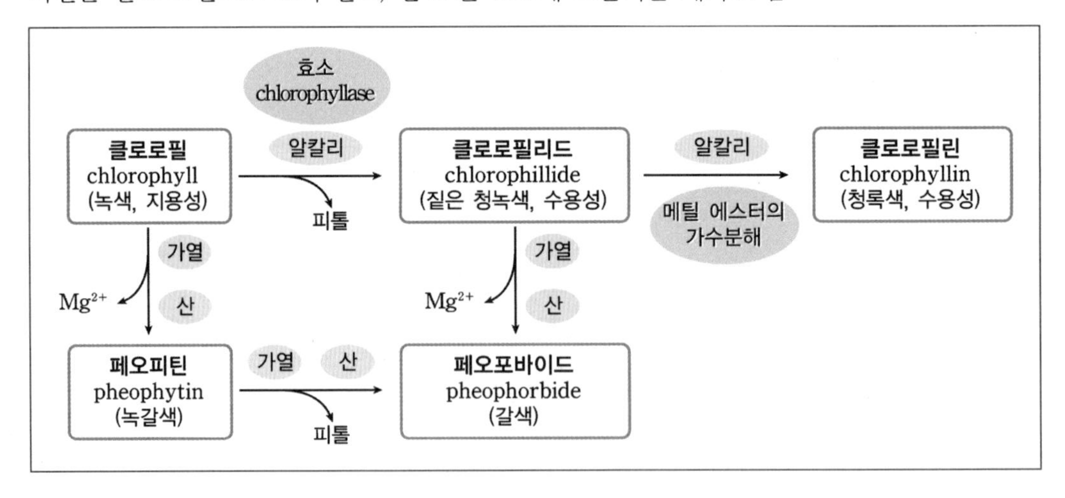

① 산성 조건

산성에서 마그네슘 이온이 수소 이온으로 치환	갈색, 불용	페오피틴
(계속해서) 산성에서 피톨 제거	갈색, 수용	페오포바이드

산성이 되는 이유:

㉠ 조리 및 가열로 채소 조직 파괴 시 → 클로로필이 채소 유기산에 노출
→ 채소 유기산 용출

㉡ 산성 조미료(식초, 간장, 된장에도 1~2%의 유기산 함유)

㉢ 발효 시, 초산 젖산 등 유기산 생성

② 알칼리 조건

알칼리성에서 피톨 제거	녹색, 수용	클로로필리드
(계속해서) 알칼리성에서 메탄올 제거	녹색, 수용	클로로필린

㉠ 조리 중 알칼리화는 흔하지는 않음

㉡ 식소다를 넣거나 경수를 쓰는 정도

㉢ 데칠 때 색변화 방지를 위해 식소다를 약간 넣기도 하지만, 알칼리 첨가는 비타민 파괴 및 채소를 무르게 함

*중조 = 베이킹 소다 = 식소다 = 중탄산나트륨 = 탄산수소나트륨
*채소에 알칼리성인 식소다를 소량 첨가해서 가열하면 단시간 가열해도 세포벽의 헤미셀룰로오스와 펙틴이 쉽게 분해 및 연화됨. 가열이 길어지면 물러짐
*식소다 첨가와 녹색
 i) 용출된 채소 유기산 중화시켜, 포피린 고리 중심의 마그네슘 이온이 수소 이온으로 치환되는 것 방지
 ii) 클로로필은 알칼리성에서 피톨 제거되어 선명한 녹색의 클로로필리드

③ 효소

클로로필라아제에 의해 피톨 제거	녹색, 수용	클로로필리드
(계속해서) 산에 의해 마그네슘 이온이 수소 이온으로 치환	갈색, 수용	페오포바이드

㉠ 조리 및 가열로 채소 조직 파괴 시, 클로로필이 클로로필라아제에 노출 후 유기산에도 노출되는 경우임

㉡ 효소 자체에 의해서는 선명한 녹색이 되나, 후속 반응에 의해 갈색이 됨

④ 금속

황산 구리에 의해 마그네슘 이온이 구리 이온으로 치환	녹색, 불용 (변화 없는 셈)	구리 클로로필
(계속해서) NaOH 처리하여 피톨과 메탄올 제거, 나트륨염이 됨	녹색, 수용	구리 클로로필린 나트륨염

㉠ 완두콩 통조림 살균 과정에서 변색 억제를 위해 황산 구리 첨가(살균이니까 가열)

㉡ 이미 갈색으로 변한 페오피틴도 황산 구리 처리 시 다시 녹색(구리 클로로필)을 갖게 할 수 있음

㉢ NaOH는 알칼리이므로, 알칼리 조건에서 피톨과 메탄올 제거됨

⑤ 가열

㉠ 가열은 가열 자체가 클로로필에 영향을 주기보다는 가열로 인한 조직 파괴로, 클로로필이 효소 또는 산에 노출되는 계기로 봄

㉡ 가열에 의한 변화는 ↓ 경로와 ↴ 경로로 설명. 따라서 무조건 '가열 결과는?'이라고 묻기보다는 ↓를 묻는지 ↴를 묻는지, 구체적인 조건 제시를 할 것으로 예상. 만약 구체적 조건이 없다면 ↓로 표기

㉢ ↓든 ↴든 색은 갈색이 됨. 갈색으로 변할 때까지의 가열이므로 여기서의 가열은 오래 삶는 것을 의미함

> ↓ : 가열에 의해 조직 파괴로 클로로필이 산에 노출되는 경로
> ↴ : 가열에 의해 조직 파괴로 클로로필이 클로로필라아제에 노출 후, 산에도 노출되는 경로

(3) 데치기(짧은 가열)와 녹색 채소

① 데치면 더 선명한 녹색이 되는 이유

㉠ 세포 간 공기층이 제거되기 때문(세포 간 공기층이 제거되고 물이 채워지기 때문)

㉡ 가열에 의해 조직 파괴로 클로로필이 산에 노출되기 때문(조직 파괴로 클로로필이 클로로필라아제에 노출, 피톨이 제거되고 클로로필리드로 변함. 클로로필보다 클로로필리드를 더 선명한 녹색으로 봄. 클로로필리드는 수용성이어서 조리수에 녹으므로 데친 물도 녹색임)

② 데치기로 효소 불활성화하면 녹색 유지에 도움

> 식물조직이 손상되어 클로로필라아제에 의해 피톨이 떨어져 나가 선명한 녹색의 클로로필리드를 형성하지만 이것은 바로 이어서 식물조직 내의 산에 의해 포피린 고리 중심의 마그네슘이 수소로 치환되면서 페오포바이드로 변하고 녹색을 잃는다. 따라서 채소를 데치면 효소가 불활성화되어 색을 보존하는 데 도움이 된다.

Tip

(3)－①－㉡과 (3)－②는 상충되나(전자는 데치는 동안 효소 작용이 일어난다는 뜻이고, 후자는 데치기로 효소를 불활성화시킨다는 뜻), 일단 공존하는 현상으로 정리. 따라서 둘 다 알아두고 출제 문제가 의도하는 방향에 맞춰 답안을 작성할 필요가 있음

③ 녹색 유지하며 데치는 방법

㉠ 뚜껑을 열고 데쳐 휘발성 유기산을 휘발시켜 조리수 산성화 억제

㉡ 데칠 때 조리수의 양을 많이 하여 유기산 농도 희석

㉢ 유기산을 식소다로 중화하는 방법도 있으나 비타민 파괴 및 채소 무르게 하는 부작용

㉣ 소금을 넣으면 페오피틴으로의 변화를 억제

㉤ 높은 온도에서 단시간 2021 국시 예 시금치를 데친 후 찬물에 헹구어 색 변화 막기

(4) 실생활 응용

공통 산성 조건에서, 포피린 고리 중심의 마그네슘 이온이 수소 이온으로 치환돼 녹색의 클로로필이 갈색의 페오피틴이 됨

① 배추김치, 오이피클, 오이소박이 등 녹색 채소의 발효 음식이 갈색으로 변하는 이유

> [산 출처] 발효 산물로서 초산, 젖산 등의 유기산이 생성 + [공통]

② 초무침, 오이생채: 먹기 바로 전에 식초 넣고 무침

* 채소국: 간장이나 된장은 유기산 함유. 채소는 조리의 마지막 단계에서 넣거나 미리 데쳐 놓았다가 국물에 넣음(색 변화 기전을 써야 하면, ①에 준해서 쓰되 산 출처는 다름)

③ 녹색 채소를 데칠 때와 조리할 때

㉠ 데칠 때, 1~2% 소금물에 데치면 녹색 보호에 도움이 됨

㉡ 조리할 때, 간장 또는 된장으로 간을 맞추는 것보다 소금으로 간을 맞추면 녹색 보호에 도움이 됨(간장 된장은 유기산을 함유)

- 소금 첨가 시(물의 농도와 채소 세포액의 농도가 같아져) 클로로필의 용출 억제하여 녹색 보호 (참고로, 채소 수용성 성분의 용출도 감소)
- 소금은 클로로필이 페오피틴으로 변하는 것을 억제하여 녹색 보호

기출 문제 2021-B4

다음은 영양교사와 학생이 나눈 대화 내용이다. 〈작성 방법〉에 따라 서술하시오. [4점]

영양교사: 오늘은 탕평채의 조리 방법에 대하여 알아보아요. 재료는 청포묵, 쇠고기, 숙주나물, 미나리, 달걀, 김, 갖은 양념이 필요해요. 조리 과정에서 ㉠ 미나리는 끓는 물에 살짝 데친 후 재빨리 찬물에 헹구어서 물기를 꼭 짜두어요.
학　　생: 네.
영양교사: 달걀은 고명으로 사용하기 위해 흰자와 노른자를 분리하여 지단으로 만들어요.
학　　생: 선생님, 그런데 집에서 프라이팬에 달걀을 깼는데 평소와 다르게 흰자가 넓게 퍼졌어요. 왜 그런가요?
영양교사: 일반적으로 ㉡ 달걀의 신선도가 떨어졌을 때 나타나는 현상이라고 볼 수 있어요.
학　　생: 선생님, 김이 재료 중에 들어 있어서 질문하는데요. 김은 보통 검은색으로 보이는데 저희 집에 있는 김은 ㉢ 붉은색으로 변했어요.

〈작성 방법〉

- 밑줄 친 ㉠의 색이 데치기 전에 비해 선명해지는 이유를 제시할 것(단, 효소와 관련한 내용 제외)
- 밑줄 친 ㉡에서 달걀 흰자의 pH 변화와 그 이유를 각각 제시할 것
- 밑줄 친 ㉢에 해당하는 색소의 명칭을 쓸 것

3 카로티노이드

(1) 구조 및 기본

① 카로틴 류는 이오논 고리와 7개 이상의 공액 이중 결합을 가진 구조

② 잔토필 류는 카로틴 류의 산화 유도체로서 히드록시기와 카르보닐기를 가짐

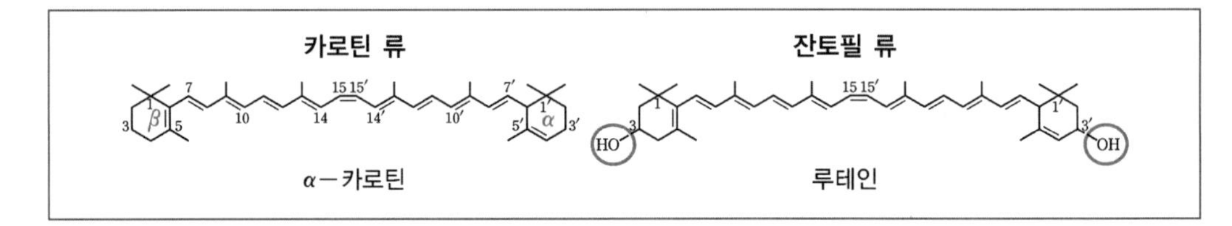

③ β－이오논 고리를 가지면 비타민 A 활성(레티날로 전환)

④ 카로틴 류 중에서 β－카로틴은 레티날 2분자, α, γ－카로틴은 레티날 1분자, 리코펜은 비타민 A 활성 없음

⑤ 잔토필 류 중 β－크립토잔틴은 레티날 1 분자로 전환

⑥ 식물과 미생물만 카로티노이드계 색소 합성하므로 동물성 카로티노이드 색소는 먹이에서 기인한 것

⑦ 카로티노이드는 클로로필과 공존 시, 녹색에 가려져 나타나지 않다가 클로로필 분해 후 색이 드러남 예 청고추 → 홍고추(캡산틴)

(2) 성질

① 열, 약산, 약알칼리에 안정하므로 조리 중 손실은 적음

② 산소, 효소, 빛에 의해 쉽게 산화(이중결합 많아서)돼 퇴색

㉠ 산소 차단(진공 포장, 질소 충전)

㉡ 효소 불활성화

㉢ 항산화제 첨가

㉣ 햇빛에 의한 산화 촉진을 막기 위해 보관 용기 주의

③ 가열, 산, 빛에 의해 트랜스형(자연계 대체로 트랜스형)이 시스형으로 바뀌면 퇴색

카로티노이드 산화에 의해 색이 옅어짐(특이)
- 상온 보관 시 당근의 주황색이 옅어졌다.
- 밀가루는 담황색이나, 밀가루에 콩가루를 섞으면(콩가루를 안 섞어도) 리폭시게나아제가 밀가루의 카로티노이드를 산화시켜 하얗게 표백됨. 제빵 특성 개선

(3) 종류

	구분	색상	함유 식품
카로틴	α-카로틴	노랑	당근, 밤
	β-카로틴	주황	당근, 고구마, 오렌지, 호박, 감귤
	γ-카로틴	노랑	당근, 살구
	리코펜	빨강	토마토, 수박, 감 * 토마토는 기름에 볶아 먹으면 리코펜 흡수율 상승
잔토필	루테인	노랑	호박, 난황, 밀
	제아잔틴	노랑, 주황	오렌지, 호박, 감귤, 난황, 옥수수
	크립토잔틴	주황	오렌지, 감, 옥수수 * 비타민 A 활성(프로비타민 A)
	비올라잔틴	주황	감, 파파야
	캡산틴	빨강	고추, 파프리카
	칸타잔틴	빨강	새우, 버섯, 송어
	아스타잔틴	빨강	새우, 가재, 연어, 게
	푸코잔틴	갈색(갈조류)	미역, 다시마

4 플라보노이드

$C_6-C_3-C_6$ 구조, 액포에 존재

객관식 C2에 페닐기

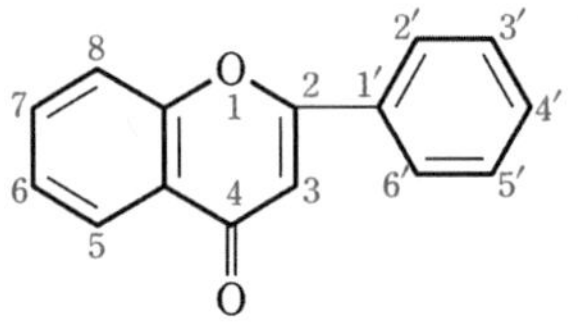

안토잔틴의 기본 구조 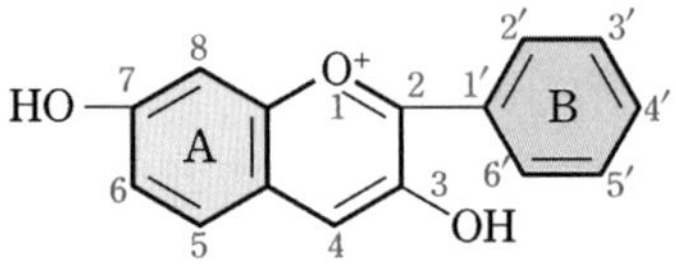　　안토시아닌의 기본 구조

(1) 안토잔틴(=안토크산틴)

- 백색 채소의 백색, 담황색
- 쌀, 무, 양파, 양배추, 콜리플라워 등

① 색 변화

㉠ 산성에서 무색/백색: 초밥용 밥에 식초를 첨가하면 밥이 더 하얗게 됨

＊쌀에는 안토잔틴이 함유되어 있는데, 안토잔틴은 산성(식초)에서 더 하얗게 됨

㉡ 알칼리성에서 황색: 밀가루, 양배추, 양파에는 안토잔틴이 함유돼 있는데, 안토잔틴은 알칼리성(간수, 식소다, 경수)에서 황색을 띰. 따라서 밀가루 반죽 시 간수(알칼리성)를 첨가하거나, 팽화제로 식소다를 사용하면 황색을 띠게 됨. 양배추, 양파도 경수로 끓이면 황색을 띠게 됨

㉢ 가열: 가열로 가수분해돼 배당체에서 당이 떨어져 나가고 아글리콘이 유리되면, 짙은 황색을 띠게 됨 예 감자, 고구마, 옥수수를 가열 조리하면 짙은 황색을 띰(안토잔틴 함유 식품)

㉣ 금속: 금속과 반응해 불용성 착화합물 형성

예 철과 적갈색, 알루미늄과 황색(양파를 철로 만든 칼로 다져서 방치 시 적갈색을 띠고, 알루미늄 팬에서 조리하면 황색을 띠게 됨)

㉤ 산화되면 갈색

② 특성

㉠ 안토잔틴은 배당체로서 무색 또는 담황색, 수용성

㉡ 아글리콘은 진한 황색 · 오렌지색, 불용성

③ 종류(아글리콘의 구조에 따라): 플라보, 플라보놀, 플라바논, 플라바노놀, 이소플라본

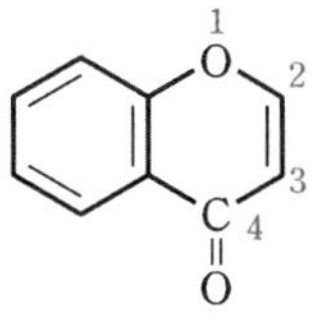

벤조피론

- 플라본: 벤조피론의 C2 위치에 페닐기를 가진 2-페닐벤조피론
- 플라보놀: 플라본의 C3 수소가 히드록시기로 치환됨
- 플라바논: 플라본의 C2와 C3의 이중 결합이 포화됨(또는 이중 결합이 단일 결합으로 바뀜)
- 플라바노놀: 플라바논의 C3 수소가 히드록시기로 치환됨
- 이소플라본: 벤조피론의 C3 위치에 페닐기를 가진 3-페닐벤조피론

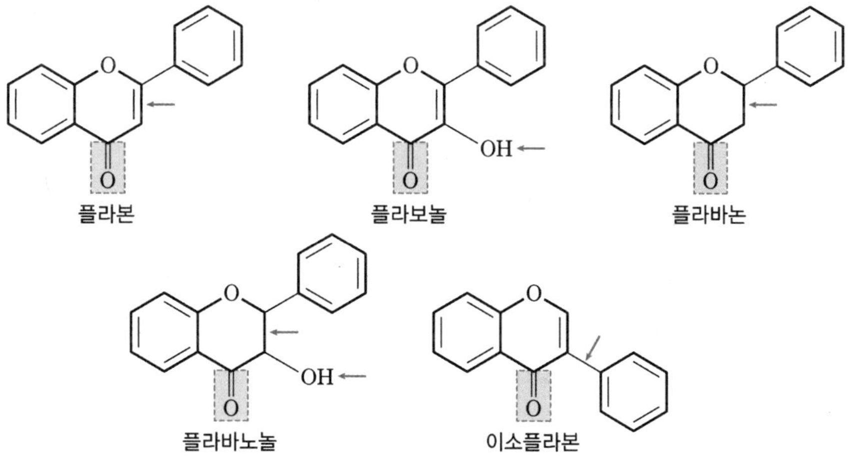

플라본 플라보놀 플라바논

플라바노놀 이소플라본

안토잔틴의 기본 구조

- 플라보놀: 메밀의 루틴
  루틴(배당체) = 케르세틴(아글리콘) + 루티노스(2당류)
  * 양파 껍질에 케르세틴(=퀘르세틴, =쿼세틴) 함유
- 플라바논: 감귤류 과즙의 헤스페리딘
  헤스페리딘(배당체) = 헤스페레틴(아글리콘) + 루티노스(2당류)
  밀감, 자몽의 나린진(담황색)
  나린진(배당체) = 나린제닌(아글리콘) + 당
  * 나린진은 쓴맛이나 나린지나아제에 의해 당 제거 시 쓴맛 사라짐
- 이소플라본: 콩의 다이진
  다이진(배당체) = 다이제인(아글리콘) + 포도당

헤스페리딘

1. 감귤류 과즙의 배당체

   헤스페리딘(배당체) = 루티노스(당) + 헤스페레틴(아글리콘)

   • 헤스페리딘은 감귤류 과즙 백탁 원인

   • 헤스페리딘은 비타민 P의 일종

2. 비타민 P: 항산화, 혈관 건강

   예 양파의 케르세틴, 메밀의 루틴, 감귤류의 헤스페리딘

3. 헤스페리디나아제(hesperidinase)

   Aspergillus niger가 생산하는 효소, 헤스페리딘을 람노스와 글루코시드로 분해하여 백탁 방지

hesperidin

rhamnose − glucose

rutinose

hesperetin

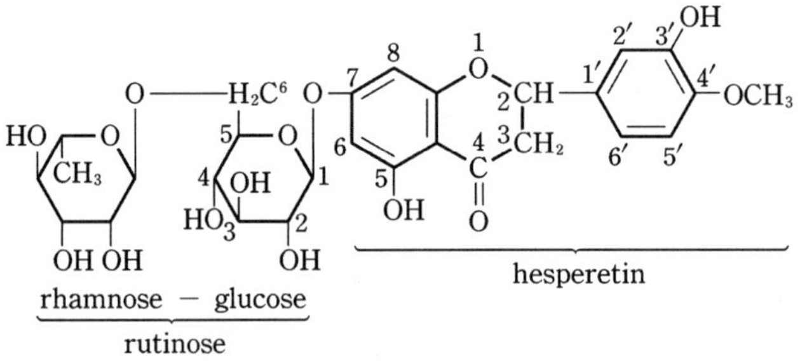

배당체(glycoside) = 당 + 아글리콘

glucoside란? 포도당 + 아글리콘

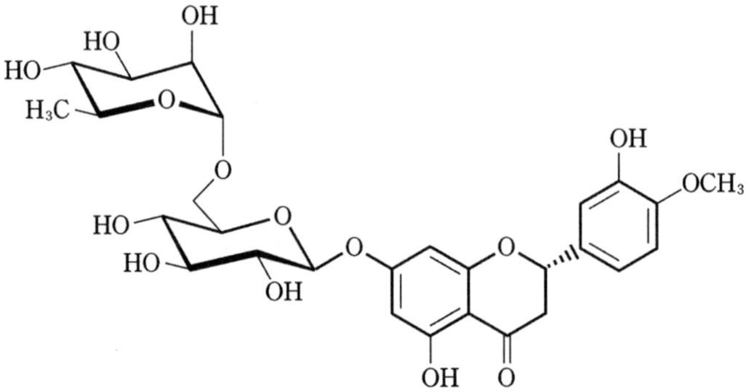

헤스페리딘

▌안토잔틴의 종류와 구조

분류	배당체명	아글리콘(aglycone)		당잔기	존재
플라본	아핀	아피제닌	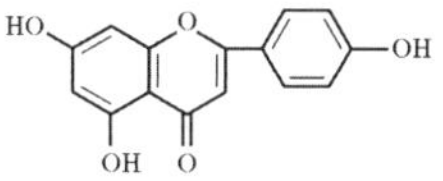	7-β-아피오실글루코사이드	파슬리, 셀러리
플라보놀	루틴	퀘르세틴	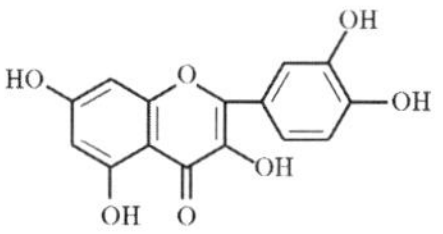	3-β-루티노사이드	양파, 메밀, 차
	퀘르시트린	퀘르세틴		3-β-람노사이드	차
	이소퀘르시트린	퀘르세틴	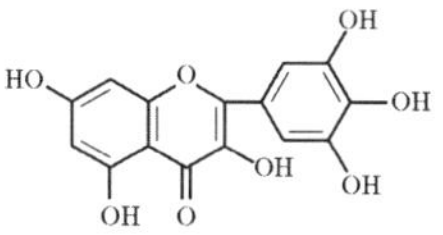	3-β-글루코사이드	옥수수, 차
	미리시트린	미리세틴		3-β-람노사이드	양매
	아스트라갈린	캠페롤	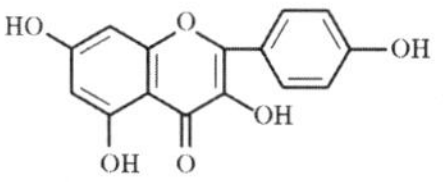	3-글루코사이드	딸기, 고사리
플라바논	헤스페리딘	헤스페레틴	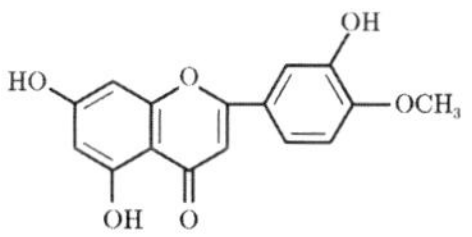	7-β-루티노사이드	온주밀감, 그레이프푸르트
	나린진	나린제닌	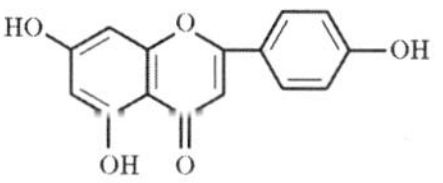	7-β-네오헤스페리도사이드	여름밀감, 밀감류
	네오헤스페리딘	헤스페레틴		7-β-네오헤스페리도사이드	여름밀감
이소플라본	다이진	다이제인	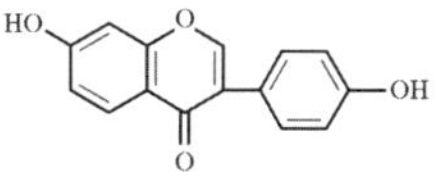	7-글루코사이드	콩

(2) 안토시아닌

안토시아닌은 블루베리, 자주감자, 포도, 가지, 딸기, 사과 등의 적색, 자색, 청색의 수용성 색소

① 종류: 계열별로 약간의 차이는 있으나 공통적으로 붉은 기운은 있음

펠라고니딘 계열	펠라고니딘(적색)
시아니딘 계열	시아니딘(자적), 페오니딘(자적)
델피니딘 계열	델피니딘(청적), 페투니딘(자적), 말비딘(자적, 적색)

㉠ 펠라고니딘(적색) → 델피니딘(청적): 히드록시기 늘어남에 따라 청색 증가(펠라고니딘 → 시아니딘 → 델피니딘을 비교)

㉡ 델피니딘(청적) → 말비딘(자적, 적색): 메톡실기 늘어감에 따라 적색 증가(델피니딘 → 페투니딘 → 말비딘을 비교)

안토시아닌의 종류와 구조

구조식	안토시아니딘(anthocyanidin)	안토시아닌(anthocyanin)	존재 식품
R, OH	펠라고니딘 (pelargonidin, 적색)	칼리스테핀(calistephin)	딸기
OH R, OH	시아니딘 (cyanidin, 자적색)	크리산데민 (chrysanthemin)	검은콩, 팥, 체리, 복숭아
		시아닌(cyanin)	적색순무
		케라시아닌(keracyanin)	체리
		이데인(idein)	사과
		메코시아닌(mecocyanin)	신맛 체리
OH R, OH OH	델피니딘 (delphinidin, 청적색)	델핀(delphin)	포도
		나수닌(nasunin)	가지
OCH_3 R, OH	페오니딘 (peonidin, 자적색)	페오닌(peonin)	포도
OCH_3 R, OH OH	페투니딘 (petunidin, 자적색)	페투닌(petunin)	포도
OCH_3 R, OH OCH_3	말비딘 (malvidin, 자적색)	말빈(malvin)	포도
		oenin	

* 안토시아니딘은 아글리콘이며, 안토시아닌은 배당체. 둘을 합쳐 안토시안이라 하기도 함

② 색변화

㉠ pH: 산성에서 적색, 중성에서 자색, 알칼리성에서 청색(대체로)

* 산성에서 적색, 중성에서 자색~무색, 알칼리성에서 청색~녹색(일부 책들)

> **Q**
>
> **1. 생강초절임이 분홍색을 띠는 이유는?**
> **2. 적채(자색 양배추)는 원래 자색이나 식초 물에 담그면 적색이 되는 이유는?**
>
> **정답**
>
> 1. 생강에는 안토시아닌이 함유되어 있는데 안토시아닌은 산성에서 적색을 띰
> 2. 적채에는 안토시아닌이 함유되어 있는데 안토시아닌은 중성에서 자색, 산성에서 적색을 띰

㉡ 금속: 안토시아닌은 금속과 착화합물(또는 킬레이트) 형성

- 변색 방지/색 보존/색 안정화 쪽 사례
  - 가지의 조리, 염장, 침채류, 조림 시 쇠못을 넣어 줌. 안토시아닌은 철과 반응 또는 착화합물 형성해 청색 안정화(철 or 알루미늄)
  - 검은콩을 조릴 때 철 냄비를 사용. 안토시아닌은 철과 반응 또는 착화합물 형성해 선명한 검은색
- 변색 쪽 사례
  - 채소 과일 통조림은 캔 대신 유리병 보관
  - 안토시아닌은 캔의 주석(Sn)(이온)과 반응, 회색으로 변함

㉢ 산소: 안토시아닌은 산화되면 갈변

- 포도주 갈변
- 가지절임 갈변
  - 안토시아닌은 산화되면 갈변되는데, 가지절임의 갈변은 과피의 자색 색소인 나수닌이 폴리페놀옥시다아제에 의해 산화돼 O-퀴논으로 변하고 이것은 서로 중합해 갈색 색소를 만들기 때문(안토시아닌이면서도 폴리페놀인 물질이 있다고 생각하면 됨)

㉣ 효소: 안토시아나아제는 안토시아닌을 분해하여 카비놀로 만듦. 안토시아닌 함량 감소로 퇴색이 일어남

> **베탈레인: 수용성**
>
> 적자색 베타시아닌(비트), 황색 베타잔틴
>
> * 플라보노이드, 안토시아닌, 안토잔틴과 비슷

기출 문제 2014-B서술2

여러 가지 생리 활성 기능을 가지는 식물성 색소인 플라보노이드(flavonoids)에는 안토잔틴(anthoxanthin), 안토시아닌(anthocyanin), 탄닌(tannin) 등이 있다. 이 중 안토잔틴을 구조에 따라 5가지로 분류하여 쓰시오. 그리고 안토시아닌의 pH에 따른 색 변화를 서술하시오. [3점]

기출 문제 2024-B5

다음은 교사와 학생의 대화 내용의 일부이다. 〈작성 방법〉에 따라 서술하시오. [4점]

교사: 오늘 수업 시간에는 딸기잼을 만들어 보겠습니다. 재료는 딸기와 설탕입니다.
학생: 새콤한 맛이 나도록 레몬즙도 넣으면 어떨까요?
교사: 그러면 신맛이 강해지고 색과 질감도 변하게 될 거예요.
학생: 왜 색이 변할까요?
교사: 딸기의 ㉠ 펠라고니딘(pelargonidin) 색소 물질이 ㉡ 산과 반응하면 더 선명한 붉은 색으로 변하기 때문이에요.
학생: 그럼 질감은 왜 변할까요?
교사: 질감에 관여하는 ㉢ 펙틴질이 산과 반응하기 때문이에요. 그리고 가열하는 과정에서 설탕이 산과 반응해서 (㉣)(으)로 변형되기 때문이에요.

〈작성 방법〉

- 밑줄 친 ㉠을 알칼리성 용액에 넣었을 때 변화된 색을 제시하고, 밑줄 친 ㉡이 퀘르세틴(quercetin) 색소 물질과 반응하였을 때 색의 변화를 쓸 것
- 밑줄 친 ㉢에서 산이 겔(gel)화에 관여하는 기전을 서술할 것
- 괄호 안의 ㉣에 해당하는 물질의 명칭을 쓸 것

(3) 탄닌

대체로 쓴 맛 · 떫은 맛이며 무색, 수용성, 폴리페놀의 총칭

① 종류

㉠ 카테킨류: 찻잎(카테킨)

㉡ 루코안토시아닌류(=루코안토시안류)

*안토시안 = 안토시아닌(배당체) + 안토시아니딘(아글리콘)

- 루코안토시아닌류의 일종인 루코시아니딘을 함유하는 과일 통조림에서 적변 현상의 이유: 루코시아니딘을 강산성(낮은 pH)에서 장시간 가열하면 시아니딘 생성(시아니딘은 안토시아니딘 표에서 2번째 줄)

㉢ 폴리페놀산류: 커피(클로로겐산)

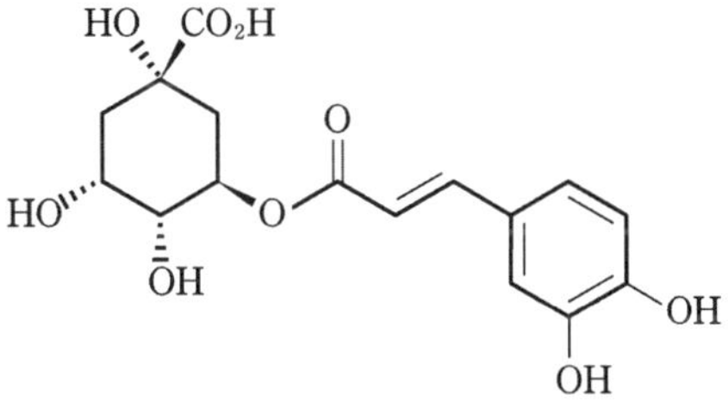

② 성질: 탄닌은 무색, 쓴맛, 떫은맛

㉠ 산화: 탄닌은 산화되어 안토시아닌으로, 안토시아닌은 산화돼 안토잔틴으로 되는 경우가 있음. 색이 변하고, 쓴맛, 떫은맛은 줄어듦

㉮ 에피카테킨(무색, 탄닌 계열) → 시아니딘(적자색, 안토시아닌 계열) → 케르세틴(무색, 안토잔틴 계열)

㉡ 산화 중합: 수용성 탄닌이 공기 중에서 산화 중합돼 갈색, 흑색, 홍색의 불용성 중합체 형성(쓴맛 떫은 맛 줄어듦) ㉮ 홍차

> 과일 성숙 중 떫은 맛이 사라지는 이유: 산화와 산화 중합 중 색 부분 언급하지 않되, 산화 중합에 관해 더 자세한 정보 필요 시 갈변 단원 확인

㉢ 단백질과 결합하여 침전

- 과즙, 과실주의 혼탁 원인: 탄닌이 단백질과 결합하여 침전
- 맥주의 혼탁 원인: 호프나 보리의 루코안토시아닌이 보리의 글로불린 단백질과 결합하면 불용성 침전

㉣ 금속과 결합

- 떫은 감(탄닌 많음)을 철제 칼로 깎으면 갈색으로 변함
- 경수(칼슘 이온, 마그네슘 이온)로 차를 끓이면 갈색 침전 생김

• 과일 통조림

－통조림 따기 전: Fe^{2+}－탄닌 결합물 옅은 회색

－개관 후: 산소 때문에 Fe^{3+}－탄닌 결합물로 전환되며, 흑청/청록

－방지를 위해: pH 저하, 비타민 C 첨가, 킬레이트제 첨가

안토잔틴	양파 – 케르세틴 (아글리콘) 콩 – 다이제인 (아글리콘) 메밀 – 루틴 (배당체)
안토시아닌	포도 – 말비딘 (아글리콘) 딸기 – 펠라고니딘 (아글리콘)
탄닌	커피 – 클로로겐산, 차 – 카테킨(둘 다 배당체)

경수
칼슘 이온, 마그네슘 이온 다량 함유, 알칼리성

5 미오글로빈

(1) 배경 지식

① 발색제

㉠ 발색제로 질산염이나 아질산염 사용, 질산염은 아질산염으로 환원된 후 발색제 역할

질산염 —(환원 by 고기 세균)→ 아질산염 —(고기 젖산, 산성 조건)→ 아질산 —(환원)→ 일산화질소

* 질산 HNO_3, 아질산 HNO_2, 일산화질소 NO (이 3가지 물질들은 오른쪽 방향으로 변할 때 환원임)
* HNO_2 아질산, $NaNO_2$ 아질산 나트륨 (←아질산 염)

㉡ 미오글로빈이 일산화질소와 결합(니트로소미오글로빈 – 선홍색)

니트로소미오글로빈은 가열해도 철 이온이 그대로 2가 철이온 유지하여 계속 선홍색

② 헤모글로빈 vs 미오글로빈

㉠ 포피린 고리(프로토포르피린): 헴 전구체

프로토포피린 + 철 = 헴

헴 + 글로빈 = 미오글로빈(근육에서 산소 저장)

4×(헴 + 글로빈) = 헤모글로빈(산소 운반)

㉡ 프로토포피린: 철 결핍 시 적혈구에 축적(판정, 식사)

㉢ 빌리루빈: 적혈구 사멸 시, 프로토포피린 → 빌리루빈(영양학 때 다룸)

(2) 미오글로빈 색 변화

① 기본 사항 & 이름 짓는 원리

㉠ 도축 시 방혈 하므로 고기 색은 거의 (헤모글로빈 아니고) 미오글로빈 때문

㉡ 헴 안에서 2가 철 이온은 붉은색 계열, 3가 철 이온은 갈색 계열(색 이름에 너무 연연하지 말기)

㉢ 철이 산화되면 메트라는 이름 등장

㉣ <프로토포피린 + Fe^{2+} > = <페로프로토포피린> (≒ 헤모크롬?)

㉤ <프로토포피린 + Fe^{3+} > = <페리프로토포피린> (≒ 헤미크롬?)

㉥ 이름에서 메트, 헤미, 페리가 보이면 Fe^{3+}, 갈색 계열

㉦ 글로빈 열변성된 후, 변성 글로빈 또는 크로모겐이란 이름 등장

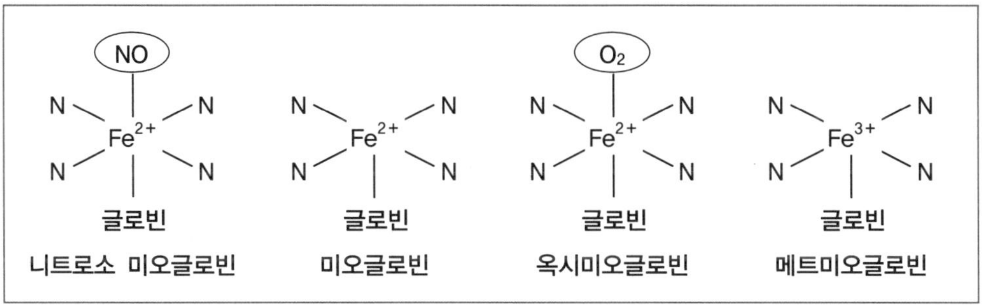

니트로소 미오글로빈	미오글로빈	옥시미오글로빈	메트미오글로빈
NO		O_2	
N, N, N, N / Fe^{2+}	N, N, N, N / Fe^{2+}	N, N, N, N / Fe^{2+}	N, N, N, N / Fe^{3+}
글로빈	글로빈	글로빈	글로빈

② 미오글로빈 산소화, 산화

변화 전		Fe^{2+}	미오글로빈	적자색
산소화	고기 절단 시 공기 중 산소 노출로 미오글로빈이 산소와 결합	$Fe^{2+} \cdots O_2$	옥시미오글로빈	선홍색 (산소화 시, 육색이 선명해지는 현상을 블루밍)
산화	시간이 더 지나면 철 산화 $Fe^{2+} \rightarrow Fe^{3+}$	Fe^{3+}	메트미오글로빈	갈색

③ 가열: 가열하면, (산소화) 철 산화, 단백질은 열변성되고 헴은 유리됨. 이런 상태를 메트미오크로모겐(=변성 글로빈 헤미크롬, 회갈색)

> 미오글로빈 → (옥시미오글로빈 →) 메트미오글로빈 → 메트미오크로모겐
> (=변성 글로빈 헤미크롬)

헴이 단백질로부터 유리되면 헤마틴(철은 Fe^{3+})이라 하며, 헤마틴의 염화물(헤마틴이 염소 이온과 결합)을 헤민이라고 함

객관식 $Fe^{3+} \cdots OH^- \rightarrow Fe^{3+} \cdots Cl^-$
헤마틴 → 헤민

* 가열이 철 산화와 단백질 변성을 보장하지는 않으며 가열 정도에 따라 다름. 가열로 인한 문제가 나오려면 철 산화 여부, 단백질 변성 여부 등이 명시돼야 함

④ **발색제, 육색의 고정**: 산화된 메트미오글로빈의 경우, 다시 미오글로빈으로 환원시키기 위해 아스코브산 / 또는 미오글로빈이 메트미오글로빈으로 산화되는 것 방지

㉠ 염지 동안, NO(일산화 질소) + 미오글로빈(Fe^{2+}) ⟶ 니트로소미오글로빈 (=산화 질소 미오글로빈) / Fe^{2+} … NO / 선홍색

㉡ 가열에 의해, 니트로소미오크로모겐(=변성글로빈 니트로실 헤모크롬)
가열에 의해서도 철이 산화되지 않고 여전히 2가철 이온(Fe^{2+} … NO)이므로, 색도 여전히 선홍색(햄, 소시지)

Q

미오글로빈 관련 이름 외우기 문제

1. 보관 중
① 미오글로빈이 산소와 결합 시(산소화) 이름은?
② 산화(Fe^{2+} → Fe^{3+})되었을 때 이름은?

2. 가열 중
① 단백질 변성 × & 미오글로빈이 산소와 결합 시(산소화) 이름은?
② 단백질 변성 × & 산화되었을 때 이름은?
* 위의 자동 산화는 상대적으로 오래 걸리지만, 이 산화는 가열로 촉진돼 비교적 빨리 일어남
③ 단백질 변성 & 철 산화 때 이름은?

3. 미오글로빈은 가열 시 철은 산화되고, 글로빈은 변성돼 분리되고, 헴은 유리된다. 이때의 유리된 헴을 (①)이라 한다. 이렇게 '생육이 가열에 의해 가열육으로 변한 상태, 즉 변성된 단백질과 (①)이 존재하는 상태'를 (②)이라고 한다.

4. 미오글로빈이 일산화질소와 결합했을 때 이름은?

5. 4번에 해당하는 것을 가열해서 단백질이 변성된 후의 이름은?

6. 메트미오크로모겐의 또 다른 이름은? = 변성글로빈 (①)
니트로소미오크로모겐의 또 다른 이름은? = 변성글로빈 (②)

정답

1. ① 옥시미오글로빈, ② 메트미오글로빈
2. ① 옥시미오글로빈, ② 메트미오글로빈, ③ 메트미오크로모겐
3. ① 헤마틴, ② 메트미오크로모겐(=변성글로빈 헤미크롬)
4. 니트로소미오글로빈
5. 니트로소미오크로모겐(=변성글로빈 니트로실 헤모크롬)
6. ① 헤미크롬, ② 니트로실 헤모크롬

기출 문제 2023-B2

다음은 조리 가공에 따른 미오글로빈의 변화 과정이다. ㉠에 해당하는 물질의 명칭과 ㉡에 해당하는 이온의 명칭을 순서대로 쓰시오. [2점]

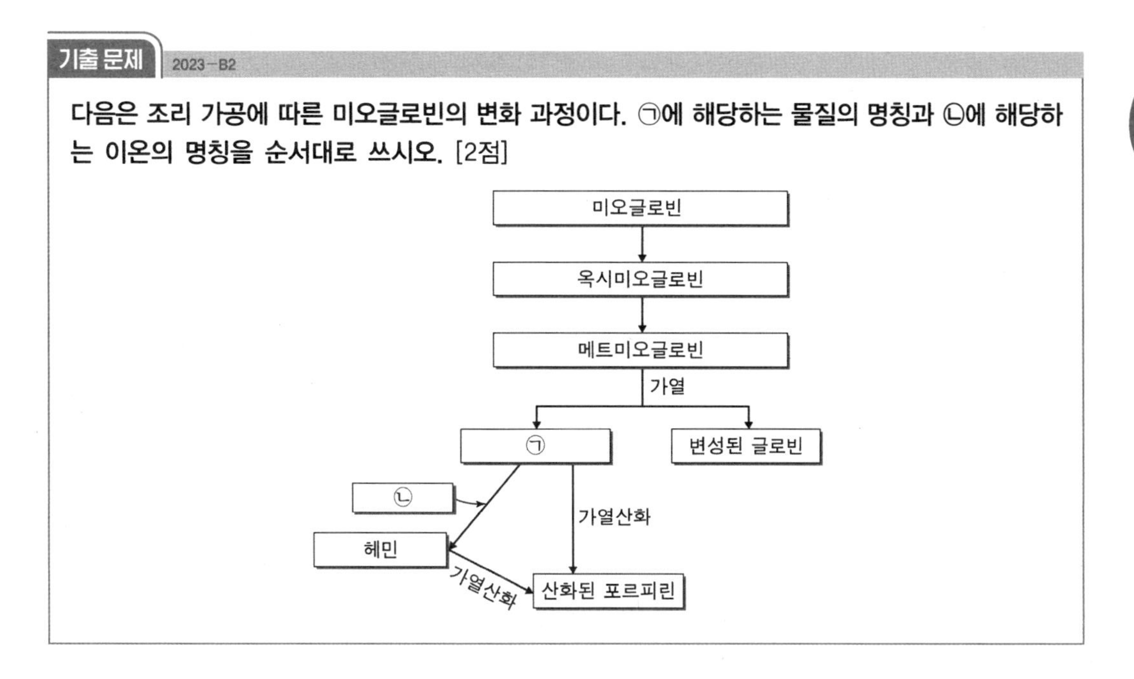

(3) 육제품의 녹변

① 헴의 포피린 핵이 산화되어 생성되는 콜레(미오)글로빈

② 황화수소와 헴이 결합한 설프미오글로빈 등이 원인으로 알려짐

객관식) 육류의 −SH기 또는 (전공서)미생물에 의해 생산된 황화수소 / ①, ② 둘 다 세균 관련성 있을 수 있음

6 기타 색소

(1) 동물성 식품의 카로티노이드

① 난황: 난황의 루테인, 제아잔틴, 크립토잔틴 등

② 새우, 게

아스타잔틴
새우, 게 등의 갑각류의 껍질에 분포함. 아스타잔틴은 원래 적색이나 동물의 조직 내에서 단백질과 결합해 회록색을 띠지만, 가열하면 단백질이 변성돼 분리되면서 붉은색의 아스타잔틴이 유리됨. 공기 중에서 계속 가열하면 산화돼 선홍색의 아스타신으로 변함

(2) 강황

커큐민, 노란색 색소, 알칼로이드 일종, 항산화 효과, 치매 예방

(3) 코치닐

적색 분말, 연지 벌레 추출물 예 딸기 우유

7 갈변

(1) 갈변의 종류

효소적 갈변	폴리페놀 옥시다아제에 의한 갈변	멜라닌
	티로시나제에 의한 갈변	멜라닌
비효소적 갈변	마이야르 반응	멜라노이딘
	캐러멜화	캐러멜
	아스코브산 산화	

(2) 효소적 갈변: 껍질을 벗겨 둔 사과, 감자 등등의 표면이 갈색으로 변하는 현상(산소 접촉)

- 효소적 갈변 핵심 3요소: 기질, 효소, 산소
- 폴리페놀옥시다아제와 티로시나제는 구리 함유 효소임(Cu^{2+})

① 폴리페놀옥시다아제(PPO) = 폴리페놀산화효소 = 폴리페놀라아제

> **폴리페놀이란?**
> 벤젠 고리에 히드록시기 하나 있으면 페놀이라 하는데, 히드록시기가 여러 개 있는 분자들을 폴리페놀이라고 함. 폴리페놀은 항산화 작용, 지방 분해 작용 등의 효과가 있음
>
> **PPO?**
> 폴리페놀을 산화시켜 퀴논(구조식에서 벤젠고리의 두 개의 히드록시기가 두 개의 케톤기로 바뀜)

㉠ 사과, 배, 복숭아, 바나나, 고구마, 우엉

㉡ 기질(폴리페놀) & 산소 & 효소(폴리페놀옥시다아제) → 퀴논류 → 멜라닌

㉢ 카테콜(폴리페놀 중 가장 단순한 형태) → 오르소 벤조퀴논

OH, OH — 카테콜   O, O — 오르소 벤조퀴논

㉣ 갈변 결과 대체로 품질 저하가 오지만 예외적 사례도 있음 예 홍차, 우롱차

홍차 관련 효소적 갈변

- 3요소: 기질(카테킨), 효소(폴리페놀옥시다아제), 산소
- 홍차 제조: 카테킨은 폴리페놀옥시다아제에 의해 산화된 후, 중합돼, 오렌지색 테아플라빈
- 홍차를 끓이면: 테아플라빈(theaflavin)은 더 산화 및 중합돼 어두운 주황색 테아루비긴 (thearubigin)

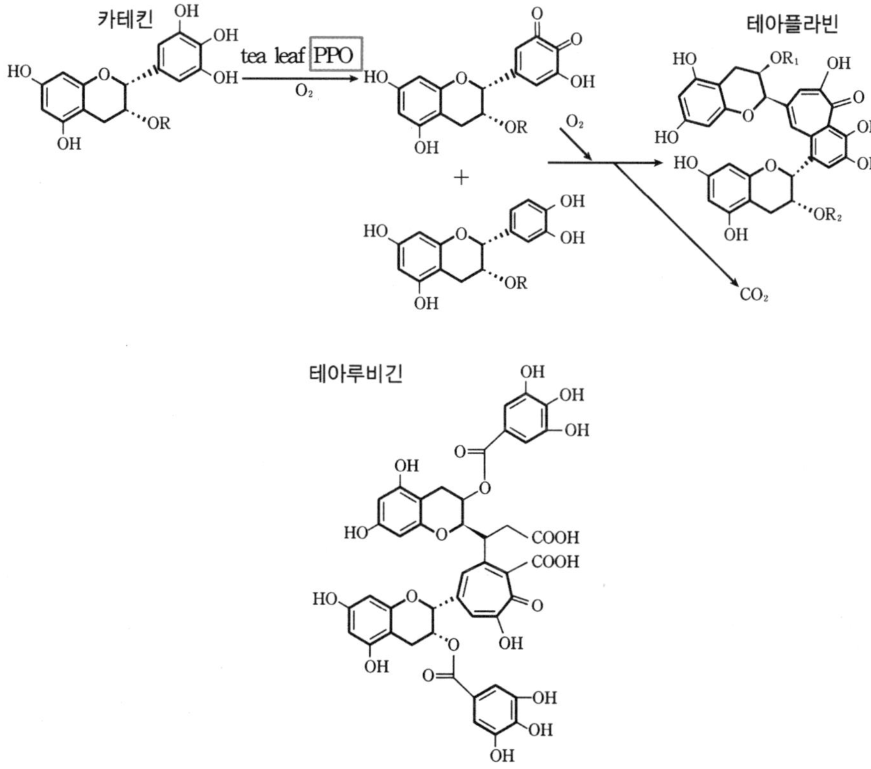

카테킨 → tea leaf PPO, O_2 → O_2 → 테아플라빈 + CO_2

테아루비긴

녹차와 홍차 차이

- 녹차는 제조 과정에서 찻잎을 가열해 폴리페놀옥시다아제를 불활성화하는 공정을 거침. 따라서 효소적 갈변이 일어나지 않고 원래 색인 녹색(클로로필)을 유지함
- 홍차는 효소를 불활성화하지 않음. 차의 카테킨이 폴리페놀옥시다아제에 의해 산화된 후, 오렌지색의 테아플라빈으로 바뀜(효소적 갈변)

기출 문제 2017-B6

다음은 여고생 주현이와 영양교사의 대화 내용이다. 〈작성 방법〉에 따라 각각 서술하시오. [5점]

> 주 현: 선생님, 녹차가 건강에 좋다고는 하는데, 저는 (가) <u>녹차가 쓰고 떫어서</u> 마시기 싫어요.
> 영양교사: 그러니? 하지만 그 쓰고 떫은맛은 강한 항산화 기능을 가진 대표적인 성분에서 나온 거야. 그 성분은 피부 노화를 늦춰 주고 체지방 감소에 도움을 줄 수 있어.
> 주 현: 그렇군요. 제가 어디서 들었는데 홍차나 녹차를 만드는 찻잎은 크기만 다를 뿐 같은 거라던데요? 그런데 왜 (나) <u>홍차 잎은 적갈색이고</u>, (다) <u>녹차 잎은 적갈색이 아닌가요</u>?

〈작성 방법〉

- (가): 쓰고 떫은맛의 원인이 되는 대표적인 성분의 명칭을 쓸 것
- (나): 홍차 제조 과정에서 일어난 ㉠ 색소 변화 반응의 명칭, ㉡ 생성된 색소의 명칭 1가지, ㉢ 색소 변화 반응이 일어난 이유를 쓸 것
- (다): 녹차 잎은 적갈색이 아닌 이유를 녹차 제조 과정과 관련지어 쓸 것

② 티로시나제

㉠ 감자 갈변

㉡ 기질(티로신) & 산소 & 효소(티로시나제) → 디하이드록시 페닐알라닌(DOPA) → 도파퀴논 → 멜라닌

효소적 갈변 총정리

식품	−OH	−OH −OH	효소	퀴논 =O =O	중간 과정	색소명
사과, 배, 복숭아, 바나나, 우엉		<u>폴리페놀</u>	<u>PPO</u>	퀴논	중합 2022 기출	멜라닌
홍차		<u>카테킨</u>	<u>PPO</u>	?	중합	테아플라빈
감자	<u>티로신</u>	DOPA	<u>티로시나제</u>	도파퀴논	?	멜라닌

- PPO는 폴리페놀을 산화시켜 퀴논으로, 카테킨 산화
- 티로시나제는 티로신 수산화시켜 DOPA로, DOPA 산화시켜 도파퀴논으로 산화
  결국, 효소적 갈변에서 산화는 공통임

비교
티로신 → (수산화)DOPA → (탈탄산)도파민 → 노르에피네프린 → 에피네프린
티로신 → (수산화)DOPA → (산화)도파퀴논 → 멜라닌

③ 효소적 갈변 억제법

효소 활성 조절	• 가열로 효소 불활성화(과일 통조림, 삶은 감자 등) • 냉장 보관 • 구연산, 식초 등 사용해 pH 낮추기(사과 추출 PPO 최적 pH 5.8~6.8) • 아황산가스(기체 이산화황), 아황산염, 염소 이온은 효소 저해 작용 • 폴리페놀옥시다아제와 티로시나제는 구리 함유 효소로, 구리 및 철에 의해 촉진. 철제 용기 피함
산소 차단	• 물에 담그기, 설탕물이나 소금물에 담그기 • 진공팩, 밀폐용기, CO_2 및 N_2 충전, CA 저장
기질 환원성 물질 첨가(산화 방지)	• 비타민C(레몬즙 뿌리기) • 아황산 가스, 아황산염, 시스테인, 글루타치온 등의 −SH 화합물(파인애플)

㉠ 폴리페놀 함량은 높고 비타민 C 함량은 적은 과일일수록 효소적 갈변이 잘 일어남 예 사과

㉡ 소금물 효과는 ⅰ) 산소 차단과 ⅱ) 효소 억제(염소 이온). 그런데 소금물로 효소 억제를 위해서는 매우 높은 농도의 소금물이 필요함. 따라서 과일에는 맛에 영향을 주므로 적절치 않고 버섯에 사용하는 정도로 사용

㉢ 산소 차단을 위해 혐기적 상태가 오래 지속되는 것은 좋지 않음. 이상 대사 산물. 세포 파괴

㉣ 황화수소 화합물인 시스테인, 글루타치온은 퀴논과 부가화합물을 형성하여 산화를 막는다고 설명한 책이 한 권 있음. 나머지 책들은 기질 환원의 원리로 설명. 파인애플은 비타민 C도 많고 −SH 화합물도 많음. 사과를 파인애플 주스에 담그면 갈변 억제 효과가 있음

㉤ 비타민 C 소모 시, 다시 갈변이 시작됨

㉥ 비타민 C는 기질 환원성 물질이면서 pH 저하 효과가 있음

㉦ 아황산 가스는 기질 환원성 물질이면서, 효소 저해

㉧ 아황산 가스는 비타민 C 보존 효과가 있으나 비타민 B_1, B_2를 파괴함

㉨ 감자의 경우, 침지하면 감자의 절단면이 산소와 접촉하는 것을 차단하는 것 외에, 티로신과 티로시나제를 물에 용출시킬 수 있음 참고 마이야르 조건이면, 당과 아미노산 용출

* 식품첨가물인 아황산염은 허용 기준을 잘 지켜야 함. 감자 갈변을 막기 위해 아황산염을 사용하게 되면 천식 유발 등의 부작용을 유발함. 아황산염은 위생학에서는 환원표백제로 기출된 바 있음

기출 문제 2022-A3

다음은 효소에 관한 설명이다. 괄호 안의 ㉠, ㉡에 해당하는 용어를 순서대로 쓰시오. [2점]

- 효소는 효소위원회의 명명법에 따라 다음과 같이 7가지로 분류할 수 있다.
  - 산화환원효소(oxidoreductases)
  - 전이효소(transferases)
  - (㉠)
  - 제거효소(lyases)
  - 이성화효소(isomerases)
  - 합성효소(ligases)
  - 자리옮김효소(translocases)*

  * 2018년 8월 추가됨.
- 전분의 당화에 사용되는 α-아밀라아제, β-아밀라아제 등은 (㉠)의 일종이다.
- 식품을 저장·조리·가공할 때, 식품의 색이 갈색으로 변하는 현상을 갈변이라 한다. 효소적 갈변 반응에는 티로시나아제(tyrosinase) 및 (㉡)에 의한 멜라닌 형성 반응이 있다.
- 폴리페놀(polyphenol)류는 (㉡)에 의하여 퀴논류 화합물로 전환되고 그 이후 갈색의 중합체를 형성한다. 이는 사과나 배 등에서 나타나는 갈색화의 원인이 된다.

(3) 비효소적 갈변

① 마이야르(메일라드) 반응

- 마이야르(메일라드) 반응: 발견자의 이름을 따서 명명
- 아미노 카보닐 반응: 반응물(reactant)의 작용기 이름을 따서
- 멜라노이딘 반응: 반응 생성물(product)의 이름을 따서

㉠ 개요: 환원당의 카보닐기와 단백질/펩티드/아미노산 등의 아미노기가 반응하여 멜라노이딘 색소 생성

참고 멜라노이딘은 아황산으로 탈색되지 않음

㉡ 반응 단계

초기 단계	• 당과 아민 축합 반응: 환원당의 카보닐기와 단백질, 펩티드, 아미노산 등의 아미노기가 축합 반응하여 쉬프 염기(Schiff base) 형성(C=N) • 아마도리 전위: N-치환-글리코실 아민 → 프락토실 아민
중간 단계	히드록시 메틸 푸르푸랄(HMF)
최종 단계	• 스트레커 분해 반응 -아미노산 급격한 감소 -여러 알데히드 생성(간장 향기) -이산화탄소 생성(반응 진행 척도)

㉢ 영향 요인

- 온도: 상온에서 자연 발생. 온도 증가함에 따라 반응 속도 증가
- pH가 낮아질수록 속도 감소
- 수분 활성: 0.6~0.7 정도에서 최대. 수분 활성이 너무 낮으면 반응물의 이동성 제한, 수분 활성이 너무 높으면 희석 효과로 반응 물질끼리 만날 기회 적어짐
- 화학적 억제제: 아황산염, 칼슘염, 티올 등

  * 마이야르: 아황산염으로 억제는 가능하나 탈색은 안 된다는 뜻

  * 효소적 갈변: 억제 가능, 탈색 가능(우엉 관련 내용 중 탈색 언급된 바 있음)

- 아미노산
  - 염기성 아미노산(또는 라이신): 염기성 아미노산은 α탄소에 연결된 아미노기 외에 여분의 아미노기를 가짐. 이 아미노기는 카르복실기로부터 멀리 떨어져 있어서, 다른 당류와 반응할 때, 입체적으로 방해를 덜 받음(또는 입체적으로 반응이 쉬움) ε-아미노기를 함유한 라이신이 가장 반응성이 큼
  - 라이신을 제한 아미노산으로 하는 밀, 쌀 등의 경우, 마이야르 반응이 일어나면 영양가 손실이 우려됨
  - 우유는 건조 시 라이신 함량이 높으므로 마이야르 반응이 일어나기 쉬움
  - 염기성 아미노산: 라이신, 히스티딘, 아르기닌라이신
- 당류(속도 빠른 순)

  5탄당 > 6탄당, 단당류 > 이당류, 케토스인 과당 > 알도스인 포도당

  자일로스 > 과당 > 포도당 > 설탕

  * 5탄당: 카르보닐기가 노출된 사슬형의 비율이 높음

설탕 vs 꿀? 2014 기출

꿀은 포도당과 과당이 1:1로 혼합된 전화당인데, 포도당과 과당은 환원당이므로 바로 마이야르 반응에 참여할 수 있음. 그러나 설탕은 (포도당과 과당이 α-1,2 결합을 하여 글리코시드성 -OH기가 없으므로) 비환원당임. 따라서 설탕은 바로 마이야르 반응에 참여할 수는 없고, 포도당과 과당으로 분해된 후에 마이야르 반응에 참여하게 되므로 반응 참여에 시간이 걸린다.

Q

감자 튀김과 닭 튀김 중에 식용유를 더 갈색으로 만드는 것은?

정답

닭 튀김. 환원당의 카르보닐기와 아미노산, 펩티드, 단백질의 아미노기가 반응해 갈색의 멜라노이딘 색소를 생성함. 감자보다 닭에 단백질 함량이 높음. 닭이 감자보다 환원당도 많은 것은 아님

비교 낮은 pH, 고온이 효소적 갈변과 마이야르 반응에 미치는 영향 비교
- 둘 다 낮은 pH에서 억제
- 고온에서는 효소 불활성화로 효소적 갈변은 억제, 마이야르는 고온에서 반응 촉진

② 캐러멜화

㉠ 당류를 고온에서 가열하면 흑갈색 캐러멜 생성

㉡ 캐러멜화는 160℃ 고온에서 가열 시에만 가능, 당류만으로 가능

* 위 ㉠, ㉡ 사항은 마이야르와 중요한 차이점

㉢ 중간 물질로 환상의 하이드록시메틸푸르푸랄

* 마이야르와 공통

㉣ 과당은 포도당보다 탈수가 쉬워 캐러멜화가 쉬움(과당은 110℃, 포도당은 160℃) // 설탕 160℃

③ 아스코브산 산화 반응

㉠ 아스코브산은 원래 항갈색화제. 그러나 아스코브산 자체가 비가역적 산화돼 갈색 물질 생성되기도 함

㉡ 비타민 C 함량이 많은 감귤류 가공품, 채소 통조림 등에서 문제될 수 있음

㉢ 아스코브산 산화 효소(양배추, 오이, 호박, 당근)에 의해 촉진되나 불활성화 후에도 진행되므로 비효소적 갈변

㉣ 효소 없이도 가열 안 해도 산소 없어도 산화 일어남

마이야르 vs 캐러멜화 비교

간장, 된장, 빵, 과자 등등의 경우 갈변이 둘 중 어느 하나의 요인에 의해 발생한다고 보기 어렵고 복합적인 경우가 많음

마이야르	캐러멜화
• 된장과 간장(주로 마이야르이지만, 캐러멜화에 의한 갈변도 일부 있음) • 빵과 과자(마이야르 단원에도 제시, 캐러멜화에도 제시) • 빵 표면(껍질) • 커피, 분유, 맥주, 홍차 • 달걀 바른 식빵 • 꿀 소스 바른 고기 구이 기출	• 달고나, 캔디, 캐러멜, 잼, 젤리, 음료, 약식, 춘장 • 당 함량이 높은 감자로 감자 튀김을 만들면 색이 지나치게 진해지고 씁쓸한 맛

기출 문제 2014-A서술4

영희는 닭고기를 1 cm 두께로 썰고 간장, 물, 설탕을 넣은 소스를 발라 120℃에서 구웠고 철호는 동일한 조건에서 설탕 대신 꿀을 사용하였다. 그런데 철호가 구운 닭고기의 색이 좀 더 진한 갈색이었다. 이 갈색화 반응의 명칭과 갈색화 반응 초기 단계의 반응물, 그리고 갈색화 반응의 차이를 일으키는 설탕과 꿀의 구조적 특성을 설명하시오. [3점]

기출 문제 2019-A14

다음은 마이야르 반응을 설명한 내용이다. 〈작성 방법〉에 따라 순서대로 서술하시오. [4점]

비효소적 갈변반응인 마이야르 반응(Maillard reaction)은 이 반응의 발견자 이름을 딴 명칭이며, 반응물과 생성물 이름을 딴 명칭은 각각 (㉠)와/과 (㉡)이다. ㉢ 마이야르 반응의 속도는 아미노산 측쇄(side chain)의 화학적 특성에 따라 달라진다.

〈작성 방법〉

- ㉠, ㉡에 해당하는 명칭을 순서대로 쓸 것
- 밑줄 친 ㉢의 반응 속도가 가장 빠른 아미노산 분류의 명칭을 쓰고, 그 이유를 서술할 것

CHAPTER 06

맛

1 미각

(1) 5원미

단맛, 짠맛, 쓴맛, 신맛, 감칠맛

(2) 역치

① 정의: 맛을 인식할 수 있는 최저 농도

쓴맛은 역치가 낮음(조금만 있어도 맛을 느낄 수 있음. 다른 맛보다 미각 신경에 민감하게 느껴짐)

(낮음) 쓴 < 신 < 짠 < 단 (높음)

② 절대 역치와 인식 역치

㉠ 절대 역치: 맛의 종류는 알 수 없으나 맛을 감지할 수 있는 최저 농도(맛이 난다!)

㉡ 인식 역치: 특정한 맛을 뚜렷하게 인식할 수 있는 최저 농도(단맛이다!)

③ 표준 정미 물질: 단맛은 설탕, 짠맛은 소금, 신맛은 염산, 쓴맛은 퀴닌(=키니네)

참고 단맛(히드록시기, α-아미노기), 신맛(수소 이온 H^+)

(3) 미각에 영향을 주는 요인

① 온도

㉠ 10℃~40℃에서 잘 느낌

㉡ 온도 증가에 따라 단맛의 인식 강도 증가, 짠맛과 쓴맛은 감소, 신맛은 온도의 영향 적음

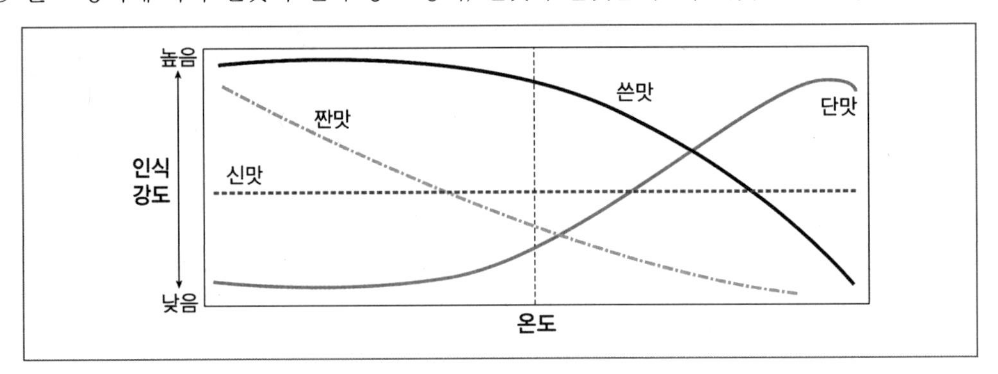

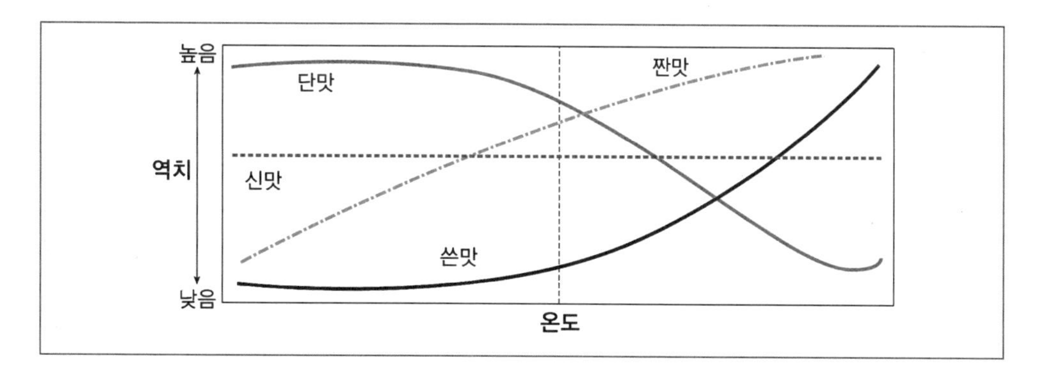

② 분산 상태

㉠ 역치 높은 순: 유지 > 겔 > 거품이나 커스터드 > 수용액

㉡ 겔이나 유지에 포함된 맛 성분은 잘 느껴지지 않는다는 뜻

③ 나이/성별

㉠ 나이: 50대 후반부터는 미각의 예민도가 떨어짐

㉡ 성별: 여성은 단맛과 짠맛, 남자는 신맛에 예민. 쓴맛은 성별 차이 없음

④ 흡연자: 쓴맛 역치 증가

* 미뢰: 미각 세포가 꽃 봉오리 모양으로 겹쳐진 형태

2 맛의 종류

(1) 단맛(=감미)

① 천연 감미료

㉠ 설탕은 단맛 표준 물질

㉡ 당류: 과당 > 전화당 > 설탕 > 포도당 > 맥아당 > 유당

㉢ 냉장 과일이 더 달다.

㉣ 분유를 물에 녹이면 단맛 감소

㉤ 당알코올류: 솔비톨(포도당 환원), 만니톨(만노스 환원), 자일리톨(자일로스 환원)

㉥ 매운맛 함황 화합물이 가열에 의해 단맛 함황 화합물로 바뀜: 메틸메르캅탄(무), 프로필메르캅탄(양파, 마늘)

㉦ 당류, 당알코올, 아미노산, 방향족 화합물, 황화합물

② 인공 감미료 「아스파탐」

㉠ 아스파트산, 페닐알라닌 등으로 구성됨(4kcal/g 열량)

㉡ L-아스파트산과 L-페닐알라닌으로 이루어진 디펩티드의 메틸 에스테르

㉢ 설탕보다 200배의 단맛

㉣ 페닐케톤뇨증이 있는 사람은 아스파탐 섭취 주의(페닐알라닌 때문)

㉤ 중성 및 알칼리 조건에서 분해되므로 산성 조건에서 주로 사용

㉥ 가열 시 분해되므로 비가열 식품에서 주로 사용

아스파탐 : 2B군 발암 가능 물질

아스파트산 −(펩티드 결합)− 페닐알라닌 −(에스테르 결합)− 메탄올

↓

포름알데히드(1군 발암 물질)

발암 물질 종류

1군 발암 물질, 2A군 발암 추정 물질, 2B군 발암 가능 물질

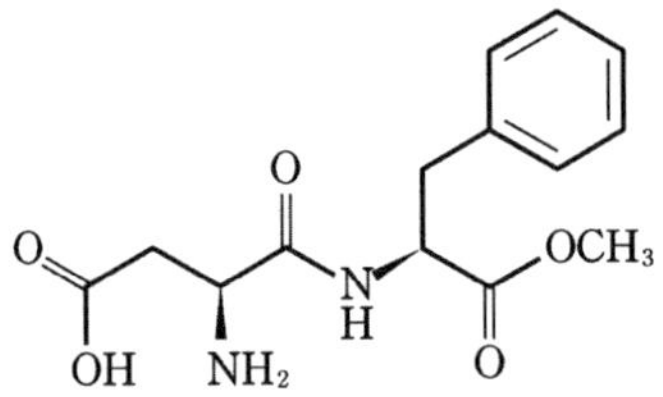

천연 감미료의 종류와 성질

종류		감미도	성질
당류	포도당	50~74	α형이 β형보다 더 닮
	과당	100~173	• 천연 당류 중 단맛이 가장 높고 상쾌한 단맛 • β형이 α형보다 더 닮
	설탕	100	α, β 이성체가 없어서 단맛이 일정: 감미 표준물질로 사용
	맥아당	50~60	• α형이 β형보다 더 닮 • 용액 상태에서 가열하면 감미도 증가
	유당	16~28	• β형이 α형보다 더 닮 • 분유가 물을 흡수하면 β가 α형으로 돼 단맛 감소
당알코올	솔비톨	48~70	• 포도당을 환원해 얻음 • 물에 잘 녹고 청량한 감미, 흡습성, 보수성, 보향성 우수
	만니톨	45	• 만노스를 환원해 얻음 • 상쾌한 감미, 다시마와 곶감의 흰가루 성분
	자일리톨	75	D−자일로오스를 환원해 만든 당알코올
아미노산	L−류신산	설탕의 25배	고상한 맛을 가지고 있어 당뇨병 환자의 감미료로 사용
	글리신, 알라닌, 프롤린, 세린		일반적으로 분자량이 적은 아미노산들이 감미가 있음

방향족 화합물	글리시리진 (glycyrrhizin)	설탕의 3~5배	• 감초의 뿌리 • 비식품용 감미료로 담배 향료로 이용
	필로둘신 (phyllodulcin)	설탕의 200~300배	• 감차잎을 건조시켜 차를 끓일 때 감미 성분 • 당뇨병 환자의 감미료로 사용
	페릴라틴 (perillartine)	설탕의 200~500배	• 차조기잎의 단맛 성분 • 비식품용 감미료로 담배 향료로 이용
	스테비오사이드 (stevioside)	설탕의 200~300배	• 스테비아 잎 • 비발효성, 무칼로리로 충치예방과 다이어트에 효과적
황화합물	메틸메르캅탄(무) 프로필메르캅탄 (양파, 마늘)	설탕의 50~70배	무, 양파, 마늘 등의 매운맛 황화합물이 가열에 의해 단맛 황화합물로 변함

인공 감미료의 종류와 성질

종류	감미도	성질
사카린 (saccharin)	설탕의 500~700배	• 1879년 처음으로 합성(세계 80여 개 나라에서 사용) • 하루 3g 이하로 섭취해야 인체에 무해
아스파탐 (aspartame)	설탕의 150~200배	• 1965년에 발견, 1974년 미 FDA로부터 허가 • L－아스파르트산과 L－페닐알라닌의 디펩티드(dipeptide) • 중성과 알칼리 조건 및 가열에 의해 분해되므로 비가열식품과 산성식품에 사용 • 설탕, 과당, 포도당 등과 혼합할 경우 상승효과를 나타냄
아세설팜칼륨 (acesulfame－K)	설탕의 130배	뒷맛이 거의 없으며 최근 우리나라에서 사용이 허가
수크랄로오스 (sucralose)	설탕의 600배	설탕의 유도체로 국제기구에서 대체적으로 안전하다고 인정
둘신(dulcin)	설탕의 70~350배	• 1883년에 발견 • 발암물질로 밝혀지면서 사용 금지
사이클라메이트 (sodium cyclamate)	설탕의 50배	• 인공 감미료 중 설탕에 가장 가까운 단맛을 가짐 • 발암물질로 알려지면서 사용 금지

(2) 짠맛

① 양이온과 음이온으로 해리되는데, 짠맛은 주로 음이온에 의한 맛으로, Cl^-, Br^-, I^-, HCO_3^-, NO_3^- 순으로 강함

② 양이온은 쓴맛

③ NaCl은 Cl^- 이온이 가지는 짠맛 강도는 강한 반면에, Na^+ 이온이 가지는 쓴맛 강도는 약해서 가장 순수한 짠맛이므로 짠맛 표준 물질

④ 천일염은 짠맛의 NaCl 외에 쓴맛의 $MgCl_2$, $MgSO_4$ 등을 함유

(3) 감칠맛(=지미)

단맛, 짠맛, 쓴맛, 신맛이 잘 조화된 구수한 맛

① 대표적 감칠맛

㉠ 아미노산계 : L-글루탐산나트륨(=MSG) 예 미역, 다시마, 간장, 된장

㉡ 핵산계

5′-GMP	>	5′-IMP	>	5′-XMP
예 표고버섯, 송이버섯		예 육류(소고기), 어류 [가다랑어(가쓰오부시), 멸치 등등]		예 고사리

*GMP(Guanosine Mono Phosphate) = 구아노신 일인산 = 구아닐산
IMP = 이노신 일인산 = 이노신산

② 기타 감칠맛

아미노산 및 유도체	글리신	조개, 새우
	아스파라긴	어류, 육류, 채소
	베타인	오징어, 문어, 전복, 조개, 새우, 게 ← 연체동물, 갑각류
	테아닌	녹차
콜린 및 콜린 유도체	콜린	광범위하게 분포
	트리메틸아민 옥사이드	• 어류의 감칠맛 성분 • 환원되면 트리메틸아민인데, 이것은 어류의 비린내 성분
유기산	숙신산	청주, 조개
기타	타우린	오징어, 문어

(4) 신맛(=산미)

① 특징

㉠ 향기 동반, 미각 자극, 식욕 증진, 식품 부패 방지

㉡ 해리된 수소 이온에서 기인한 맛

㉢ 동일 pH인 경우 무기산보다 유기산이 신맛이 강함(유기산은 수소 이온을 서서히 해리시켜 지속적으로 신맛이 느껴지기 때문)

② 주요 유기산

초산=아세트산	식초, 김치	
젖산=유산	발효유, 김치	
숙신산=호박산	청주, 조개	감칠맛을 주는 산미
말산=사과산	사과	유화 안정제
시트르산=구연산	감귤	상승제, 아이스크림 유화제, 캐러멜에서 설탕 결정 생성 방지
타르타르산=주석산	포도	포도주에서 주석산 칼륨염을 형성하여 침전
아스코르브산=비타민 C	과일류, 채소류	
글루콘산	곶감	
옥살산=수산	시금치	무기질 흡수 저해

주의 수산기=히드록시기, 수산기와 수산은 관계없음

(5) 쓴맛(=고미)

① 특징

㉠ 일부 약리 작용 있음

㉡ 알칼로이드, 배당체, 케톤류, 무기 염류, 단백분해물

② 종류

알칼로이드 (식물체에 들어 있는 염기성 함질소 화합물, 약리 작용)	카페인	녹차, 홍차, 커피, 코코아	중추신경계 흥분
	테오브로민	코코아, 초콜릿	이뇨 작용
	퀴닌	키나	쓴맛 표준 물질, 해열제, 진통제
배당체	나린진 = 나린제닌 + 당	밀감, 자몽	• 나린지나아제에 의해 당 제거 시 쓴맛 사라짐 • 과즙 및 통조림 제조 시 쓴맛 제거 위해 적용
	큐커비타신	오이 꼭지	참고 큐커비타신과 케르세틴은 아글리콘으로서의 이름
	케르세틴	양파 껍질	루틴의 아글리콘
케톤류	후물론	호프(맥주)	항균력, 기포성
무기 염류	염화 마그네슘, 염화 칼슘	간수	두부 응고제(쓴맛 제거를 위해 두부 응고 후 3~4시간 물에 담가 둠)
아미노산	트립토판, 루신, 페닐알라닌	치즈, 된장, 젓갈, 막걸리	발효 중 단백질 가수분해 결과
기타	리모넨	레몬, 오렌지	과즙이 신선할 때는 쓴맛이 없다가 저장 및 가공 시 쓴맛
	사포닌	콩, 도토리	

(6) 매운맛(=신미)

① 특징

㉠ 미각이라기보다는 통각

㉡ 식욕 증진, 살균, 살충

② 종류

방향족 알데히드 및 방향족 케톤	시남알데히드	계피, 수정과	
	바닐린	바닐라콩	
	커큐민	강황(울금)	
	진저롤	신선한 생강	
	쇼가올	생강의 건조·저장·정유 가공 시, 진저롤이 쇼가올로 전환	매운맛이 진저롤의 2배
	진저론	생강 가열 시, 진저롤이 진저론으로 전환	부드러운 매운맛 또는 덜 매운맛
황화합물	알리신	마늘, 양파	조직 파괴 시(썰기, 다지기 등) 알린(무미) → 알리신(매운맛) (by 알리나아제)
	알릴이소티오시아네이트 (=겨자유)	흑겨자	조직 파괴 시(썰기, 다지기 등) 시니그린(무미, 무취) → 알릴이소티오시아네이트(매운맛, 강한 향)(by 미로시나아제)
	디비닐설피드, 디알릴설피드, 디알릴디설피드, 프로필알릴설피드	마늘, 양파, 파,	
아민류	히스타민, 티라민	썩은 생선, 변패 간장	히스티딘 및 티로신이 세균에 의해 탈탄산돼 히스타민, 티라민 생성
산아미드류	캡사이신	고추	엔도르핀 분비 촉진, 스트레스 해소, 노화 방지, 항암
	피페린, 차비신	후추	• 피페린>차비신 • 피페린은 트랜스형, 차비신은 시스형

(7) 떫은맛(=삽미)

① 특징

㉠ 수렴 작용(탄닌이 혀 점막 단백질에 결합, 점막 단백질 응고, 점막 수축)으로 미각신경이 마비돼 나타나는 불쾌한 맛

㉡ 덜 익은 과일, 커피, 차, 맥주, 포도주

㉢ 탄닌류에 의한 맛

㉣ 지방 식품 오래 보관 시, 유리 지방산과 알데히드로 인해 떫은맛 가질 수 있음(오래된 건어물, 훈제식품)

② 종류

㉠ **시부올(=디오스피린)**: 감의 떫은맛은 수용성 시부올 때문. 익을수록 떫은맛이 적어지는 것은 성숙됨에 따라 감 내에 생긴 알코올이나 아세트알데히드가 시부올과 중합해 불용성 물질이 되기 때문

㉡ **엘라그산**: 밤

㉢ **클로로겐산**: 커피

㉣ **카테킨**: 차

참고 떫은맛 제거를 탈삽이라 함

(8) 아린맛

① 떫은맛과 쓴맛의 혼합

② 죽순, 고사리, 우엉, 토란, 가지에서 느낄 수 있는 맛으로, 이들을 조리하기 전에 물에 담그는 것은 아린맛을 제거하기 위함

③ 무기 염류, 배당체, 탄닌, 유기산

④ 토란의 아린맛은 호모겐티스산 때문으로, 아린맛 제거를 위해 껍질을 깎아 냉수에 담가 두거나, 소금물에 데침

(9) 알칼리맛

① 수산화 이온(OH^-)에 의한 맛

② 중조, 초목회(=초목의 회분, 풀과 나무를 태운 재)

기출 문제 2015-A기입6

다음은 식품의 맛에 관한 설명이다. 괄호 안의 ㉠, ㉡에 해당하는 용어를 순서대로 쓰시오. [2점]

- 맛 성분의 미각 정도는 성분의 농도에 따라 다르다. 그러므로 맛 성분의 미각 정도를 비교하는 방법으로 맛 성분의 최저 농도인 맛의 (㉠)을/를 사용한다.
- 다음 그림에 해당하는 물질의 맛은 (㉡)(이)다. 이 맛의 원인이 되는 성분으로는 알칼로이드(alkaloid)류, 배당체, 단백 분해물 및 무기염류 등이 있다.

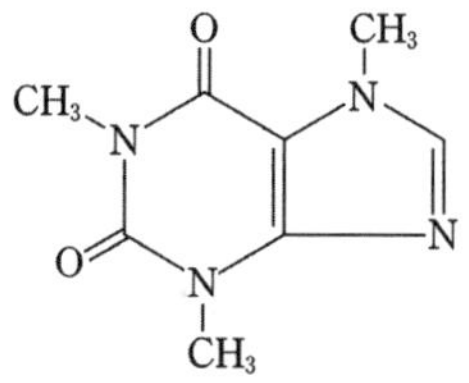

3 맛의 상호작용

<table>
<tr><td>맛의 상승</td><td>같은 맛의 두 성분 혼합으로 원래 맛보다 강해짐</td><td colspan="3">• MSG + 핵산계 조미료 ⟶ 감칠맛
• 다시마 + 멸치 ⟶ 감칠맛
• 설탕 + 사카린 ⟶ 단맛</td></tr>
<tr><td>맛의 상쇄</td><td>다른 맛의 두 성분 혼합으로 각각의 맛이 약해지거나 서로 조화</td><td colspan="3">• 단맛 + 신맛 ⟶ 청량음료
• 짠맛 + 신맛 ⟶ 김치
• 짠맛 + 감칠맛 ⟶ 간장, 된장(두 맛이 서로 상쇄)</td></tr>
<tr><td rowspan="4">맛의 대비
(또는 강화)</td><td rowspan="4">다른 맛의 두 성분 혼합으로, 주된 맛 강화</td><td>주된 맛</td><td>소량</td><td>예</td></tr>
<tr><td>단맛</td><td>짠맛</td><td>단팥죽, 호박죽</td></tr>
<tr><td>짠맛</td><td>신맛</td><td>소금간 무생채에 식초 약간(저염식에 응용 가능) 동치미에서 소금물+유기산</td></tr>
<tr><td>감칠맛</td><td>짠맛</td><td>멸치국물에 소금 약간</td></tr>
<tr><td rowspan="5">맛의 억제</td><td rowspan="5">다른 맛의 두 성분 혼합으로, 주된 맛 약화</td><td>주된 맛</td><td>소량</td><td>예</td></tr>
<tr><td>쓴맛</td><td>단맛</td><td>• 커피 + 설탕으로 커피의 쓴맛 감소
• 여름밀감 + 설탕으로 쓴맛 감소</td></tr>
<tr><td>신맛</td><td>단맛</td><td>초절임에 설탕, 신과일에 설탕</td></tr>
<tr><td>신맛</td><td>짠맛</td><td>초절임에 소금</td></tr>
<tr><td>짠맛</td><td>감칠맛</td><td>소금에 MSG 넣어 부드러운 짠맛</td></tr>
<tr><td>맛의 변조</td><td colspan="4">• 한 가지 맛을 느낀 후, 다른 맛을 정상적으로 느끼지 못함
• 쓴 약을 먹은 후 물이 달게 느껴짐</td></tr>
<tr><td>맛의 피로
(또는 순응)</td><td colspan="4">같은 맛을 계속 맛보면 미각이 둔해져 맛을 느끼지 못하거나 처음과 다르게 느낌</td></tr>
</table>

기출 문제 2019-B7

다음 내용은 중학교 조리실에서 쇠고기 버섯전골을 실습하면서 영양교사와 학생이 나눈 대화이다. 〈작성 방법〉에 따라 순서대로 서술하시오. [5점]

영양교사: 오늘은 쇠고기 버섯전골을 실습하려고 해요. 우선 재료부터 알려줄게요. 재료는 쇠고기, 건 표고버섯, 느타리버섯, 팽이버섯, 다시마 우린 물, 두부, 당근, 호박, 양파, 마늘, 국 간장을 준비했어요.
학　　생: 건 표고버섯을 그대로 사용하면 되나요?
영양교사: 물이나 설탕물에 살짝 불려 사용하세요.
학　　생: 선생님! 건 표고버섯에서 독특한 향이 나는데 이 향의 주된 성분이 무엇인가요?
영양교사: (㉠)이에요.
학　　생: 다시마 우린 물에 표고버섯을 넣어 끓이면 맛이 더 좋아지나요?
영양교사: 그래요. (㉡) 때문이에요.
학　　생: 선생님! 두부는 어떻게 할까요?
영양교사: 전골 마지막 단계에 ㉢ 국 간장으로 심심하게 간을 하여 적당한 크기로 썬 두부를 넣어서 살짝 끓이면 맹물에서 끓이는 것보다 더 부드러워져요.

〈작성 방법〉

- ㉠에 해당하는 성분을 쓸 것
- ㉡에 해당하는 「맛의 상호작용」의 유형을 쓰고, 이 유형을 다시마와 표고버섯의 대표적인 감칠맛 성분과 관련하여 서술할 것
- 밑줄 친 ㉢의 이유를 서술할 것(단, 두부는 일반 간수를 이용하여 제조하였음)

냄새

1 특징

냄새 성분은 저분자 휘발성 물질들임

예 저분자 휘발성 유기산, 알코올, 알데히드, 케톤, 에스테르 등등

2 식물성 식품의 냄새 성분

(1) 채소류

백합과 채소와 겨자과 채소는 냄새 물질의 전구체인 함황 화합물을 함유함. 원래는 향이 없다가 조직 파괴 시(썰기, 다지기 등) 강한 향이 남

> **조직 파괴 시 강한 향이 나는 이유**
> 원래는 전구체와 효소가 다른 영역에 존재하다가, 조직 파괴 시 전구체가 효소와 만나 반응해 냄새 물질로 바뀌게 됨. 저분자가 돼야 휘발성이 생겨 향을 느낄 수 있음. 전구체가 효소 작용으로 분해돼 저분자가 되는 원리임

① 백합과 채소(마늘, 양파, 파, 부추)

냄새 물질 전구체인 S-알킬 시스테인 설폭시드(무취) 존재

> **'S-알킬 시스테인 설폭시드'의 이름 풀이**
> 시스테인 설폭시드는 이름이 어려운데, 함황 아미노산인 시스테인의 유도체 정도로 생각하면 됨. 알킬은 큰 개념의 용어
> - 백합과 중, 마늘에는 알킬로서 알릴이 존재하므로, 마늘에서는 S-알릴 시스테인 설폭시드(S-알릴 시스테인 설폭시드를 간단하게 알린이라 함)
> - 백합과 중, 파와 양파에는 알킬로서 프로페닐이 존재하므로, 파와 양파에서는 S-프로페닐 시스테인 설폭시드
>
> * 마늘은 S-알릴 시스테인 설폭시드, 파와 양파는 S-프로페닐 시스테인 설폭시드가 냄새 물질 전구체임을 암기
> * 이 전구체들은 무취이나 효소에 의해 분해된 후 냄새 물질이 나타남

㉠ 마늘

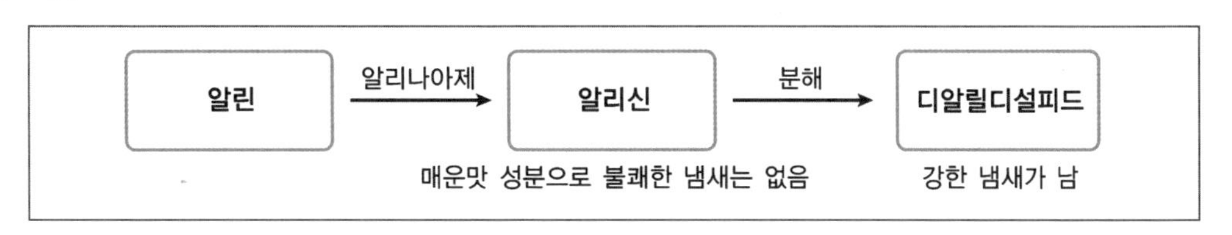

A. 마늘을 씹거나 다지거나 자르면 알린과 알리나아제 접촉함

알린(S－알릴 시스테인 설폭시드) —(by 알리나아제)→ 알리신

＊알리신은 마늘의 주된 매운맛, 불쾌한 냄새는 없음(간혹 신선한 마늘 향으로 묘사됨)

B. 알리신은 불안정한 물질이므로 곧 분해돼 디알릴디설피드

＊디알릴디설피드는 마늘 특유의 강한 냄새와 매운맛(이 냄새에 대해 일부 책들은 부정적으로 묘사함)

C. 디알릴디설피드는 시간이 지나면 더 저분자 물질로 분해되어 불쾌한 냄새

- 통마늘 가열 후 파괴 시 맛과 향이 약해지는 이유: (열에 약한) 알리나아제 불활성화로 알린 분해 산물인 알리신 생성 저해되며, 그 결과 알리신 분해 산물인 디알릴디설피드 생성도 저해되기 때문임
- 다진 마늘 가열 시 맛과 향이 약해지는 이유: A~B+가열은 알리신 분해 및 디알릴디설피드 휘발 촉진하기 때문
- 가열 조리 시, 불에서 내리기 직전에 다진 마늘 넣기: A~B+가열은 알리신 분해 및 디알릴디설피드 휘발 촉진해 불쾌한 향미가 강해질 수 있고, 더 가열 시 향미가 약해질 수 있음
- 다진 마늘은 바로 사용 또는 냉장・냉동 보관: A~C+시간 지날수록 나빠지기 때문

㉡ 양파

- 양파 썰 때 S－프로페닐 시스테인 설폭시드 —(by 알리나아제)→ 티오프로파날－S－옥사이드(최루 성분, 눈물이 남)

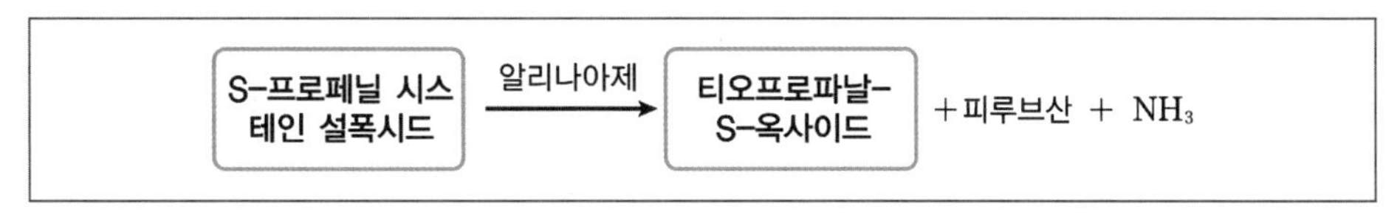

- 양파의 최루 성분인 티오프로파날－S－옥사이드는 수용성・휘발성이므로 물에 담가 썰기, 칼에 물 묻혀 썰기, 창문 열기, 차갑게 하여 썰기(효소 불활성화)

② 겨자과(=배추과, 십자화과) 채소(배추, 양배추, 무, 겨자) : 냄새 물질 전구체로 글루코시놀레이트 함유

- 글루코시놀레이트는 배당체(당+당이 아닌 것의 결합). '글루코'라는 이름에서 보듯 당으로서 포도당임
- 흑겨자와 배추는 글루코시놀레이트의 일종인 시니그린 함유
  시니그린 = 당으로서 포도당 + 알릴이소티오시아네이트(겨자유) + ?(하나 더)
- 시니그린은 냄새 물질 전구체로서 무취이나, 분해돼 알릴이소티오시아네이트 유리 시 냄새

㉠ 흑겨자, 배추

조직 파괴 시(썰기, 다지기 등)

시니그린(무취) —(by 미로시나아제)→ 알릴이소티오시아네이트(겨자유)

* 티오=싸이오(황 함유)

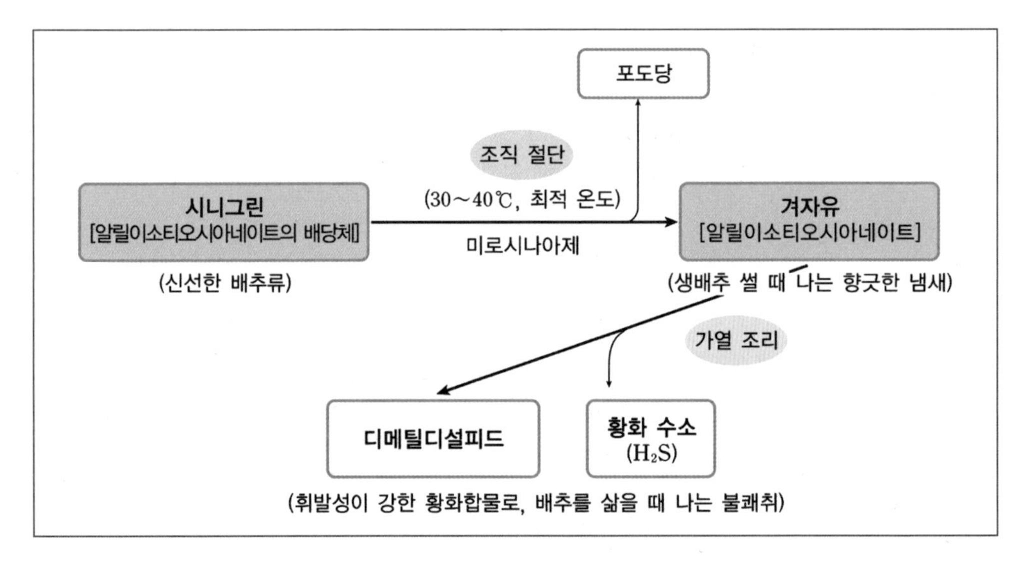

구분	흑겨자	배추(류)
겨자유 묘사	매운맛, 강한 향	매운맛, 향긋한 냄새
가열 생성물인 디메틸디설피드, 황화 수소	설명 없음	불쾌취
예상 문제	• 겨자 가루의 매운맛을 강하게 하려면 따뜻한 물로 개어야 하는 이유? −미로시나아제 최적 온도는 30~40℃ • 겨자 가루를 갠 후 시간이 지나면 맛과 향이 약화되는 이유? −겨자유는 휘발성 물질	• 겨자유 가열 시 디메틸디설피드와 황화 수소가 생기므로, 단시간 가열(더 중요) • 산성에서는 배당체 분해가 쉬우므로 조리수 많이 사용하여 유기산 희석

ⓛ **브로콜리, 양배추, 순무**: 가열 시 황화 수소, 디메틸설피드, 기타 등등 생성(브로콜리는 주로 황화 수소, 양배추는 디메틸설피드, 순무는 황화 수소와 디메틸설피드)

③ 기타

㉠ **당근**: 피넨

ⓛ **엽채류, 경채류의 풋내**: β−헥센올, γ−헥센올

(참고) 티오시아네이트 −SC≡N, 이소티오시아네이트 −N=C=S
R−S−S−R 디설피드
R−S−R 설피드

기출 문제 2015−A기입8

다음은 식품의 특성에 관한 설명이다. 괄호 안의 ㉠, ⓛ에 해당하는 명칭을 순서대로 쓰시오. [2점]

- 양배추의 글루코시놀레이트(glucosinolate)는 효소에 의해 가수분해되어 향미성분을 생성하는데, 이 향미성분 중의 (㉠)이/가 가열조리에 의해 (ⓛ)을/를 생성하면 불쾌취의 원인이 된다.
- 밀가루를 반죽하면 밀가루 단백질 중 (㉠)을/를 함유하는 아미노산이 분자 내 교차 결합을 하여 입체 망상구조가 형성된다.
- 초고온살균한 우유에서 나는 가열취의 원인은 주로 유청 중의 베타 락토글로불린(β−lactoglobulin)이 분해될 때 발생하는 (ⓛ) 때문이다.

(2) 식물성 식품의 냄새 성분 정리

구분	성분	내용
에스테르류	• 과일의 중요한 냄새 성분 • 분자량 증가하면 냄새가 강해지며, 과일향이 꽃향기가 됨	
	에틸 2 메틸부티레이트	사과
	이소아밀아세테이트	바나나향
	메틸 시나메이트, 에틸 시나메이트	딸기
락톤류	γ-락톤 γ-데카락톤	식물성 복숭아
	δ-락톤	동물성(크림, 우유)
알데히드류	과채류 풋내, 유지 식품의 기름진 향미 및 산패취	
	벤즈알데히드	아몬드, 체리
	시남알데히드	계피
	헥센알	찻잎
	바닐린	바닐라향
	짧은 직쇄상 알데히드	토마토
케톤류	아세토인, 디아세틸	버터 및 발효유 제품
지방산류	• 단쇄 지방산인 프로피온산(C_3), 부티르산(C_4), 카프론산(C_6)은 자극적 냄새 • 분자량이 클수록 휘발성 약해 냄새 약함	
	프로피온산	스위스 치즈
	부티르산, 카프론산	버터, 체다치즈의 좋은 냄새
	이소발레르산(포화 지방산 중 가장 역치가 낮음)	림버거 치즈
	탄소수 8~10의 곁사슬 포화 지방산	양고기 불쾌취
알코올류	• 과일잼 저장 중 향이 약해지는 이유는 알데히드, 케톤 등의 카르보닐 화합물이 알코올로 전환되기 때문 • 알코올 역치 높음 > 알데히드	
	2,6-노나디엔올	오이, 수박
	푸푸릴 알코올	커피 향
	멘톨	박하
	유게놀	정향, 계피, 올스파이스
테르펜(=터펜)류	• 식물체를 수증기 증류하여 얻어지는 방향성 물질인 정유는 터펜류와 그 유도체가 주성분 • 정유는 냄새를 낼 뿐만 아니라, 매운맛 성분도 함유	
	리모넨	오렌지, 레몬, 자몽, 라임의 주 냄새 성분
	β-시넨살	오렌지의 주 냄새 성분
	시트랄	레몬의 주 냄새 성분
	누트카톤	자몽의 주 냄새 성분
	진지베렌	객관식 생강
	캄펜	객관식 레몬, 오렌지 따위

휘발성 함황 화합물	• 채소류와 향신료의 매운맛 성분 • 다량 존재하면 악취, 미량 존재하면 좋은 냄새 예 밥에 소량 존재하는 황화 수소는 구수한 냄새	
푸란류, 피리진류 (메일라드 반응에 의해 생성)	푸라논(산소화 푸란)	모든 가열 식품의 휘발 성분
	푸푸랄	달콤한 과일 냄새, 캐러멜 향
	피리진	구운 고기, 끓인 간장, 볶은 땅콩 및 참깨
휘발성 질소 화합물	암모니아, 아민	민물고기와 동물성 식품의 부패취

3 동물성 식품의 냄새 성분

(1) 육류

① 육류의 냄새는 주로 메일라드 반응에 의한 것, 당류/아미노산의 열분해 산물

② 육류 종류에 따라 각기 다른 냄새가 나는 것은 지방산 조성이 다르기 때문

(2) 어류

① 바다 생선: 생선의 신선도가 떨어지면

트리메틸아민옥사이드(TMAO), 무취 ──세균에 의해 환원──→ 트리메틸아민(TMA), 비린내

② 민물고기는 신선할 때도 비린내 강함. 피페리딘과 아세트알데히드의 축합 반응으로 생긴 δ-아미노발레르알데히드

③ 상어, 홍어, 가오리 등 연골 어류: 요소가 세균에 의해 분해되어 암모니아

④ DHA나 EPA 같은 불포화 지방산을 많이 함유한 생선은, 지방 산화로 인한 불쾌취

⑤ 부패취: 트립토판 분해 산물(인돌, 스카톨), 시스테인 분해 산물(메틸메르캅탄, 황화 수소)

(3) 우유

① 신선한 우유: 아세톤, 아세트알데하이드, 부티르산, 프로피온산, 황화메틸 등

② 신선도 저하유: δ-아미노아세토페논

③ 버터: 저급지방산, 아세토인, 다이아세틸

④ 치즈: 에틸 β-메틸 머캅토프로피오네이트

⑤ 우유, 유제품 가열취: 유기산, 카보닐화합물, 락톤, 다이아세틸, 아세토인, 황화 수소(H_2S) 및 휘발성 황화합물

냄새 성분	냄새 성분의 생성	비고
트리메틸아민	트리메틸아민옥시드 $O=N(CH_3)_3$ —(환원)→ 트리메틸아민 $N(CH_3)_3$	바닷물고기의 비린내 성분
피페리딘, δ-아미노발레르알데히드, δ-아미노발레르산	리신 $H_2N(CH_2)_4CH(NH_2)COOH$ —(CO_2)→ 캐더베린 $H_2N(CH_2)_5NH_2$ —(NH_2)→ 피페리딘 캐더베린 → $H_2N(CH_2)_4CHO$ δ-아미노발레르알데히드(비린 냄새) → $H_2N(CH_2)_4COOH$ δ-아미노발레르산(부패한 냄새)	민물고기의 비린내 성분 및 부패취 성분
암모니아	요소 $CO(NH_2)_2$ —(H_2O)→ $2NH_3 + CO_2$ 암모니아	육류 및 어류의 선도 저하 시 생성
메틸메르캅탄, 황화 수소, 인돌, 스카톨	시스틴 → 시스테인 → $CH_3SH+CO_2+NH_3$ / $H_2S+NH_3+CH_3COOH+HCOOH$ 트립토판 → 인돌 + 스카톨	육류 및 어류의 부패취 성분
헤테로고리화합물	피라진, 피롤, 피리딘 및 그 유도체	육류 가열 시 냄새 성분
카르보닐화합물, 저급 지방산	유지방 —(가수분해)→ 휘발성 지방산 (프로피온산, 부니프산, 카프론산 등)	• 신선한 우유의 냄새 성분: 카르보닐화합물(아세톤, 아세트알데히드 등), 저급 지방산, 메틸설피드 • 발효유의 냄새 성분: 젖산 발효에 의해 생성된 카르보닐화합물
아세토인, 디아세틸	아세토인 $CH_3-CH(OH)-C(=O)-CH_3$ → 디아세틸 $CH_3-C(=O)-C(=O)-CH_3$	버터의 냄새 성분

물성

1 액체 식품의 리올로지

① 점성: 유체의 흐름에 대한 저항, 꿀, 물엿 등

② 가소성: 외력에 의해 잘 변형되고 외력을 제거했을 때 원래 형태로 돌아가지 않는 성질(탄성의 반대) 생크림, 버터, 마가린

③ 점탄성: 점성 + 탄성의 개념

2 반고체, 고체 식품의 텍스쳐

① 경도: 식품의 형태를 변형하는 힘(고체 물질을 어금니 사이로 압축하는 힘, 반고체 물질을 혀와 입천장 사이로 압축하는 힘) 예 크림치즈(경도 가장 낮음), 락캔디(가장 높음)

② 응집성: 식품의 형태를 구성하는 내부적 결합에 필요한 힘

③ 점성: 스푼에 있는 액체를 혀에 끌어 내리는 데 필요한 힘
예 물(점성 가장 낮음), 가당 연유(가장 높음)

④ 탄성: 힘 가할 때는 변형되나, 힘 제거 시 원상태로 돌아가는 성질

⑤ 부착성: 식품에 다른 물질이 부착돼 있는 것을 떼어 내는 데 필요한 힘(입천장에 붙은 물질을 떼어 내는 데 필요한 힘)

⑥ 부서짐성: 부수는 데 필요한 힘 예 크래커, 캔디 등

⑦ 씹힙성: 고체 식품을 삼킬 수 있을 정도로 씹는 데 필요한 힘

⑧ 검성: 반고체 식품을 삼킬 수 있을 정도로 씹는 데 필요한 힘

기출 문제 2015-A기입7

다음의 (가), (나)는 식품의 물성을 설명하는 그림이다. 밑줄 친 ㉠, ㉡에 해당하는 물성의 명칭을 순서대로 쓰시오. [2점]

(가)

(나)

〈생크림으로 케이크 장식하기〉

생크림을 거품 낸 후 짤주머니에 옮겨 담아 ㉡ <u>케이크 위에 짜서 모양을 낸다.</u>

기출 문제 2023-A4

다음은 식품의 물성에 대한 설명이다. 밑줄 친 ㉠, ㉡에 해당하는 물성의 용어를 순서대로 쓰시오. [2점]

- 전분이 겔화하는 특성을 이용하여 도토리묵을 제조하였다. 도토리묵은 조리 과정에서 조리사의 손에 의해 쉽게 부서졌다. 그러나 곤약으로 만든 묵은 잘 부서지지 않고 ㉠ <u>손으로 힘을 주어 눌렀다 떼어도 원래의 형태로 바로 돌아온다.</u>
- 대두유에 수소를 첨가하여 포화도를 높이면 액체 기름은 고체 지방으로 변한다. 이때 생성된 고체 지방을 경화유라고 하는데 수소의 첨가 정도에 따라 물성이 변하게 된다. 대표적인 경화유인 쇼트닝을 숟가락으로 떠서 접시에 놓으면 대두유처럼 ㉡ <u>흐르지 않고 변형된 그대로의 모양을 유지한다.</u>

MEMO

영양교사 단기 합격 전략서

심재범 전공영양 이론1 하

Part 4

조리원리

식품의 분산 상태

1 진용액/콜로이드 용액/현탁액

(1) 진용액

설탕이나 소금을 물에 녹이면?

설탕물	용매는 물, 용질은 설탕 분자
소금물	용매는 물, 용질은 나트륨 이온(Na^+)과 염소(=염화) 이온(Cl^-)

(2) 콜로이드 용액(=교질 용액)

입자가 큰 물질이 침전하지 않고 물에 분산되어 있다면 → 콜로이드 용액

진용액과 콜로이드 용액 차이

진용액	• 입자의 크기가 작음 예 설탕물, 소금물 등 • 용액 = 용매 + 용질 * 흔히, 용액이라고 하면 진용액을 말함. 콜로이드 용액과 구분할 때 진용액이라는 말을 씀
콜로이드 용액	• 입자의 크기가 큼 예 콩물, 쌀뜨물, 우유 등 • 분산계 = 분산매 + 분산질(또는 분산상)

(3) 현탁액(=서스펜션)

① 입자의 크기가 더 큼(흐릴 탁)

② 냉수에 전분을 풀면? 부유하다가 가라앉음(침전)

2 졸, 겔, 에멀젼

콜로이드 용액 ⊃ 졸 & 에멀젼이며, 졸 ↔ 겔(겔은 콜로이드 용액은 아니고, 콜로이드라고 할 수는 있음)

(1) 졸

단백질이나 다당류가 물에 녹은 것(탄수화물이란 말 대신 다당류란 말을 쓰고 있음. 포도당 용액, 설탕물 등은 진용액)

① 우유 속에 카제인 단백질이 녹아 있는 것
② 난백(난백은 약 90% 수분, 10%가 고형분이며, 고형분 대부분은 단백질)
③ 펙틴을 물에 녹인 것
④ 전분, 한천, 젤라틴을 물에 넣고 가열한 것(생전분을 물에 풀면 시간이 지나면 가라앉음)

(2) 에멀젼(유화액)

구분	내용
유화액	물과 기름처럼 원래 서로 섞이지 않는 두 액체가 있을 때, 유화제에 의해 한 액체가 다른 액체 내에서 분산된 것
유화제	친수성 부분과 소수성 부분을 모두 가진 양친매성 물질로, 물과 기름처럼 서로 섞이지 않는 두 물질을 서로 섞이도록 함
미셀	분산질이 유화제에 의해 둘러싸여 생긴 작은 방울

① 에멀젼의 종류
　㉠ 수중 유적형(O/W) 에멀젼: 우유 속의 유지방, 마요네즈, 아이스크림, 식품은 아니지만 담즙산에 의해 지방이 유화된 것
　㉡ 유중 수적형(W/O) 에멀젼: 마가린, 버터
② 우유 속의 카제인 단백질은 졸, 우유 속의 유지방은 에멀젼
③ 카제인 단백질이나 유지방 모두 미셀 구조
④ 카제인 단백질에서는 카파카제인이, 유지방에서는 인지질이 유화제 역할

* 단백질과 다당류가 물에 녹은(분산된) 것은 졸, 지방이 물에 또는 물이 지방에 분산된 것은 에멀젼, 졸과 에멀젼을 합치면 콜로이드 용액. '분산되었다'라고 하는 것은 가만히 뒀을 때 침전하지 않는 것을 뜻함

3 졸(sol) → 겔(gel)

(1) 졸의 안정성 이유(분산을 유지하는 이유, 입자끼리 회합해 침전하지 않는 이유)

① 정전기적 반발력 예 COO^-

② 수화 안정성: 콜로이드 입자가 수화돼(이런 물을 수화수라고 함) 입자 간 접근 방지

(2) 겔이란?

졸의 분산질이 망상 구조를 형성하며, 망상 구조 안에 물이 갇힌 반고체의 겔

예 잼, 젤리, 양갱, 묵, 달걀찜, 달걀 후라이, 치즈, 두부

(3) 겔 형성 원인들

① 졸의 안정성을 파괴하여

㉠ 입자를 중화시켜 정전기적 반발력 잃게 함 by 산 또는 by 염

㉡ 입자 탈수시켜 입자 간 접근 용이(=수화 안정성 파괴) by 설탕 또는 by 염

② 추가 결합을 형성하여

㉠ 2가 양이온에 의한 이온 결합

㉡ 단백질 가열에 의해 ⅰ) 변성으로 인한 소수성 결합 및 ⅱ) 이황화 결합

③ 가열 후 냉각: 가열하여 졸 만들고, 냉각하면 다시 회합하여 겔

(4) 염용과 염석

NaCl, $CaCl_2$, $MgCl_2$ 같은 것들을 염이라고도 하고, 전해질이라고도 함

① 염용(salting in): 콜로이드 용액에 미량의 염을 첨가하면, 입자의 용해도가 올라가는 현상

② 염석(salting out): 콜로이드 용액에 다량의 염을 첨가하면, 입자가 서로 회합해 침전하는 현상. 염석이 발생하는 이유는 중화와 탈수로 설명이 가능. 염석하면 두부, 두부하면 염석

㉠ 중화: 염의 해리로 생긴 이온이 단백질의 전하를 중화시켜 정전기적 반발력을 잃게 만듦

㉡ 탈수: 단백질 표면에서 탈수가 일어나(수화 안정성이 파괴되며) 단백질끼리 접근 용이(염 자신도 수화되려고 단백질로부터 물을 빼앗음)

(5) 각 식품별 겔 형성 원리

고메톡실 펙틴	산의 H^+에 의한 펙틴의 음전하(R−COO^-) 중화, 설탕에 의한 탈수
저메톡실 펙틴	Ca^{2+} 같은 2가 양이온에 의한 이온 결합
두부의 염화 칼슘/ 염화 마그네슘	염에 의한 중화 및 탈수
두부 & GDL	산의 H^+에 의해 단백질의 음전하(R−COO^-) 중화되면 (또는 pH가 내려가서, pH가 단백질의 pI와 가까워지면, 단백질의 순전하가 0에 가까워지면서) 단백질은 정전기적 반발력을 잃고 응고함
우유 & 산	산의 H^+에 의해 단백질의 음전하 중화되면 (또는 pH가 내려가서, pH가 단백질의 pI와 가까워지면, 단백질의 순전하가 0에 가까워지면서) 단백질은 정전기적 반발력을 잃고 응고함
우유 & 레닌	효소에 의한 κ−카제인 분해
전분, 한천, 젤라틴	가열하여 졸 만들고, 냉각하면 다시 회합하여 겔(모든 전분이 겔을 형성하는 것은 아님)
계란 가열(계란 찜, 삶은 계란, 계란프라이)	단백질 열변성

• 우유 카제인은 구조가 복잡해 단백질의 음전하에서 R−COO^- 언급하지 않는 것이 더 나음

(6) 가역성/비가역성 겔 (졸 ↔ 겔)

① 펙틴, 한천, 젤라틴을 원료로 하는 것은 대체로 가역적 예 과일잼, 생선조림, 족편, 양갱

② 단백질을 원료로 하는 것은 대체로 비가역적 예 달걀찜, 두부

③ 전분 묵은 비가역적, 전분 소스는 가역적

4 겔과 물

(1) 겔(gel)과 보수성

졸은 액체에 식품 성분이 분산된 타입이라면, 겔은 고체에 물이 분산된 타입

참고 위 언급한 수화수나, 겔의 망상 구조 안에 갇힌 물은 결합수

(2) 이수(=이장=이액) 현상(syneresis)

겔의 망상 구조 수축하면서 겔 내부의 물을 방출하는 현상, 한천 젤리

과일류

1 식물 세포의 구조

(1) 중층~세포질

① 중층: 펙틴질

② 세포벽: 식물의 형태 지지, 셀룰로오스(main), 헤미셀룰로오스, 펙틴질 / 리그닌(나무 / 탄수화물×)

③ 세포막

④ 세포질

㉠ 액포

- 대부분 수분, 팽압 유지, 아삭한 질감, 플라보노이드, 유기산 등등
- 액포 내 수분량에 따라 채소 과일의 수분량 달라짐

㉡ 색소체: ─ 엽록체: 엽록소
　　　　　├ 유색체: 카로티노이드
　　　　　└ 백색체: 전분

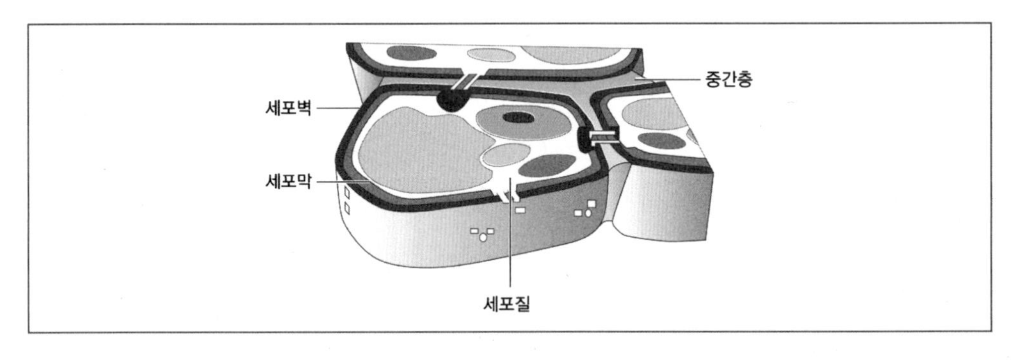

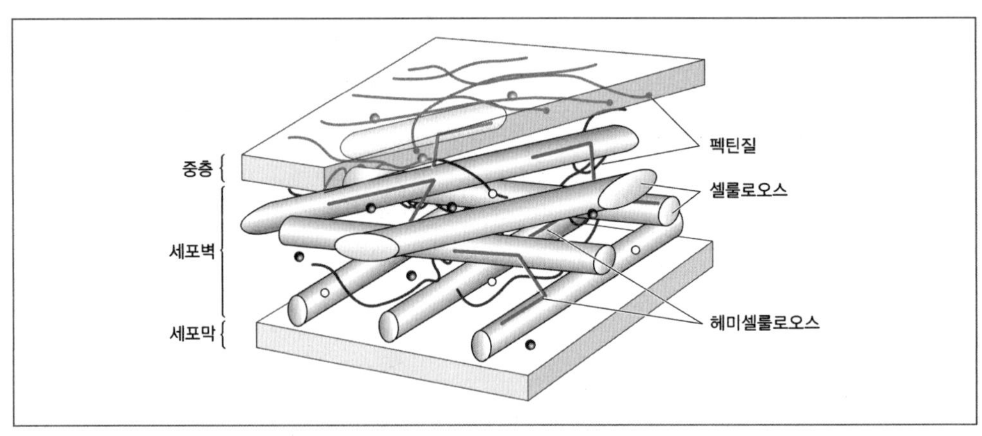

(2) 삼투압

① 삼투압과 액포

㉠ 저장액에서는 세포가 수분 흡수, 액포에 물이 참, 팽압 증가, 아삭한 질감

㉡ 고장액에서는 세포 내 수분 유출, 원형질 분리, 시들시들한 질감

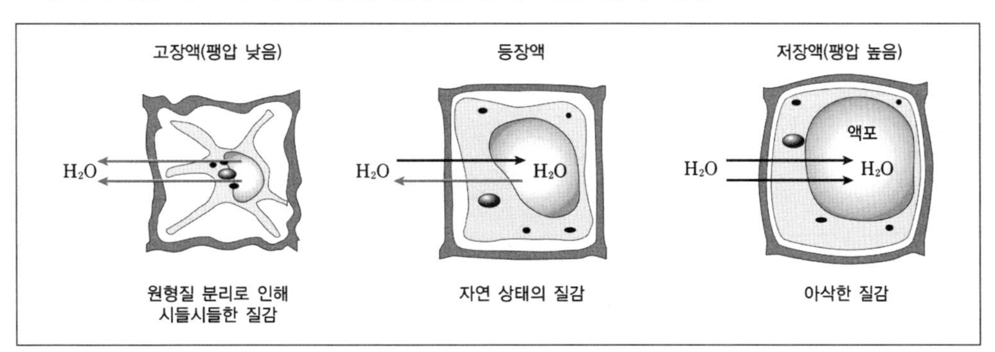

㉢ 원형질(막) 분리란? 세포벽과 세포막(=원형질막)의 분리

② 확산과 삼투

㉠ 확산이란?

- (투과성 막을 사이에 두고) 용질의 농도가 높은 곳에서 낮은 곳으로 용질의 이동
- 세포벽은 투과성 막

㉡ 삼투 현상이란?

- 반투과성 막을 사이에 두고 용질의 농도가 낮은 곳에서 높은 곳으로 물의 이동
- 세포막은 반투과성 막(반투과성 막이란? 물 통과 ○, 용질 통과 ×)

> - 배추를 소금에 절일 때 초기에 소금이 세포벽까지 침투해 들어감(확산)
> - 그 후, 세포 안의 물이 빠져나와(삼투 현상), 원형질(막) 분리
> - 세포막의 반투과성 상실로, 소금을 비롯한 여러 성분이 세포 내부까지 침투

참고 채소를 공기 중에 방치하면, 수분 증발, 팽압 감소, 시들해짐. 다시 물에 담그면, 물이 세포 속으로, 팽압 회복, 아삭해짐

(3) 세포 간 공기층

<u>세포 간 공기층</u>	→	<u>데쳐서 세포 간 공기층 제거되고 물로 채워지면</u>
• 부피 증가		• 부피 감소
• 아삭한 질감		• 조직 연화, 질감이 물러짐
• 색이 불투명		• 색이 더 선명한 녹색

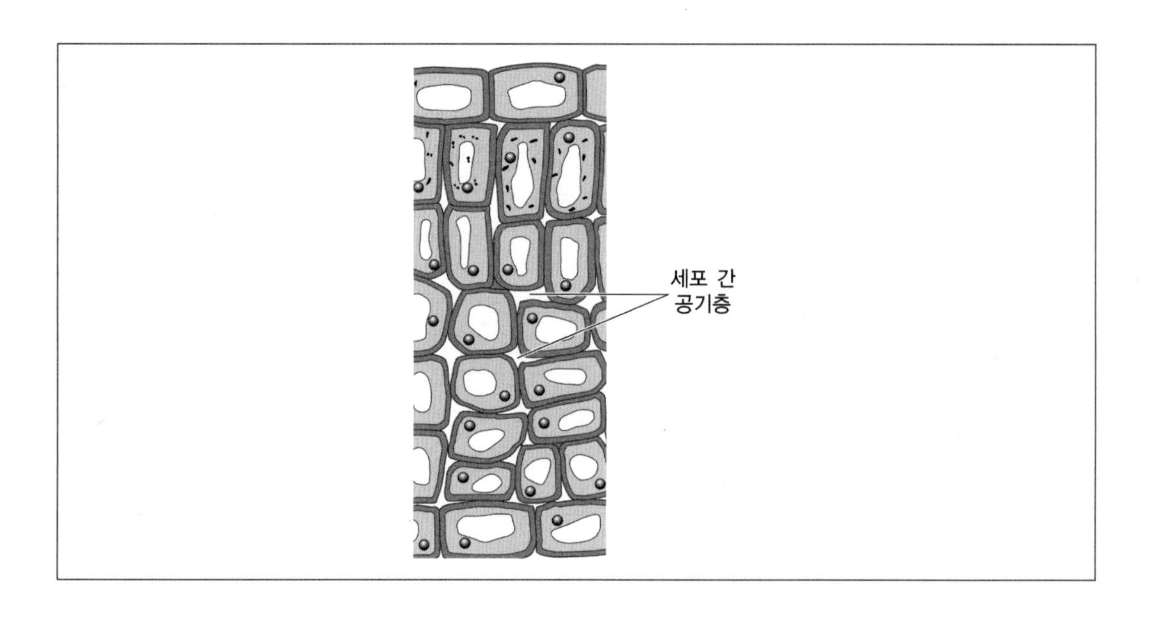

2 과일의 성분

(1) 당

① 대부분 과일: 과당 + 설탕

② 바나나, 복숭아, 감귤류: 주로 설탕 함유

(2) 유기산

① 사과, 포도: 사과산

② 감귤, 레몬: 구연산

③ 포도: 주석산

(3) 지질

일반적으로 지질은 드물지만, 코코넛과 아보카도에는 많음

① 코코넛은 라우르산 C_{12}

② 아보카도는 불포화 지방산

(4) 무기질

칼륨, 칼슘, 무기질이 많은 알칼리성 식품

① 칼륨: 바나나, 단감, 멜론, 아보카도

② 칼슘: 유자, 오렌지, 키위, 대추

(5) 그 외

① **피토케미컬**: 식물이 합성하는 화학 물질로 주로 색소, 냄새 성분

② **식물의 단백질 분해효소**: 파인애플(브로멜린), 파파야(파파인), 무화과(피신), 키위(액티니딘)

③ 펙틴

3 과일의 종류

(1) 인과류: 꼭지가 배꼽 반대

① 사과: 칼륨 많음, 비타민 C 많지 않음

② 배: 단백질 분해 효소를 지녀 고기 양념에 넣으면 육질을 연하고 부드럽게 하며, 고기 먹은 후에 후식으로 먹으면 소화를 촉진함

③ 감

㉠ 감의 떫은맛은 탄닌의 일종인 수용성의 시부올 때문임. 알코올이나 아세트알데히드와 결합해 불용성 중합체 형성하면 떫은맛이 사라짐

㉡ 탈삽

- 두꺼운 종이에 싸서 10일 보관
- 항아리에 넣고 소주를 뿌려 뚜껑 덮고 20℃에서 4~5일

㉢ 곶감 표면의 흰 가루: 만니톨(설탕의 60% 단맛)

㉣ 비타민 A, 비타민 C

④ 감귤류

㉠ 비타민 A, 비타민 C

㉡ 헤스페리딘(비타민 P 일종, 모세 혈관 튼튼하게)

㉢ 레몬: 신맛이 강함, 레몬즙을 생선회에 뿌리면 생선살이 단단하게(산에 의한 카제인 응고와 원리는 같음), 알칼리성인 트리메틸아민을 산성인 레몬즙으로 중화하여 비린내 제거

보충 비타민 C가 공기와 접촉하면 산화돼 파괴됨. 믹서기를 이용하면 주서기에 비해 공기에 더 많이 노출됨

(2) 핵과류

과육의 가운데 단단한 핵, 그 안의 씨앗

① 복숭아, 살구, 자두, 매실, 대추, 오미자, 체리

② 살구씨, 청매(녹색 매실)의 씨에는 아미그달린

(3) 장과류

포도, 딸기, 복분자, 오디, 무화과, 베리류

① **포도**: 레스베라트롤(항암, 항산화, 혈액 응고 방지, 적포도주)

② **무화과**: 피신(단백질 분해 효소)

(4) 견과류

① **밤**: 엘라직산(떫은맛), 밤은 쉽게 썩으므로 말려서 보관하거나 통조림, 병조림

② **호두**: 불포화 지방산이 많아서 산패취, 호두의 속껍질은 뜨거운 식초물에 담그면 잘 벗겨짐

③ **잣**

㉠ 잣의 아밀라아제는 내열성이 있어 잣죽을 끓일 때 죽이 묽어지는 원인

㉡ 지질이 많아 열량이 높으며, 비타민 E 함유

㉢ 불포화 지방산이 많아 산패가 빠르므로 밀폐해 냉동 보관

㉣ 잣은 기름기가 많아 그냥 다지면 기름과 엉겨서 잣가루가 잘 만들어지지 않으므로, 잣을 다져 가루로 만들 때는 도마 위에 종이나 한지를 깔아 기름이 종이로 배어들게 함

④ **은행**: 속껍질은 물에 불린 후 벗기거나, 기름을 약간 두른 프라이팬에 은행을 살짝 굴려서 뜨거울 때 벗김

(5) 열대 과일류

광합성이 활발해 포도당이 더 많음, 더 닮, 실온 보관

① **바나나**

㉠ 후숙 과일이며 익으면서 전분이 과당, 포도당, 설탕 등의 당으로 분해됨

㉡ 칼륨 풍부

② **파인애플**: 단백질 분해 효소 브로멜린 함유

③ **키위**

㉠ 비타민 C, 비타민 E, 엽산, 칼슘

㉡ 단백질 분해 효소 액티니딘

④ **파파야**: 단백질 분해 효소 파파인 함유

⑤ **아보카도**

㉠ 지질 함량 높고, 지방산 대부분 불포화 지방산(혈관 건강에 유익)

㉡ 칼륨(혈압 조절) 함량이 열대 과일 중 가장 많음

⑥ **코코넛**: 지질 함량이 높으나 대부분 포화 지방산

⑦ **구아바**

㉠ 비타민 C가 귤의 3배

㉡ 칼륨 풍부

㉢ 당 흡수 억제

㉣ 인슐린과 유사한 작용을 하는 성분

4 과일의 조리 특성

(1) 갈변

사과, 배, 복숭아 등 껍질을 벗기거나 잘라서 과육이 산소와 만나면 갈색으로 변함

(2) 조리 중 변화

① 삶은 과일은 세포 간 불용성 프로토펙틴이 가열에 의해 수용성 펙틴으로 전환되므로 조직이 연해짐

② 세포 간 공기층 제거되고 물이 채워지면 생과일보다 투명해짐

③ 오래 가열하면 휘발성 유기산, 에스테르 잃게 됨

5 과일의 조리 및 이용(펙틴 겔 식품의 예)

① 잼, 젤리

② 마멀레이드: 감귤이나 오렌지의 껍질을 잘게 썬 조각이 들어 있는 젤리

③ 프리저브: 으깨지 않은 과일이 들어 있는 잼

④ 컨저브: 감귤류 과일과 여러 가지 과일(건포도 및 견과류 등)을 혼합해 만든 잼

⑤ 마멀레이드: 감귤 오렌지의 겉껍질을 잘게 썬 조각이 들어 있음

객관식 잼을 냉장 보관 시 설탕 결정이 생기지 않은 것은 포도가 함유한 산에 의해 설탕이 분해됐기 때문

6 과일의 숙성과 저장

(1) 숙성 중 변화

① 크기: 증가

② 색 변화: 클로로필은 분해, 플라보노이드/카로티노이드 증가

③ 연화

④ 당도 증가: 전분 분해, 포도당, 과당 증가(복숭아 같은 전분 함량 거의 없는 과일도 당 함량 증가)

⑤ 신맛 감소: 호흡에 의해 유기산 감소(산도 감소, pH 증가)

⑥ 향기 증가: 유기산이 에스테르로 전환

⑦ 떫은맛 사라짐: 덜 익은 과일에서 수용성 탄닌(감, 바나나) → 숙성되면서 불용성

⑧ 비타민 C 증가

(2) 후숙 과일과 완숙 과일

호흡 여부	특징	과일 종류
후숙 과일 (호흡급등형)	• 수확 후 호흡률이 증가 • 약간 덜 익었을 때 수확	바나나, 토마토, 키위, 살구, 자두, 감, 한라봉, 망고, 아보카도
완숙 과일 (호흡비급등형)	• 수확 후 호흡률이 감소 • 완전히 익은 후 수확	딸기, 포도, 수박, 귤, 오렌지, 레몬, 체리, 블루베리

① 후숙을 촉진하기 위해 에틸렌 가스 사용

② 사과(에틸렌 가스 방출)와 감(후숙 과일)을 함께 보관 시 감 숙성 촉진

(3) 보관

① 냉장 보관 시 호흡이 낮아져 부패 지연

② 마르지 않도록 비닐봉투나 뚜껑이 있는 용기에 담아 냉장

③ 단, 열대 과일은 실온 보관, 냉장 온도에서 숙성 시 냉해 입어 변색 및 연부

CA(controlled atmosphere) 저장
온도, 습도, 기체 조성 등을 조절하여, 채소 및 과일의 호흡을 억제하고 장기간 저장하는 것. 기체 조성에서 산소 농도를 낮추고, 이산화탄소 농도를 높임

기출문제 2014-A기입13

다음은 과일 저장에 관한 내용이다. 괄호 안의 ㉠, ㉡에 해당하는 용어를 순서대로 쓰시오. [2점]

- 은미는 시장에서 여러 가지 과일을 사 왔다. 집에 와서 보니 멜론이 덜 익어 딱딱하고 향기도 나지 않았다. 그래서 은미는 멜론을 빨리 익히기 위해서 (㉠)을/를 방출하는 사과와 함께 통에 넣어 보관하였다.
- 과일을 유통하는 업체에서는 익은 상태의 과일을 오랫동안 보관해야 할 경우 저장고 내의 공기 중 (㉡) 비율을 높이는 방법을 사용한다.

채소류

1 채소의 종류

(1) 분류

엽채	잎	배추, 양배추, 시금치, 상추, 깻잎, 쑥갓 (파, 부추는 엽채에 넣기도 인경채에 넣기도)	당질 적고 수분 많음
경채	줄기	샐러리, 아스파라거스, 죽순, 두릅	
인경채	비늘 줄기	양파, 마늘	
근채	뿌리	무, 당근, 마, 토란, 우엉, 연근, 생강	(다른 채소에 비해서) 당질 많고 수분 적음
과채	열매	오이, 고추, 호박, 토마토, 가지, 수박, 참외	당질 적고 수분 많음
화채	꽃	콜리플라워, 브로콜리	

* 당근, 오이, 호박: 아스코르비나아제(ascorbinase)(아스코브산 산화 효소)

(2) 엽채

① 양배추: 비타민 U는 위궤양에 좋음

② 시금치

㉠ 비타민 K, 라이신, 트립토판, 메티오닌 같은 아미노산 풍부, 수산, 칼슘, 비타민 C, 철

㉡ 시금치에는 수산이 풍부해 칼슘 흡수를 저해함 → 신장·요로 결석의 원인이 됨. 시금치를 데치면 수산은 물에 용출돼 칼슘 흡수를 저해하지 않음

③ 상추: 줄기를 자르면 나오는 흰즙에는 락투신, 신경 안정 효과로 졸릴 수 있음. 진통 효과

* 케르세틴은 심장, 소장, 위 보호

④ 부추: 냄새 성분인 알릴디설피드가 티아민의 흡수 도움

⑤ 들깻잎: 칼슘이 시금치의 2배 이상

⑥ 미나리: 철 함유량 많아 빈혈에 좋음. 독특한 향으로 비린내 제거, 해독 작용으로 복어 요리에 넣음

(3) 경채/인경채

① 아스파라거스: 루틴, 사포닌

② 마늘

㉠ 돼지고기의 티아민 + 마늘의 알리신 = 알리티아민(흡수율 좋고, 쉽게 파괴나 배설이 되지 않음)

㉡ 티아미나아제에 의해 분해 ×, 티아민으로 쉽게 돌아옴

③ 양파

㉠ 매운맛 황화합물 → 단맛 황화합물(프로필메르캅탄)

㉡ 케르세틴은 지방 산패 방지, 고혈압 예방

㉢ 알리신은 신진대사 촉진, 피로 회복, 콜레스테롤 저하

(4) 근채

① 무

㉠ 아밀라아제 일종인 다이아스테이스(익힌 무는 전분 소화에 도움이 안 됨)

㉡ 겨자유, 메틸메르캅탄

㉢ 라이신 함량이 높아 곡류 단백질의 결점 보충

② 당근

㉠ β-카로틴 함유, 흡수율이 낮으므로 기름에 볶아 먹기

㉡ 아스코르비나아제(아스코브산 산화 효소, 비타민 C 산화 효소) 함유

> **보충** 무와 당근을 함께 조리 시: 무에는 비타민 C가 많음, 당근의 아스코르비나아제에 의해 비타민 C가 파괴될 수 있음. 가열 또는 식초, 소금을 넣어 당근의 아스코르비나아제 불활성화

③ 생강: 매운맛 성분, 진저론 · 진저롤 · 쇼가올

④ 도라지, 더덕: 자르면 흰즙에 사포닌(쓴맛), 쓴맛 제거를 위해 소금물에 담금

⑤ 연근, 우엉: 연근 주성분은 전분, 우엉 주성분은 이눌린

㉠ 탄닌이 풍부해 지혈작용이 뛰어나고 염증을 가라앉히는 효과. 탄닌 때문에 떫은맛이 나며 껍질을 벗겨 공기 중에 두면 효소적 갈변

㉡ 안토잔틴 때문에 산에서는 안정하여 선명한 백색 유지, 알칼리에서는 불안정하여 황색이 됨. 아주 소량의 산을 조리수에 첨가 시 선명한 백색 유지

(5) 과채

오이	• 수분 함량 매우 높음 – 97% • 오이 꼭지 쓴맛 – 큐커비타신 • 오이 알코올이라 불리는 2,6-노나디엔올 – 오이 특유 냄새 • 아스코르비나아제 함유
가지	• 색소: 나수닌(안토시아닌 계열) • 짧게 가열해도 프로토펙틴이 펙틴으로 쉽게 변해 조직이 쉽게 연해짐
호박	• 호박씨에 레시틴, 메티오닌 함유 – 간 보호 • 전분이 많으므로 호화시켜 먹음

(6) 화채

브로콜리: 설포라판 – 이소티오시아네이트 계열, 황 함유, 해독, 항산화 등등

* 이소티오시아네이트도 고이트로겐 일종

2 채소의 조리 특성

(1) 색

① 클로로필

② 안토시아닌

③ 안토잔틴

> **우엉**
> • 안토시아닌: 우엉을 삶을 때 우엉 속에 들어 있는 알칼리성 무기질인 칼슘, 나트륨, 마그네슘 등이 녹아 나와서 우엉의 안토시아닌 색소가 청색으로 변함
> • 탄닌(폴리페놀): 갈변

(2) 향

① 백합과: 파, 마늘, 양파는 자극적 냄새 성분인 황화합물 함유, 수용성 · 휘발성이므로 많은 양의 물을 넣고 뚜껑을 열고 가열하면 냄새를 약화시킬 수 있음. 그러나 물을 넣지 않고 가열하거나 기름으로 조리하면 강한 냄새 유지할 수 있음

② 겨자과(=배추과, 십자화과)

㉠ 엽채: 배추, 양배추

㉡ 화채: 브로콜리, 콜리플라워

㉢ 근채: 무

* 겨자 가루는 겨자 씨를 간 것이고, 와사비는 고추냉이 뿌리
* 십자화과 식물은 고이트로겐인 이소티오시아네이트 다량 함유

(3) 맛

① 가지, 호박 등은 물에 삶는 것보다 찌거나 오븐에 구우면 향미 성분이 더 오래 남아 있음
② 고추 매운맛 캡사이신
③ 죽순, 토란, 우엉, 고사리 등의 아린맛 호모겐티스산
④ 오이 꼭지 큐커비타신, 양파 껍질 케르세틴, 쑥의 투존은 쓴맛
⑤ 가지 클로로겐산 떫은맛

(4) 질감

① 농도가 높은 조미액
㉠ 고장액 조건에서 채소 시들 – 삼투압에 의해 세포 내의 수분이 세포 밖으로 이동하므로
㉡ 따라서 채소는 간을 약하게 해 단시간에 가열하는 것이 좋음
② 가열 시 질감이 연해지는 이유
㉠ 전분 호화
㉡ 세포벽 성분인 헤미셀룰로오스 분해
㉢ 세포 간 접착제 역할인 펙틴질 분해
㉣ 대개의 채소와 달리 감자, 고구마, 시금치는 삶거나 찌면 물을 많이 흡수해 연해짐
③ 식소다(알칼리성 조건): 채소에 알칼리성인 식소다를 소량 첨가해서 가열하면 단시간 가열해도 세포벽의 헤미셀룰로오스와 펙틴이 쉽게 분해 및 연화됨. 가열이 길어지면 물러짐
④ 산성 조건
㉠ 약산성에서는 펙틴 가수분해 억제로 연화되지 않고 단단함 유지
㉡ 연근에 식초를 넣고 끓이면 아삭
㉢ 신김치를 끓여도 연해지지 않음
㉣ 강산성에서는 펙틴 분해, 연화
⑤ 칼슘 이온, 마그네슘 이온은 채소 조직을 단단하게 함
㉠ 토마토 통조림, 오이 피클에 염화 칼슘
㉡ 김치를 담글 때 호렴을 사용하면 채소 조직 단단
㉢ 칼슘(및 마그네슘) 이온이 (세포벽의) 펙틴과 결합, 불용성 칼슘염(및 마그네슘염)(칼슘 및 마그네슘 펙테이트) 형성하기 때문

기출 문제 2016-A6

다음은 오이지와 오이피클의 질감에 대한 설명이다. 괄호 안의 ㉠, ㉡에 해당하는 물질의 명칭을 순서대로 쓰시오. [2점]

> 오이지를 담글 때 천일염을 사용하거나, 오이피클을 만들 때 염화칼슘을 사용하면 질감이 더 아삭해진다. 이들 염에 들어 있는 (㉠) 이온이 오이의 세포간질의 구성 성분 중 하나인 (㉡)와/과 결합하여 세포벽이 단단하게 강화되기 때문이다. (㉡)은/는 수용액에서 겔(gel)을 형성하기도 한다.

3 채소의 조리 및 이용

(1) 김치 조리 과정

① 1단계: 배추 절이기

㉠ 10~15% 소금물 적당

㉡ 정제염보다 호렴이 좋음. 함유된 마그네슘 칼슘이 펙틴질과 결합해 채소를 단단하게 함

② 2단계: 소 넣기

③ 3단계: 숙성

㉠ 혐기적 상태에서 숙성해야 하므로 눌러 담고, 무거운 돌로 눌러 공기 제거

㉡ 숙성에 영향을 미치는 요인은 온도와 소금 농도

㉢ 숙성 중기에 락토바실러스 플란타룸, 락토바실러스 브레비스 등 혐기성균 증식하며 젖산 생성

㉣ 5℃에서 20일 저장했을 때 맛과 영양이 가장 우수

(2) 김치 맛 & 영양 성분의 변화

① 비타민 C: 초기에는 감소 후 증가, 김치 맛이 가장 좋을 때 최대, 다시 감소
↳ 배추 속의 포도당 & 갈락투론산으로부터 비타민 C 생합성

② pH: 숙성 초기 pH 낮아짐. 중기에는 완만히, 후기에는 유지

(3) 숙성 중 바람직하지 않은 현상

① 산패: 발효 중 유기산 생성으로 pH가 점차 낮아지는데, 이것이 지나치면 과숙 현상

② 연부 현상

㉠ 김치 저장 시 공기 접촉 피해야 함

㉡ 호기성 산막 효모가 폴리갈락투로나아제 분비, 채소의 펙틴질이 폴리갈락투로나아제에 의해 분해되어 조직 물러짐

참고 연부 억제 효소: 펙틴에스터라아제는 펙틴을 펙트산과 메탄올로 분해, 칼슘에 의해 펙트산끼리 가교 결합 형성해 채소가 단단해짐

③ **국물이 걸쭉해지는 현상**

㉠ **덱스트란**: 단순 다당류, 글루칸. 주 사슬은 α−1,6 글리코시드 결합, 가지는 α−1,3 글리코시드 결합

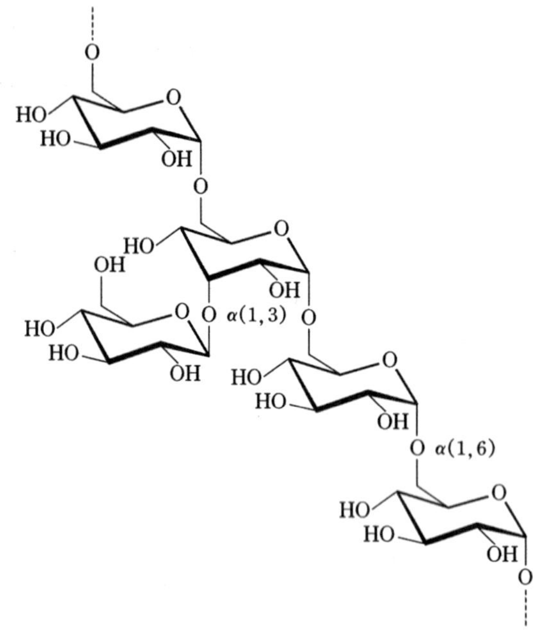

[설탕] + 덱스트란(포도당 n개) → [과당] + 덱스트란(포도당 n+1개)

㉡ 김치 발효 초기에 역할을 하는 젖산균인 류코노스톡 메센테로이드(=메센테로이데스)가 분비하는 덱스트란수크라아제에 의해 설탕 가수분해 후 덱스트란 사슬 연장(α−1,6)

㉢ 이 효소가 α−1,3도 만드는지는 불확실하나 덱스트란 때문에 김치 발효 중 국물이 걸쭉해짐

참고 류코노스톡 메센테로이드는 젖산과 이산화탄소 생성

4 채소의 저장

대체로 채소는 씻지 않고 구멍을 1~2개 뚫은 비닐봉지에 넣어 냉장하는 것이 기본이나 채소의 종류에 따라 다름

- **냉장**: 호흡 늦추기 위해, 효소 작용 억제 위해
- **비닐**: 수분 증발 방지(또는 건조 방지). 수분 증발 시 시들시들해짐
- **구멍**: 약간의 호흡 유지

근채류는 물에 닿으면 썩으므로 종이에 싸서 서늘한 장소에서 건조함

곡류와 전분

1 곡류의 종류

(1) 쌀

① 도정: 현미로부터 쌀겨(=미강) 제거

② 자포니카형: 쌀알이 굵고 짧으며 점성이 강함

③ 인디카형: 쌀알이 길고 가늘며 점성이 약함

④ 쌀 단백질: 오리제닌

⑤ 쌀겨: 수용성 식이섬유 β-글루칸, 불용성 셀룰로오스/헤미셀룰로오스, 쌀겨에는 섬유소가 많아 수분이 쌀겨층을 지나 배유까지 침투가 어려우므로 현미는 전분 호화가 덜 일어나고 소화율이 낮음

일본형(자포니카)	인도형(인디카)
쌀알이 굵고 짧으며 둥근 형태	쌀알이 길고 가늚
• 밥을 지으면 점성 강함 – 배유 세포벽이 얇아 잘 파괴되며 수분 침투가 쉬움 – 전분 호화가 쉬우며 전분이 세포 외부로 나옴 – 인도형에 비해 아밀로펙틴 함량 많음	• 밥을 지으면 점성 약함 – 배유 세포벽이 두꺼워 잘 파괴되지 않으며 수분 침투가 쉽지 않음 – 전분 호화가 충분히 일어나기 어려우며 전분이 세포 내부에 갇힘

(2) 보리

① 쌀보리: 왕겨 제거가 쉬움. 밥에 섞어 먹는 용도

② 겉보리: 볶아서 보리차, 발아시켜 엿기름

③ 보리 단백질: 호르데인

(3) 밀

비타민이 거의 없음

(4) 귀리

① 곡류 중 단백질과 지질 함량 가장 많음

② 오트밀 원료

(5) 메밀

① 라이신, 트립토판 풍부

② 루틴: 항산화물질, 혈관벽 튼튼하게, 비타민 P라고도 불림

③ 메밀만으로는 면을 만들기 어려워 밀가루 섞어서 면을 만듦

(6) 수수

곡류 중 유일하게 탄닌 다량 함유

(7) 옥수수

① 옥수수 단백질: 제인

② 옥수수 카로티노이드: 제아잔틴(눈의 황반변성 예방, 노년기 실명 예방)

(8) 조

토양이 척박하고 강수량이 적은 곳에서도 잘 자람

2 곡류 조리 특성

(1) 쌀 성분

① 아밀로펙틴 함량이 높은 쌀일수록 밥의 찰기가 커지며 색도 좋음

② 수분 함량이 높은 햅쌀로 지은 밥이 점성이 강하고, 윤기가 나며, 구수한 냄새와 감칠맛이 있음

③ 묵은쌀은 저장 중 지방산이 분해되어 n-발레르알데히드, n-카프로알데히드가 좋지 않은 냄새 유발하며, 분해된 지방산이 전분의 팽윤과 호화를 억제해 단단한 밥

④ 수확 후 오래된 쌀은 지나치게 건조된 상태이므로 갑자기 수분을 흡수하면서 팽창이 골고루 되지 않아 조직이 파괴되므로 질감이 나빠지고 밥맛이 좋지 않음

⑤ 맛있는 쌀에 글루탐산, 아스파트산 많고, 맛없는 쌀에는 트레오닌, 프롤린 많음. 단백질 함량이 높을수록 밥맛이 없음

(2) 밥

① 쌀을 씻을 때 티아민 손실

② 쌀을 30분 정도 담근 물속에는 수용성 비타민, 전분, 단백질 등이 용출돼 있으므로, 밥을 지을 때 이 물을 이용하면 밥맛이 좋음

③ 물의 양

㉠ 찹쌀 : 물=1 : 0.9

(찹쌀이 물에 충분히 잠기지 않으므로 물에 충분히 불린 후 수증기를 이용해 찜통에서 찜)

㉡ 묵은쌀(물 1.3배) > 햅쌀(물 1배) > 찹쌀(물 0.9배) – 무게가 아니라 부피 기준

㉢ 흰밥 > 채소밥

(콩나물, 무 등등 채소 자체의 수분 함량이 많으므로, 그러나 감자・밤 등은 수분 함량 적정 수준)

④ 밥물 pH 7~8 좋음. 산성일수록 맛이 떨어짐

⑤ 소금 0.03% 넣으면 밥맛 좋아짐

⑥ 열전도율 낮고 비열 큰 무쇠나 돌이 천천히 데워지며, 한번 데워지면 온도 유지해 좋음

⑦ 뜸 들이기가 끝난 밥을 가볍게 뒤섞으면(재치기) 과다한 수증기를 날려서 물의 응축을 막아 고슬고슬한 밥이 됨. 수증기가 밥알 표면에 응축되면 밥알이 질척해짐

(3) 떡

① 쌀가루 반죽은 끓는물로 해야 함(익반죽) – 쌀 전분 일부의 호화가 일어나 점성이 생기기 때문

② 찹쌀밥을 방망이로 치면 전분 입자 내의 아밀로펙틴이 세포 밖으로 빠져나와 점성이 강해짐

③ 떡을 찔 때 소금을 넣으면 전분 호화를 도움

3 전분

(1) 전분이 주식인 이유?

① 곡류 대량 수확 가능하고 저장성이 좋음

② 인체는 포도당을 주 에너지원으로 사용함

③ 열량이 높음

④ 소화 흡수가 잘 됨

(2) 전분의 조리 특성

호화, 겔화, 노화, 호정화, 당화

(3) 전분 당화를 이용한 식품–식혜

엿기름물에 포함된 β–아밀라아제가 밥의 전분에 작용하여 맥아당 생성함(당화). 맥아(=엿기름)란? 보리에 물을 부어 싹이 트게 한 다음에 말린 것으로 β–아밀라아제를 함유함

* 엿기름물: 아밀라아제는 수용성이므로 물에 녹아 나옴

① 밥통의 온도는 β–아밀라아제의 최적 온도(약 65℃)와 비슷

② **식혜 밥알이 뜨는 이유:** 전분이 당화되어 밥알의 비중 감소

③ **식혜밥은 냉수에 씻어 냉장고에 넣기:** 효소 불활성화하여 당화 중지로 밥알이 더 이상 삭지 않고 밥알 형태 및 식감 유지

④ 식혜물은 펄펄 끓이기: 미생물 번식으로 쉰내 날 수 있으므로 살균 목적 → 졸이면 당도 올라감

(4) 전분의 이용

① 증점제: 소스, 수프, 그레이비, 스튜

② 겔형성제: 묵, 과편, 푸딩, 젤리 * 도토리묵 만들 때 중간에 물에 담그는 이유: 탄닌 제거(타과 기출)

③ 안정제(분산 유지에 도움): 셀러드 드레싱, 마요네즈

④ 결착제: 소시지, 어묵, 게맛살, 콘아이스크림

⑤ 보습제: 케이크 토핑

⑥ 피막제: 오브라이트(가식성 필름)

⑦ 희석제: 베이킹파우더

기출 문제 2015-B논술2

다음의 (가)는 A 중학교의 식단 게시판이고, (나)는 B 학생이 '식혜 만들기'에 대해 작성한 내용이다. 물음에 답하시오. [10점]

<식단 게시판>

오늘의 점심 식단
(2014년 8월 29일 목요일)

보리밥
육개장
탕평채
메추리알장조림
김치
미숫가루/식혜

★ 함께 생각해 보아요. ★

식혜는
어떻게 만드는지
조사하고 정리해 보세요.

(가)

식혜 만들기

첫째: **엿기름가루 준비하기**

둘째: **엿기름물 만들기**
엿기름가루를 천 주머니에 넣어 찬물에 담갔다가 30분 정도 주물럭거리면서 우린다. 엿기름가루의 물을 가만히 놓아 두어 가라앉힌 후, 맑은 물을 따라 모은다.

셋째: **엿기름물과 밥 섞기**
보온밥통에 밥과 맑은 엿기름물을 넣는다. 2~3시간 후 밥통 안의 밥알이 동동 뜨기 시작하면, 식혜밥을 체에 밭쳐 낸 후 바로 ㉠냉수에 씻어서 냉장고에 넣어 둔다. 남아 있는 식혜물은 ㉡펄펄 끓인 후 식혀 냉장고에 넣어 두었다가 먹을 때 식혜밥과 설탕을 조금 넣어 먹는다.

(나)

- (가)의 점심 식단에 활용된 전분 특성을 모두 나열하시오.
- 전분성 식품이 인류의 주식으로 사용될 수 있는 이유를 3가지 들어 논하시오.
- 밥이 식혜가 되는 과정을 효소와 관련지어 설명하고, (나) 과정에 나타난 효소의 활성화 조건을 서술하시오. 또한 밑줄 친 ㉠, ㉡의 공통된 목적을 쓰고, 이 과정이 필요한 이유를 식혜의 관능 특성 측면에서 2가지 서술하시오.

당류

1 당류의 종류

(1) 설탕

설탕은 α, β의 이성질체가 없어 온도에 따른 단맛의 변화가 없으므로 10% 설탕 용액이 감미의 기준 물질

(2) 전화당

① 설탕을 산이나 전화 효소(invertase)에 의해 가수분해한 과당:포도당 1:1의 혼합물
② 벌꿀의 주요 당 성분(꿀벌의 침 속에 전화 효소 존재)
③ 설탕보다 단맛이 강함

(3) 포도당

(4) 과당

① 과일과 꿀에 많음. 감미도는 설탕의 1.8배로 천연당 중 가장 닮
② 당지수가 낮아 당뇨병 환자에게 사용함
③ 온도가 낮아지면 α형보다 β형이 더 많아지는데, α형보다 β형이 3배 더 달기 때문에 과일을 냉장하면 더 닮

(5) 물엿

① 물엿 = 콘시럽, 옥수수 전분을 산이나 효소를 이용하여 가수분해한 것
② 포도당, 맥아당, 덱스트린 함유

(6) 액상 과당

옥수수 전분으로 포도당액을 만들어 과당으로 이성화. 과당이 반 정도

(7) 조청

식혜를 만드는 과정과 유사, 장시간 가열하여 농축한 것

(8) 당알코올

① 당이 환원되면 당알코올

② 청량감 있음, 혈당을 높이지 않음

③ 포도당 → 솔비톨 : 비타민 C 합성 원료, 무설탕 음료

④ 만노스 → 만니톨 : 당뇨병 환자의 대체 감미료

⑤ 자일로스 → 자일리톨 : 충치 예방

(9) 올리고당

① 소화, 흡수가 되지 않아 저열량 감미료

② 비피더스균 증식 인자

2 당류의 조리 특성

(1) 가수분해

설탕은 산, 효소, 가열 등에 의해 가수분해가 일어나 포도당과 과당으로 됨

(2) 결정성

① 과포화된 설탕 용액을 100℃ 이상으로 가열한 후 냉각시키면 과포화된 부분이 핵을 형성, 핵을 중심으로 결정 형성이 됨

② 과당은 흡습성이 커서 결정화하기 어려움. 꿀은 과당 함량이 높아 결정 형성이 되지 않음

참고 결정 형성 속도 설탕 > 포도당

(3) 용해성

① 당류는 히드록시기를 가지고 있어 물에 잘 용해됨

② 감미도와 용해도는 비례하는 경향

③ 과당은 용해도가 높으니, 차게 마시는 음료에는 액상과당 사용

(4) 흡습성

① 당류는 흡습성이 있음

② 특히 과당은 흡습성이 높아 꿀이나 전화당을 넣어 만든 케이크는 촉촉한 상태 오래 유지

3 캔디

(1) 캔디란?

설탕을 가열 농축 후 식혀서 굳게 한 것

(2) 캔디 종류

- 결정형과 비결정형 캔디로 나눌 수 있음
- 결정형 캔디는 결정 형성 ○, 비결정형 캔디는 결정 형성 ×

① 결정형 캔디

구분	최종 가열온도	재료
폰당	114	설탕, 콘시럽 (추가 재료를 넣기도)
퍼지	112	설탕, 콘시럽, 우유, 버터, 초콜릿
디비너티(=누가)	122~127	설탕, 콘시럽, 난백 거품, 젤라틴

* 콘시럽 = 물엿 / 온도는 책마다 차이 있음

② 비결정형 캔디

이름	최종 가열온도	재료
브리틀	143	설탕, 콘시럽, 황설탕, 버터, 식소다(한국의 달고나 비슷)
캐러멜	118	설탕, 콘시럽, 버터, 크림
태피	127	설탕, 콘시럽, (버터, 크림) * 캐러멜보다 단단, 캐러멜보다 높은 온도, 버터와 크림 안 넣기도
토피	148	설탕, 버터, 밀가루, 바닐라, 소금, 베이킹 파우더, 코코아 파우더

(3) 제조 과정

결정형이든 비결정형이든 가열 농축 후 식히는 과정은 공통

- 폰당: 설탕을 물에 용해 → 가열 농축 → 냉각 → (씨뿌리기) 젓기
- 브리틀: 설탕을 물에 용해 → 가열 농축 → 식소다 섞기 → 냉각

① 결정 형성 방해 물질

㉠ 설탕 외에 모든 추가 재료를 말함

㉡ 결정 형성을 방해하거나, 결정형 캔디의 경우 결정 성장을 방해

② 씨뿌리기

㉠ 빠른 속도로 핵을 형성하기 위해 미리 고운 결정을 넣는 것(씨 = 작은 결정체 또는 고운 결정)

㉡ 냉각 후 씨 뿌리기가 있다는 점이 결정형 캔디의 특징 예 인공강우

③ 젓기(교반) : 물리적 충격이 가해지면 핵이 형성됨

> 비결정형 캔디와 결정형 캔디의 제조 과정상 차이
> - 결정 형성 방해라는 말 때문에, 결정형은 추가 재료를 안 섞는다고 착각할 수 있으나 그렇지 않음
> - 비결정형 캔디는 결정 형성 방해 물질을 많이 넣어 끈적임
> - 비결정형 캔디는 씨뿌리기가 없을 가능성 매우 큼
> - 저으면 핵이 형성
> - 비결정형 캔디는 결정형 캔디에 비해 더 높은 온도까지 가열해야 하며 당 농도도 높아야 함
> - 가열 후 급속히 식히면 비결정형
>   (급속히 식히면 → 점성 급증 → 설탕 이동 어려움 → 안정된 핵 형성 어려움 → 비결정형 캔디)
> - 비결정형 캔디는 핵이 생기지 않도록 하는 것이 관건임. 결정형 캔디는 핵이 많이 생기도록 결정 성장을 방해하는 것이 관건임

(4) 결정형 캔디에서 많은 수의 작은 결정이 생기게 하려면?

① 결정 형성 = 핵 형성 + 결정 성장

② 결정형 캔디에서, 결정 크기는 작고, 결정 수는 많아야 부드러운 캔디가 됨

③ 핵 형성은 많이, 결정 성장 방해해야 함

요령	이유
① 설탕 농도 높임(농축)	• 과포화도가 높아져, 많은 핵 형성 • 점성 높아져, 결정 표면으로 설탕이 빨리 이동하지 못해 결정 성장이 방해됨
② 결정 형성 방해 물질 첨가(난백, 젤라틴, 시럽, 꿀, 버터, 우유 등등 설탕 제외 모든 물질)	결정 표면에 이물질들이 붙어 결정 성장을 방해
③ 목표 냉각 온도(40℃) 도달 후, 씨뿌리기 및 젓기 시작	• 과포화도가 높아져, 많은 핵 형성 • 점성 높아져, 결정 표면으로 설탕이 빨리 이동하지 못해 결정 성장이 방해됨
④ 젓기 시작 후에는 빠르게 계속 저음	결정 표면에 설탕이 쌓이는 것을 막음으로써 결정 성장을 방해

* 젓기 요령 2가지 : 목표 냉각 온도 도달 후 젓기 시작, 젓기 시작 후에는 빠르게 계속 저음

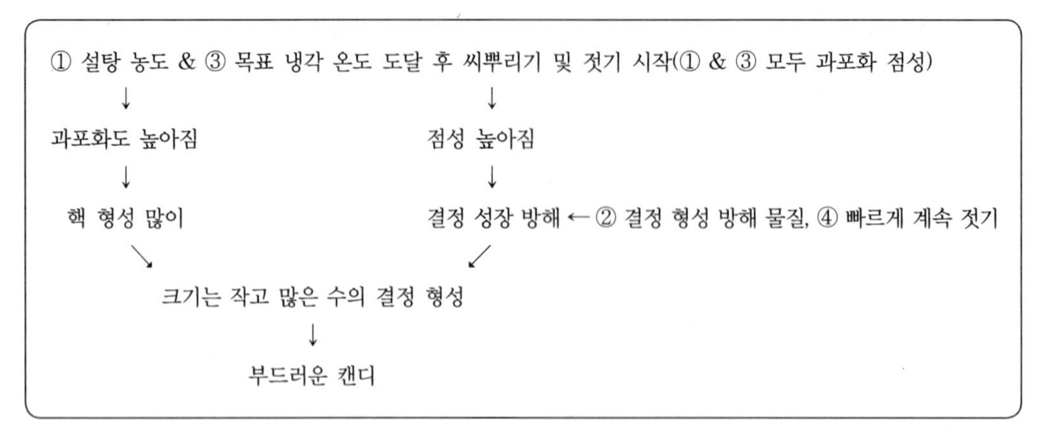

기출 문제 2018-A7

다음은 캔디 제조 과정을 간략히 도식화한 것이다. 괄호 안의 ㉠, ㉡에 해당하는 캔디를 순서대로 쓰시오. [2점]

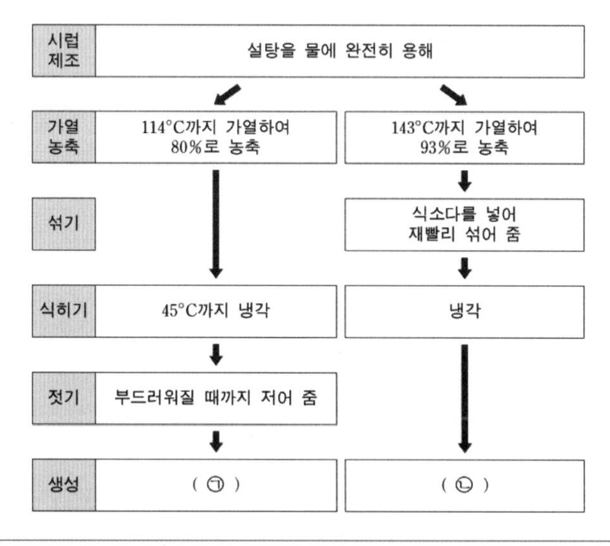

기출 문제 2023-B7

다음은 전분의 분해에 관한 설명이다. 〈작성 방법〉에 따라 서술하시오. [4점]

> ㉠ 전분을 수분의 첨가 없이 150~190℃로 가열하면 자체의 수분에 의해서 부분적인 분해가 일어나 가용성 덱스트린을 형성하게 된다. 분해가 일어나면 전분의 용해성과 점성이 변하고 소화성이 좋아진다.
> ㉡ 효소를 사용하여 전분을 분해하면 덱스트린 혼합물이 함유된 물엿을 만들 수 있다. 물엿은 분해 정도에 따라 감미도와 점도, ㉢ 결정성 등이 변하므로 캔디 등의 다양한 식품에 첨가된다.

〈작성 방법〉

- 밑줄 친 ㉠, ㉡의 변화를 나타내는 용어를 순서대로 쓸 것
- 물엿의 분해도가 높아질 때 밑줄 친 ㉢의 변화를 쓸 것
- 캔디를 제조할 때 첨가한 물엿이 설탕 용액의 결정화에 미치는 영향을 서술할 것

리폭시게나아제 특집

1. 주요 작용
   ① 시스,시스-1,4-펜타디엔 구조의 다가 불포화 지방산 산화 촉진하여 지질 과산화물 생성
   ② RH → ROOH, 리놀레산, α-리놀렌산에 작용함
   ③ 단일 불포화 지방산(이중 결합이 하나)인 올레산에는 작용 ×

2. 작용 기전
   11번 탄소 공격 받으나, 9나 13에서 ROOH, 비공액 이중결합 → 공액 이중결합

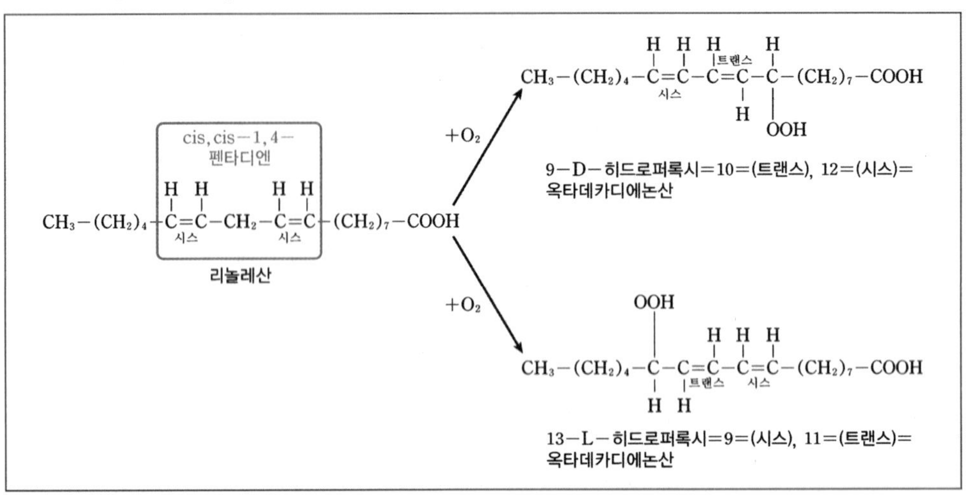

▮ 리폭시게나아제에 의한 리놀레산의 산화

3. 식품에 영향
   (1) 주요 작용
      콩 및 콩나물 비린내/불쾌취 원인
   (2) 커플링된 작용
      ① 밀가루 제빵성 향상
         ㉠ 밀가루 표백 : 밀가루는 담황색이나, 밀가루에 콩가루를 섞으면(콩가루를 안 섞어도), 밀가루(와 콩가루)에 함유된 리폭시게나아제는, 밀가루의 카로티노이드 색소를 산화시켜 하얗게 표백됨. 색소 산화, 색소 파괴
            • 자연 숙성은 비경제적 방법이므로 밀가루 개량제 과산화벤조일 등 사용
            • 표백되면 빵(반죽)에는 유리하나, 노란색이 선호되는 파스타에서는 불리한 현상
         ㉡ 밀가루 반죽에서 -SH기를 산화시켜 이황화 결합(-S-S-) 형성 촉진
      ② 비타민 파괴

밀가루

1 밀의 특성/종류 & 제분 공정 & 밀가루의 종류

(1) 밀의 특성

① 밀 낟알 = 외피 + 배유 + 배아

② 밀은 배유보다 외피가 단단하여, 외피 제거 시 배유도 부서지므로, 외피를 제거하게 되면 낟알의 형태를 유지할 수 없음. 따라서, 낟알 분쇄 → 배유 분리 → 배유를 가루로 만듦

(2) 밀의 종류

① 연질밀 : 단백질 함량 적음, 낟알이 연함, 박력분 원료

② 경질밀 : 단백질 함량 많음, 낟알이 단단함, 강력분 원료

③ 듀럼밀 : 초경질밀

(3) 제분 공정

이물질 제거 및 세척 후

① 겨층과 배유의 분리가 용이하도록 가수 처리

② 분쇄

③ 숙성(카로티노이드 산화, 이황화결합 증가)

(4) 밀가루 종류

종류	글루텐 함량 (건부율 기준)	원료밀	용도
박력분	7~9%	연질밀	케이크, 제과
중력분	9~10%	연질밀+경질밀	다목적(면류, 만두피, 부침가루)
강력분	11% 이상	경질밀	제빵
세몰리나	13% 이상	듀럼밀	파스타, 마카로니

2 밀가루 성분

(1) 전분, 아밀라아제

① 전분은 가열하면 호화되고, 냉각되면 겔화돼 글루텐과 함께 빵 조직을 고정. 부피 형성에 도움

② 이스트 발효 시, (밀가루 자체) 아밀라아제에 의해 전분이 분해되면, 이스트의 먹이로 이용돼 팽창 촉진(CO_2)

(2) 프로테아제, 펩티다아제

① 시스테인과 글루타치온은 이 효소들의 활성제

② 효소나 활성제가 많으면, 글루텐 가수분해로 글루텐 강도 약화

③ 효소나 활성제가 적으면, 빵 반죽이 단단하여 잘 부풀지 않음

(3) 리폭시게나아제

3 밀가루의 조리 특성

(1) 글루텐 형성

밀가루에 물을 붓고(밀 단백질 수화가 일어남) 치대면 신장성과 점성을 가진 글리아딘과 탄성을 가진 글루테닌이 만나 점탄성을 가진 입체적 망상 구조의 글루텐 복합체를 형성함. 이 과정에서 글루테닌의 −SH기 산화에 의해 이황화결합(−S−S−)을 형성하며 망상 구조를 만듦

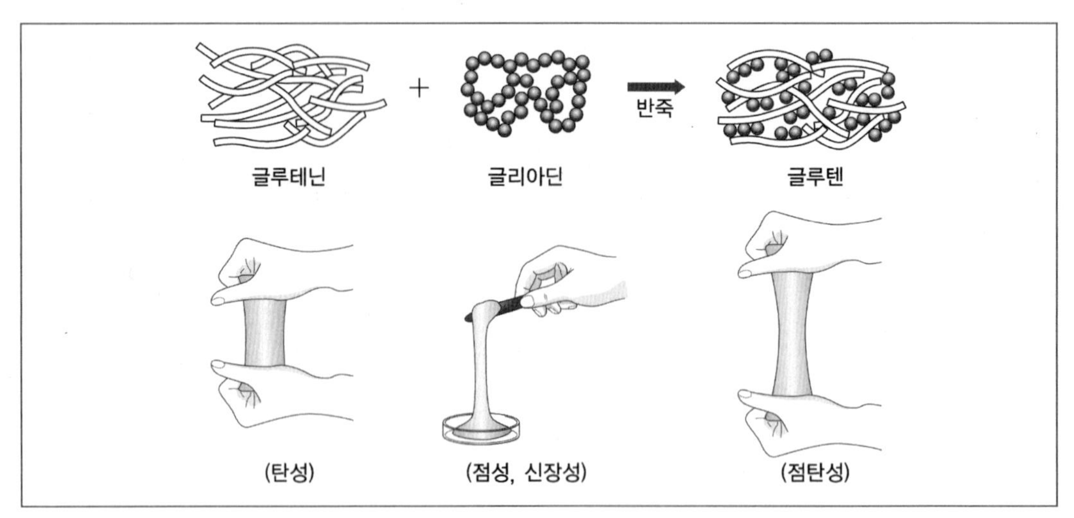

(2) 글루텐 형성 영향 요인

① 밀가루 종류: 강력분은 반죽 시 더 많은 수분 필요하고 더 오래 반죽해야 함. 글루텐 복합체 형성이 느리지만 더 많이 형성됨. 더 단단하고 질긴 반죽

② 밀가루 입자 크기: 밀가루 입자 크기가 작을수록 글루텐 형성이 쉬움

③ 물 첨가법: 동량의 물이라도 물을 조금씩 나누어 넣으면 (한꺼번에 다 넣는 것보다) 글루텐 형성이 많음 예 국수, 만두피

④ 치대는 정도: 치대면 글루텐이 형성돼 차츰 단단해지나, 기계로 너무 많이 치대면 글루텐 섬유가 늘어나 가늘어지고, 끊어져서 반죽이 물러짐

⑤ 온도: 온도가 올라가면 수화 속도 증가, 글루텐 형성 촉진, 30℃ 적당(물의 온도가 40℃ 이상으로 높으면 오히려 반죽 연화)

⑥ 첨가물

㉠ 유지: 밀가루에 유지 첨가 시, 유지의 쇼트닝성 때문에 다른 재료와의 결합성이 좋아짐(유지 단원에서 자세히 다룸)

㉡ 소금

반죽의 점탄성 높아지고
프로테아제 활성 억제로 글루텐 입체적 망상 구조가 치밀 ─ 반죽이 질기고 단단 예 빵, 국수

㉢ 설탕

반죽에 영향	• 설탕의 흡습성으로(탈수 작용으로) 인해 밀 단백질 수화 감소 → 글루텐 형성 억제 → 연하고 부드러운 반죽 • 설탕 너무 많으면: 설탕 흡습성으로 단백질 수화 감소 → 글루텐 형성 억제 → 무른 반죽이 되고, 가열 시 가스 팽창을 견디지 못해 표면이 갈라짐 • 설탕 너무 적으면: 결이 거칠고 질겨짐
	이스트 발효 시 영양분으로 쓰여 발효 촉진
	캐러멜 반응으로 갈색과 캐러멜 향
타 성분에 영향	전분 호화 억제(호화 온도 높임)
	달걀 단백질 응고 억제

㉣ 달걀: 가열에 의해 달걀 단백질 응고되면 글루텐 구조 팽창 후 고정되도록 도와 제품 모양 유지, 난백의 기포성으로 팽창제 역할 가능, 난황 레시틴의 유화성으로 지방이 반죽에 고루 섞이게 함

기출 문제 2015-A기입8

다음은 식품의 특성에 관한 설명이다. 괄호 안의 ㉠, ㉡에 해당하는 명칭을 순서대로 쓰시오.

[2점]

- 양배추의 글루코시놀레이트(glucosinolate)는 효소에 의해 가수분해되어 향미성분을 생성하는데, 이 향미성분 중의 (㉠)이/가 가열조리에 의해 (㉡)을/를 생성하면 불쾌취의 원인이 된다.
- 밀가루를 반죽하면 밀가루 단백질 중 (㉠)을/를 함유하는 아미노산이 분자 내 교차 결합을 하여 입체 망상구조가 형성 된다.
- 초고온살균한 우유에서 나는 가열취의 원인은 주로 유청 중의 베타 락토글로불린(β-lactoglobulin)이 분해될 때 발생하는 (㉡) 때문이다.

기출 문제 2024-A6

다음은 밀가루의 구성 성분과 조리 과정 중의 변화에 관한 설명이다. 〈작성 방법〉에 따라 서술하시오. [4점]

밀 글루텐은 주로 프롤라민(prolamin)과 ㉠ 글루텔린(glutelin) 계열의 단백질로 구성되어 있다. 반죽의 물성은 글루텐의 함량뿐 아니라 2가지 계열의 단백질 구성 비율에 따라서 변한다. 물과 밀가루를 혼합하면 글루텐은 수화되어 망상 구조를 형성하고, 망상 구조 내부에 팽윤된 전분 입자와 작은 기공이 함유된다. 전분 입자는 가열에 의하여 ㉡ 호화된다.

〈작성 방법〉

- 밑줄 친 ㉠에 해당하는 밀 단백질의 명칭을 쓰고, 반죽에 어떠한 물성을 부여하는지 쓸 것
- 밑줄 친 ㉡에서 전분의 X-선 회절도가 V형으로 변형되는 이유를 전분 입자의 구조를 포함하여 서술할 것
- 고농도의 당 첨가가 밑줄 친 ㉡이 일어나는 온도에 어떠한 영향을 미치는지 서술할 것(단, 수분 첨가량은 동일함)

(3) 도우와 배터

① 도우: 밀가루에 50~60%의 물을 가한 단단한 반죽

② 배터: 밀가루에 100~400%의 물을 가한 무른 반죽

(4) 팽창제

글루텐 망상 구조를 다공질로 만들어 부풀게 함

① 물리적 팽창제

㉠ 공기

- 밀가루를 체로 치거나 재료를 혼합할 때 자연적으로 혼입된 공기는 굽는 동안 팽창하여 많은 기공 형성

- 자연 혼입 공기로는 부족하므로, 난백(또는 난황)으로 거품을 만들거나, 마가린 · 쇼트닝 같은 고체 지방을 크리밍함

㉡ 수증기

- 수분이 수증기로 변할 때 부피가 1600배 증가
- 반죽에 첨가한 물, 달걀 흰자의 수분 등에 의해 발생

> - 기체 3종류 : 공기, 수증기, 이산화탄소(또는 탄산 가스)
>   가열 시 공기 팽창, 수분이 수증기로 변하며 팽창, 이산화탄소 팽창
> - 스폰지 케이크 등에서
>   - 난백 기포성(또는 난백 거품)을 이용해 공기 투입량을 늘림. 가열 시 공기 팽창
>   - 난백 함유 수분. 가열 시 수분이 수증기로 변하며 팽창

PART 04

② 생물학적 팽창제(효모)

참고 생물학적 팽창제와 화학적 팽창제는 탄산 가스(=이산화탄소 기체)에 의한 것임

㉠ 이스트(=효모)(대표적으로, 사카로마이세스 세레비지애)

> **포도당 발효 → 에탄올(빵의 풍미), 이산화탄소(빵의 팽창)**
> **by 이스트 효소인 자이메이즈**

㉡ 소금, 설탕이 과량 첨가되면, 삼투 현상에 의해 효모 탈수돼 발효 억제

㉢ 활성 건조 효모의 재수화 시, 물의 온도는 40~46℃ 적당. 온도가 낮으면 효모 세포막 회복이 늦어져 세포로부터 글루타치온이 빠져나와 글루텐의 이황화결합을 파괴함. 반죽 탄성 떨어짐, 끈적임, 질어짐

> - 유산균
>   유당을 갈락토스와 포도당으로 분해
>   포도당 → 2피루브산,
>   피루브산 → 젖산 (by 젖산 탈수소효소 & NADH)
>   ∴ 포도당 → 2젖산
>   ∗ 유산균은 효모와 비교 위한 것이며, 팽창제 관련으로 제시한 것은 아님
> - 효모(yeast)
>   포도당 → 2피루브산

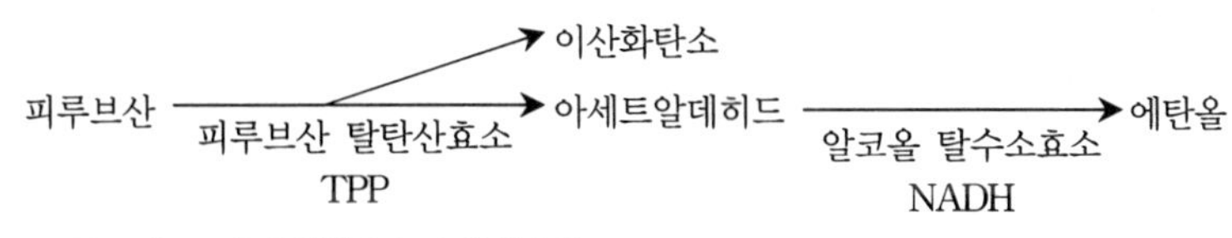

> ∴ 포도당 → 2이산화탄소 + 2에탄올
> ∗ 효모의 자이메이즈란 위 과정의 모든 효소 합친 것

③ 화학적 팽창제

㉠ 식소다(중탄산나트륨)

2중탄산나트륨(2$NaHCO_3$) —가열→ 이산화탄소 + 탄산나트륨(Na_2CO_3, 강염기) + 물

알칼리성 탄산나트륨으로 인해
- → (색 나빠짐) 알칼리성에서 밀가루의 안토잔틴은 황색이 됨
- → (냄새가 남) 비누 냄새

따라서, 중탄산나트륨은 단독으로 사용하지 않고 산을 함유한 버터밀크, 당밀, 요구르트, 황설탕, 코코아, 초콜릿, 막걸리 등을 첨가해 중화 작용을 통해 알칼리성 탄산나트륨 생성을 억제함(막걸리는 초산+소량의 이스트이므로 중화 & 발효 1석 2조)

중탄산나트륨($NaHCO_3$) + 산(HA) → 염(NaA) + H_2CO_3
↓
H_2O + CO_2

반죽 시 물 닿으면 즉시 반응하여 이산화탄소(또는 탄산 가스) 생성되므로, 반죽 후 바로 오븐으로.

㉡ 베이킹파우더: 중탄산나트륨, 산염(주석산염, 황산염, 인산염 따위), 전분(희석제)을 섞어 놓은 것

- 단일반응 베이킹파우더: 물에 닿으면 즉시 탄산 가스 발생
- 이중반응 베이킹파우더: 물에 닿으면 1차로 소량의 탄산 가스를 발생하고, 가열 시 본격적으로 탄산 가스 발생하도록 2 종류의 산염을 넣은 것

* 팽창제를 사용하지 않는 밀가루 음식: 국수, 만두피, 수제비

4 밀가루 조리 및 이용

(1) 면

① 우동, 소면: 중력분

② 중화면: 준강력분

③ 마카로니, 스파게티: 세몰리나

* 식소다나 간수(알칼리)를 첨가하면 독특한 풍미와 노란색의 면, 글루텐 형성을 촉진해 면의 탄력성이 증가함

(2) 루

① 밀가루를 버터나 마가린으로 볶은 것

② 전분의 호정화에 의한 가용성을 이용한 조리

③ 수프나 소스에 농도 부여

(3) 발효빵

이스트를 이용하며, 식빵이 대표적임

구분	직접 반죽법	스펀지법
방법	원료 전부를 한꺼번에	밀가루 1/3~1/2과 이스트를 넣어 미리 발효 후, 나머지 원료를 넣어 본 반죽
장점	• 짧은 시간에 발효 끝남 • 적은 노력 • 향기 좋음 • 발효 중 감량 적음	• 이스트 절약 • 가볍고 좋은 조직의 빵
단점		• 작업 시간이 길 • 많은 노력 • 발효 중 감량 큼

(4) 비발효빵

① 이스트 이용 ×

② 스펀지케이크, 버터케이크, 핫케이크, 쿠키, 크림퍼프, 팝오버 등등

두류

1 콩의 종류

종피 + 자엽 + 배아

* 종피: 셀룰로오스, 헤미셀룰로오스 등으로 구성, 두껍고 물이 통과하기 어려워 쌀 등의 곡류에 비해 해충이나 미생물에 의한 피해를 덜 입음

단백질과 지방 함량이 높은 것	대두, 땅콩
단백질과 전분 함량이 높은 것	팥, 녹두, 완두, 강낭콩, 동부
수분과 비타민 C 함량이 높아 채소 취급	껍질콩, 풋콩, 풋완두

(1) 대두

① 종피 색에 따라 황대두, 흑대두, 청대두로 분류

② 콩밥, 두부, 된장, 간장, 싹을 틔워 콩나물, 콩고물(인절미에 뿌리는 콩가루)

(2) 팥

① 팥고물: 시루떡에 뿌리는 것.

② 팥앙금(=팥소): 호두과자, 단팥빵, 팥빙수, 호빵, 양갱

(3) 녹두

가루로 전을 만듦. 녹두 전분으로 만든 묵이 청포묵, 싹을 틔우면 숙주나물

(4) 완두

① 통조림

② 미숙할수록 단백질 당분, 성숙할수록 전분과 섬유소

(5) 렌틸콩

① 천천히 소화되는 전분(소화 효소에 저항성을 나타내는 저항 전분) 함유

② 당뇨 환자에게 좋은 식재료

(6) 땅콩(=낙화생)

두류 중 유일하게 열매가 땅속에 있음

2 콩류의 성분

(1) 단백질

대부분의 콩류는 단백질 함량이 높아(20~40%) 밭에서 나는 고기라 함

① 대두 단백질은 글로불린에 속하는 글리시닌

② 글리시닌은 곡류에 부족한 라이신과 트립토판 함량이 높음(곡류를 보완)

③ 그러나 메티오닌, 시스테인 등의 함황 아미노산은 부족(달걀에 의해 보완될 수 있음)

(2) 지방

① 대부분의 콩류는 지방 함량이 낮음

② 그러나 대두와 땅콩은 지방 함량 높은 편. 대부분 불포화 지방산, 레시틴 등 인지질 함유

③ 대두에서 지방을 추출해 식용유를 만들고, 남은 부분을 탈지대두라고 함

(3) 탄수화물

구분	내용
대두	대두 탄수화물은 전분은 거의 없고, 라피노스, 스타키오스 등의 올리고당과 셀룰로오스 등의 다당류
팥, 녹두, 완두, 강낭콩, 동부	탄수화물이 대부분 전분
녹두, 동부	전분이 겔 형성, 녹두 전분으로 청포묵, 동부 전분으로 동부묵

(4) 비타민과 무기질

① 콩류는 비타민 B군의 좋은 급원, 비타민 C는 부족 예 팥(티아민), 땅콩(티아민, 니아신)

② 채소적 성격의 콩류와 싹을 틔운 콩나물, 숙주나물의 경우 비타민 C 많음

③ 무기질은 주로 칼륨과 인, 인은 주로 피틴산

(5) 색소

① 색소: 노란콩은 카로티노이드, 검은콩은 안토시아닌, 녹두나 완두콩의 초록색은 클로로필

② 이소플라본

㉠ 제니스테인, 다이제인, 글리시테인(글리시테인은 노란콩 껍질에는 없고 검은콩 껍질에만 있음)

㉡ 식물성 에스트로겐(=피토에스트로겐)으로 주목받음

㉢ 에스트로겐 작용(에스트로겐 수용체에 결합), 유방암 등 부작용 없음

③ 검은콩 껍질에는 안토시아닌 계열의 크리산테민 함유(식품학 색소 표를 참고하면 크리산테민은 자적색)

㉠ 산성에서 적색: 검은콩 삶은 물에 식초를 넣으면 적색

㉡ 금속 이온을 만나면 색이 선명해짐: 검은콩을 철 냄비에 삶으면 선명한 검은색

④ 팥 껍질에도 크리산테민 함유. 그러나 철 냄비에 삶을 때 나타나는 색 변화는 검은콩에서는 바람직한 것이나 팥에서는 바람직한 변화가 아님

(6) 기타

① 사포닌: 대두와 팥, 기포성(거품이 나면 약간의 기름 첨가), 장을 자극하여 설사의 원인, 항암 효과

> 대두를 삶을 때 거품이 생기면서 끓어 넘치는데 이는 콩에 함유된 사포닌 때문. 거품이 일어나는 것을 방지하는 물질을 소포제라 하며, 대두를 삶을 때 기름을 소량 넣으면 끓어 넘치는 것을 방지할 수 있음. 사포닌은 양친매성 물질로서 계면 활성제 역할을 해 공기를 감쌀 수 있음. 기름을 넣으면 사포닌이 공기 대신 기름을 감싸는 데 쓰임

② 트립신 인히비터, 헤마글루티닌: 대두에 들어 있는 단백질의 일종으로 열에 약해 불활성화

* 트립신 인히비터(=트립신 저해제, 트립신 억제제): 단백질 소화 저해, 단백질 분해 효소인 트립신의 활성을 저해하는 단백질
* 헤마글루티닌: 동물의 적혈구 응집소

③ 리폭시게나아제: 다가불포화지방산의 산화에 관여하여 콩 비린내

* 콩나물을 데칠 때 뚜껑을 닫아야 하는 이유: 산소와 접촉 차단, 조리수의 온도를 빨리 증가시켜 리폭시게나아제 불활성화

④ 아스파트산(=아스파라긴산): 콩나물 뿌리에 많이 함유, 알코올 대사를 촉진하여 숙취 해소에 도움

3 콩류의 조리 특성

(1) 불리기

종류	특징
대두	① 불리기 효과: 가열 시간 단축, 조직 연화, 탄닌, 사포닌 등 제거 ② 흡습성 높이는 법(잘 불리는 법) • 1% 소금물에 불리기 (㉠>㉡) ㉠ 대두 단백질인 글리시닌은 염용성이므로, 대두 연화 촉진 ㉡ 세포벽 펙틴과 결합한 마그네슘을 나트륨이 대체하여 펙틴 용해성 증가 • 0.3% 식소다 또는 0.2% 탄산칼륨 첨가 ∵ 알칼리성에서 세포벽의 헤미셀룰로오스와 펙틴이 팽윤 및 연화 • 식소다 과다 시 부작용 (㉠㉡>㉢) ㉠ 입안에서 미끌거리는 불쾌한 느낌과 비누맛 ㉡ 알칼리에 약한 비타민 B_1 파괴 ㉢ 검정콩 변색 • 경수: 칼슘, 마그네슘이 세포벽의 펙틴과 결합해 불용성 칼슘염 및 마그네슘염(칼슘 및 마그네슘 펙테이트)을 형성하므로, 대두 연화 방해
팥	물에 불리지 않고 바로 삶는 이유 • 대두는 표피 전체에서 물 흡수하지만, 팥은 표피의 작은 구멍에서 약간 흡수하므로 20시간 후에야 최대 흡수량 도달 • 불리기는 조직 연화를 위한 것인데, 팥 내부는 전분이 많아 물을 쉽게 흡수하므로 미리 물에 불리지 않아도 빠른 연화 가능. 단단한 껍질만 연해지면 되므로 바로 가열을 통해 껍질 연화를 함 • 팥 껍질이 충분한 물을 흡수하기 전에 껍질의 작은 구멍으로 물이 들어가 껍질보다 자엽이 먼저 부풀어 껍질이 갈라지는 현상(배 갈라짐)이 나타남. 그러면 내부의 전분 및 기타 성분이 용출되어 맛이 떨어지고 쉽게 부패함 • 팥밥처럼 색을 중시하는 경우 오래 불리면 예쁜 적색이 물에 용출될 우려 있음

(2) 끓이기

종류	특징
대두	① 대두 끓이기 효과 • 단백질 소화를 저하시키는 트립신 인히비터 불활성화 • 적혈구 응집소인 헤마글루티닌 불활성화 • 리폭시게나아제 불활성화로 콩 비린내 발생 예방 • 콩 단백질 변성으로 소화 용이 ② 콩을 단시간에 연화하고 단백질의 충분한 변성을 위해, 온도를 100℃ 이상 올릴 수 있는 압력솥 이용
팥	팥을 삶을 때는 사포닌 제거를 위해 한 번 끓인 물을 따라 버린 후 다시 물을 붓고 삶기 * 사포닌: 거품 생김. 장 자극해 설사 유발

(3) 콩자반

① 껍질에 주름이 생기는 이유

㉠ 대두를 삶을 때, 껍질은 물을 흡수하여 팽윤, 자엽은 팽윤이 느림

㉡ 설탕, 간장 등으로 조미를 하면 삼투압 차이로 자엽 수축(설탕 농도를 조금씩 높임)

② 처음부터 설탕, 간장 등으로 조미해 콩을 삶으면, 삼투압 차이로 흡수 및 팽윤이 억제돼 가열해도 연화가 잘 되지 않음

(4) 팥고물

팥의 전분은 단단한 세포막에 둘러싸여 있음. 가열 시 전분 입자가 팽윤 호화돼 세포 내에 가득차게 됨. 그러나 세포막이 강해 전분 입자가 세포 외부로 유출되지 않고, 각각의 세포로 분리되므로 보슬보슬한 가루가 됨(팽윤 호화된 전분 입자가 세포를 가득 채운다는 점에서는 팥소도 마찬가지)

(5) 두유

100℃ 이상에서 끓여야 단백질 변성이 충분히 되기 때문에 100℃ 이상 가열이 가능한 압력솥 이용. 가열 시간 단축 가능

기출 문제 2022-A10

다음은 영양교사와 실습생과의 대화이다. 〈작성 방법〉에 따라 서술하시오. [4점]

영양교사: 오늘은 검정콩으로 콩조림을 만들 거예요. 먼저 콩을 불리도록 하지요.
실 습 생: 네, 선생님. 그런데 저희 어머니는 콩을 불리거나 삶을 때 식소다(탄산수소나트륨, 중조)를 넣으시던데 저희도 식소다를 넣을까요?
영양교사: ㉠ 식소다를 넣으면 불리는 시간을 단축할 수 있어요. 하지만 티아민이 파괴될 수 있으니 너무 많이 넣지 않는 게 좋아요. 우리는 ㉡ 콩을 1% 정도의 소금물에 불린 후, 불린 물을 넣어 삶을 거예요. 콩 불리기가 끝나면 충분히 삶아야 해요.
실 습 생: 왜 충분히 삶아야 하죠?
영양교사: 날콩에는 콩 비린내를 유발하는 효소인 ㉢ 리폭시 제네이즈(lipoxygenase)가 들어 있기 때문에 가열을 통해 불활성화 시키는 것이 좋아요.

〈작성 방법〉

- 밑줄 친 ㉠의 이유를 서술할 것
- 밑줄 친 ㉡의 이유를 콩에 들어 있는 주요 단백질을 포함하여 서술할 것
- 밑줄 친 ㉢에 의해 콩 비린내가 유발되는 이유를 서술할 것

4 콩류 제품

(1) 간장, 된장

① 간장/된장 제조

콩 → 메주 → 담금(소금물에 담그는 것) → 발효 → 건더기는 숙성하여 된장으로
→ 여액은 달여서 간장으로

② 발효

단맛	전분 분해로 생긴 당류(당화), 단백질 분해로 생긴 일부 단맛 아미노산, 글리세롤
신맛	초산균, 젖산균 등에 의해 유기산 생성
감칠맛	단백질 분해로 생긴 글루탐산, 아스파트산
짠맛	발효 결과는 아니고, 메주를 소금물에 담갔으므로, 이산화탄소(톡 쏘는 느낌) 및 알코올 등 발효 산물

③ 달임

㉠ 살균으로 저장성 증대(주된 목적)

㉡ 효소 불활성화를 통해 발효 중지

㉢ 가열로 마이야르 반응 촉진하여 아름다운 갈색

㉣ 분해되지 않은 단백질을 응고시켜 장을 맑게

㉤ 졸여서 농축하여 풍미 향상

기출문제 2016-A13

다음은 재래식 간장 만드는 과정을 간략히 도식화한 것이다. 밑줄 친 과정 ㉠, ㉡의 효과를 순서대로 쓰고, 그 효과가 나타나는 이유를 순서대로 1가지씩 서술하시오. [4점]

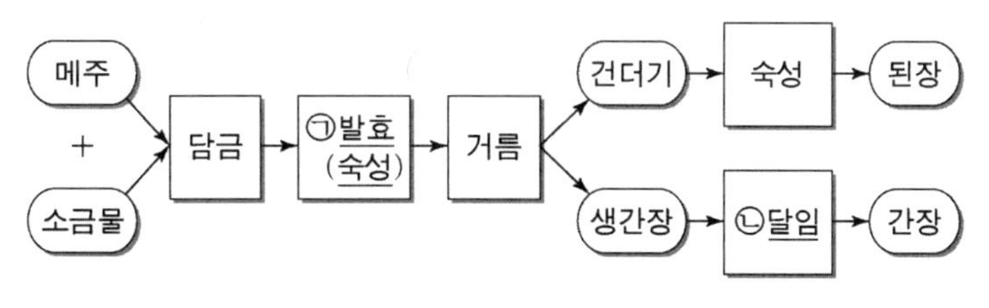

(2) 두부

① 두부 제조 과정

1. 불림	콩 + 물
2. 분쇄	콩죽
3. 끓임	3. 콩류의 조리 특성 (2) 끓이기 참조
4. 여과	• 콩물(=두유): 글리시닌 포함된 콜로이드 용액. 글리시닌, 레규멜린 등등, 나머지 지질 및 당 • 비지: 불용성 단백질, 상당량의 탄수화물과 지질
5. 응고	응고제를 써서 응고시키면 단백질 침전
6. 압착/절단	웃물 버리고 침전된 단백질을 압착 절단하여 두부
7. 침지(또는 수침)	과잉 응고제 제거, 모양 유지, 건조 방지, 쓴맛 제거

* 두부 제조 시 응고제를 넣을 때 온도가 높음. 응고제가 핵심이긴 하나 온도에 의한 영향도 있음

② 두부 응고제

염화 마그네슘, 염화 칼슘, 황산 칼슘	응고의 원리: 염석 현상 때문
	염석이란 콜로이드 용액에 다량의 염을 첨가하면, 입자가 서로 회합해 침전하는 현상. 중화와 탈수로 설명 • 중화: 염의 해리로 생긴 이온이 단백질의 전하를 중화시켜 정전기적 반발력을 잃게 만듦 • 탈수: 단백질 표면에서 탈수가 일어나(수화 안정성이 파괴되며) 단백질끼리 접근 용이(염 자신도 수화되려고 단백질로부터 물을 빼앗음)
글루코노델타락톤	글루코노델타락톤은 물에 녹아 글루콘산 → 콩물의 pH를 떨어뜨림 → 콩물의 pH가 글리시닌의 pI와 가까워지면, 글리시닌의 순전하가 0에 가까워지면서 글리시닌은 정전기적 반발력을 잃고 응고함

참고 글루콘산이란? 글루코스의 1번 탄소의 CHO가 산화되어 COOH가 된 것(알돈산). 글루콘산이 고리형으로 바뀐 것을 글루코노델타락톤이라고 함. 글루코노델타락톤은 물에 녹이면 글루콘산이 됨

㉠ 글루코노델타락톤과 황산 칼슘은 지효성 응고제이며, 보수성이 크고 부드러운 두부를 만듦

㉡ 염화 마그네슘과 염화 칼슘은 속효성 응고제이며, 보수성이 작고 단단한 두부를 만듦(염화칼슘은 속효성인데, 황산칼슘은 왜 지효성임. 황산 칼슘은 물에 잘 녹지 않음)

㉢ $CaCl_2$ > $MgCl_2$ > $CaSO_4$ > GDL 순으로 효과가 빠른 응고제이며, 역순으로 두부가 부드러움

응고제	두유 온도	용해도	장점	단점
염화 칼슘	75~80℃	수용성	물이 잘 빠짐	
황산 칼슘	80~85℃	난용성	수율과 색이 좋음	
염화 마그네슘	75~80℃	수용성	맛이 좋음	순간적으로 응고하므로 고도의 기술 필요
글루코노델타락톤	85~90℃	수용성	수율 좋음. 부드러운 순두부	신맛

Q

간수를 이용해 제조한 두부를 맹물에서 끓이는 것보다 국간장에서 끓일 때 두부가 더 부드러운 이유는?

정답

간수의 주 성분이 $MgCl_2$임을 감안하면, 간수를 이용해 제조한 두부에는 미결합 Mg^{2+} 이온이 남아 있다. 조리 시, Mg^{2+} 이온은 단백질과 결합해 두부가 더 단단해진다. 그런데 국간장의 Na^+ 이온은 Mg^{2+}가 단백질과 결합하는 것을 방해하여 두부가 덜 단단해진다.

소금 종류

- 정제염: 바닷물에서 염화 나트륨(NaCl)만 정제. 정제염에는 NaCl이 99%
- 천일염: 바닷물을 증발시켜 얻은 소금. 천일염은 염화 나트륨 농도가 80% 정도고 마그네슘, 칼슘, 칼륨 등의 미네랄 성분이 많음(원래 바닷물은 NaCl 말고도 다양한 성분들을 포함함)
- 간수: 천일염을 가마니에 담아 두면, 조해성(=물을 흡수하는 성질)이 있는 염화 마그네슘 등이 물을 흡수하여 흘러내림. 이런 작업을 간수 빼기라고 하며, 이렇게 받은 물을 간수라고 함. 간수의 주성분은 염화 마그네슘이며 약간 쓴맛이 있음. 간수는 두부 응고제로 쓰임

(3) 청국장

① 고초균: 바실러스 서브틸리스 (참고) 된장도 같은 균

② 청국장의 점질물: 글루탐산이 중합된 폴리펩티드와 과당이 중합된 프럭탄의 혼합물로 칼슘 흡수 촉진

(4) 고추장

① 찹쌀가루, 엿기름, 메줏가루, 고춧가루

- 엿기름의 아밀라아제에 의해 전분이 분해되어 당류가 생성되어 단맛 증가하는 당화
- 엿기름의 β-아말라아제에 의해 전분이 분해되어 맥아당이 생성되어 단맛 증가하는 당화

② 전분 가수분해로 생성된 당류의 단맛, 단백질이 분해되어 생성된 아미노산의 감칠맛, 고추의 매운맛, 소금의 짠맛이 조화

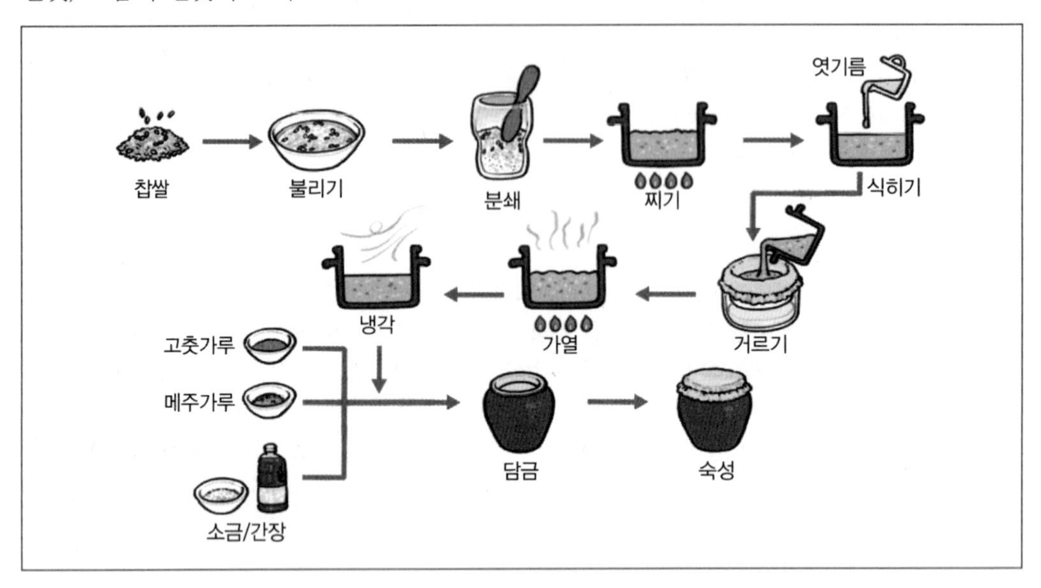

▮ 재래식 고추장

기출문제 2018-B5

두부는 물에 불린 대두를 분쇄하여 끓인 후 여과하여 얻은 두유에 응고제를 넣어 단백질을 응고시켜 압착한 것이다. 두부를 만들 때 대두를 분쇄한 후 끓이는 목적 2가지를 쓰시오. 그리고 응고제인 글루코노델타락톤(glucono−δ−lactone)과 염화칼슘($CaCl_2$)을 사용하였을 때의 차이를 응고 기전 및 보수성(保水性)과 관련지어 서술하시오. [4점]

기출 문제 2019-B7

다음 내용은 중학교 조리실에서 쇠고기 버섯전골을 실습하면서 영양교사와 학생이 나눈 대화이다. 〈작성 방법〉에 따라 순서대로 서술하시오. [5점]

영양교사: 오늘은 쇠고기 버섯전골을 실습하려고 해요. 우선 재료부터 알려줄게요. 재료는 쇠고기, 건 표고버섯, 느타리버섯, 팽이버섯, 다시마 우린 물, 두부, 당근, 호박, 양파, 마늘, 국 간장을 준비했어요.
학　　생: 건 표고버섯을 그대로 사용하면 되나요?
영양교사: 물이나 설탕물에 살짝 불려 사용하세요.
학　　생: 선생님! 건 표고버섯에서 독특한 향이 나는데 이 향의 주된 성분이 무엇인가요?
영양교사: (㉠)이에요.
학　　생: 다시마 우린 물에 표고버섯을 넣어 끓이면 맛이 더 좋아지나요?
영양교사: 그래요. (㉡) 때문이에요.
학　　생: 선생님! 두부는 어떻게 할까요?
영양교사: 전골 마지막 단계에 ㉢ <u>국 간장으로 심심하게 간을 하여 적당한 크기로 썬 두부를 넣어서 살짝 끓이면 맹물에서 끓이는 것보다 더 부드러워져요.</u>

〈작성 방법〉

- ㉠에 해당하는 성분을 쓸 것
- ㉡에 해당하는 「맛의 상호작용」의 유형을 쓰고, 이 유형을 다시마와 표고버섯의 대표적인 감칠맛 성분과 관련하여 서술할 것
- 밑줄 친 ㉢의 이유를 서술할 것(단, 두부는 일반 간수를 이용하여 제조하였음)

기출 문제 2023-A9

다음은 단백질의 응고성을 이용하여 식품을 만드는 과정을 도식화한 것이다. 〈작성 방법〉에 따라 서술하시오. [4점]

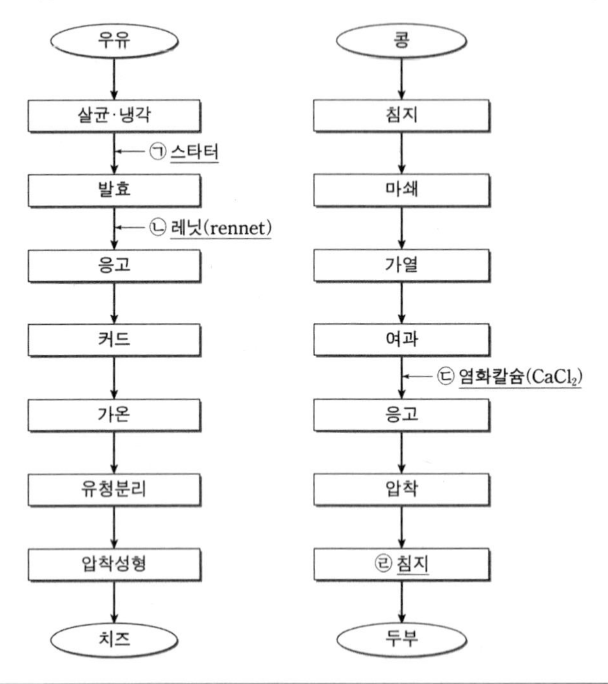

〈작성 방법〉

- 밑줄 친 ㉠을 첨가하는 목적을 쓸 것
- 밑줄 친 ㉡, ㉢에 의한 응고 기전의 차이를 서술할 것
- 밑줄 친 ㉣의 목적 1가지를 쓸 것

서류

1 감자

덩이줄기=괴경

(1) 성분

① 탄수화물은 대부분 전분, 감자 전분은 입자가 커서 빠르게 호화

② 감자는 숙성함에 따라 수분과 당분 함량이 감소하고, 전분 함량 증가

③ 감자 단백질 튜베린, 필수 아미노산 라이신 풍부, 메티오닌 부족, 비타민 C와 칼륨 풍부, 칼슘 부족

④ 솔라닌: 감자가 햇빛에 노출되어 생긴 껍질의 녹색 부분과 발아 중인 싹에 존재. 두통, 어지러움 증상

⑤ 셉신: 감자가 썩으면 나타나는 독성 물질

감자 비타민 C
- 전분이 호화되면서 비타민 C와 결착하여 열에 의한 파괴를 막아줌
- 감자 껍질에 비타민 C 많음

(2) 종류

$$\text{식용가} = \frac{\text{단백질량}}{\text{전분량}} \times 100$$

① 단백질이 많을수록 점성, 식용가 높음

② 전분량이 많을수록 분성, 식용가 낮음

구분	점질감자	분질감자
가열 시 특징 (찌기, 삶기, 굽기)	• 찰진 질감 • 흩어지거나 부서지지 않음 • 반투명	• 파삭한 질감 • 부서지기 쉬움 • 건조한 외관, 포실포실한 가루 • 희고 불투명, 윤기 없음
용도	기름에 볶는 요리, 샐러드, 조림, 수프	찐 감자, 오븐 구이, 매시트포테이토, 프렌치프라이드 포테이토
비중	1.07~1.08	1.11~1.12

* 점질감자, 분질감자 구분법: 소금과 물을 부피 기준 1:11의 비율로 섞어 소금물을 만들어 감자를 띄움. 뜨면 점질감자, 가라앉으면 분질감자

(3) 감자 조리 및 저장

① 매시트포테이토

㉠ 좋은 매시트포테이토: 세포끼리는 분리가 되지만, 세포 자체는 파괴되지 않은 것(점성 생기지 않은 것)

㉡ 만드는 요령: 감자를 삶아 뜨거울 때 체에 내림

뜨거울 때 체에 내리면 (뜨거울 때 으깨면)	세포끼리 분리가 쉬움
식은 감자를 체에 내리면 (식은 후 으깨면)	• 펙틴이 단단해져 세포끼리 견고하게 붙어 세포끼리 분리가 쉽지 않음 • (특히, 무리하게 체에 내릴 때) 세포막이 파괴되어 호화 전분이 밖으로 빠져나오면 점성이 생김. 질척한 매시트포테이토가 되며, 체에 내리기가 한층 더 어려워짐

② 포테이토칩, 감자튀김

㉠ 감자의 저장 온도와 당 함량

- 감자는 수확 후 저장 온도에 따라 당의 함량이 달라짐
- 실내 온도: 호흡이 활발해져 당을 많이 소모하므로 당 함량 감소
- 저온: 아말라아제/말타아제 등의 효소에 의해 느린 속도지만 전분의 당화가 일어나 환원당 축적, 그러나 호흡 느려져 당 소비 감소 → 당 함량 증가, 단맛 증가, 포실한 가루 없어져 투명성 증가

㉡ 냉장 보관 감자의 단점

- 당 함량이 높은 감자로 포테이토칩, 감자튀김을 만들면 색이 지나치게 진해지고 씁쓸한 맛이 나므로 실온 저장한 감자를 이용함
- 감자튀김 시, 마이야르 반응의 부산물인 아크릴아마이드(발암 추정 물질) 증가

㉢ 가온 조정: 저온 저장한 감자를 가공하려면, 온도를 올려 저장해 환원당 함량을 줄임(온도를 올려 저장하면 환원당이 전분으로, 호흡 증가하여 당 소비 증가)

주의 저온에서 호흡이 느려져서 전분이 당화된다? 인과 관계로 설명하지 않기

(4) 효소적 갈변

2 고구마

(1) 성분

① 탄수화물은 대부분 전분이나 맥아당, 설탕, 포도당, 과당이 탄수화물 중 약 20% 차지하여 닮

② 고구마 단백질은 이포메인

③ 칼륨 풍부, 비타민 B군, 비타민 C 풍부

④ **얄라핀**: 고구마를 잘랐을 때 나오는 유백색 강한 점성 물질, 불용성, 공기 노출 시 산화돼 흑색

⑤ 고구마 성분 중 클로로겐산 등에 의해 갈변

⑥ 섬유소 함량이 많음

(2) 조리 특성

① 고구마의 β−아밀라아제(최적 온도 50~75℃ 또는 65℃)는 전분을 가수분해해 맥아당을 만들어 단맛

＊군 > 찐, 고구마 호일에 싸서 굽기, 최적 온도 구간에서 일정 시간 유지 후 온도 올리기(모두 온도가 서서히 상승하는 원리)

- β−아밀라아제를 많이 함유한 식재료로는 맥아와 고구마가 있음
- β−아밀라아제는 당화 과정을 통해 식혜와 고구마를 달게 함

② **관수 현상**: 홍수 등으로 수중에 오래 방치, 삶다가 중지한 상태로 오래 방치, 낮은 온도에서 오래 가열할 때 관수 현상 나타남

㉠ 세포가 파괴될 때, 세포질의 칼슘·마그네슘 등이 세포막의 펙틴과 결합해 불용성 칼슘염 및 마그네슘염(칼슘 및 마그네슘 펙테이트) 형성

㉡ 열을 가해도(굽거나 삶아도) 연화되지 않는 현상. 생고구마 질감

③ **저장**

㉠ 저장 동안 리조푸스 니그리칸스에 의한 연부병이나 흑반병으로 상하기 쉬움

㉡ 흑반병 고구마의 검은 반점의 쓴맛' 성분은 이포메아메론

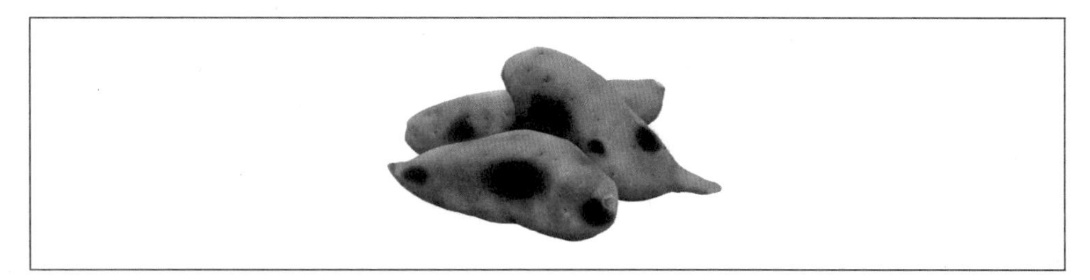

㉢ 냉장 저장하면 냉해

기출 문제 2014-A서술2

학생들이 텃밭에서 기른 고구마를 수확하여 크기와 중량이 같은 두 고구마를 다음 2가지 방식으로 오븐에서 구웠다. 두 고구마의 단맛을 비교해 보니 (나)의 고구마가 더 달았다. (나)의 고구마가 더 달게 된 반응 과정과 이유를 서술하시오(단, 수분 함량의 차이를 제외함). [3점]

(가) 120℃에서 40분 동안 구움
(나) 65℃에서 30분 동안 구운 후 120℃에서 27분 동안 더 구움

3 토란

(1) 성분

① **갈락탄**: 토란의 미끈거리는 점성 물질은 갈락탄(갈락토스로 구성된 다당류), 전분과 함께 토란 고유의 맛

㉠ 가열 중 국물에 녹아 거품을 일으켜 끓어 넘치는 원인

㉡ 국물에 점도가 생겨 열전도나 조미료 침투 방해

㉢ 토란을 쌀뜨물이나 소금물에 데쳐서 점질물 없앤 후 이용

㉣ 손질 시, 소금으로 문지르면 미끈거림 감소

㉤ (조리 중) 1% 소금 첨가 시 갈락탄 응고해 점성 줄고, 국물이 맑아짐

② **수산 칼슘**: 토란 껍질을 만지면 수산 칼슘이 많아서 손이 가려움

㉠ 가열하거나 소금물 또는 식초물에 담근 후 사용

㉡ 손을 비누로 씻거나 암모니아수에 담금

㉢ 손을 소금물로 씻음

③ **호모겐티스산**: 토란의 아린맛 → 껍질을 깎아 냉수에 담가 두거나 소금물로 데치면 아린맛 제거

기출 문제 2021－A7

다음은 영양교사와 조리원의 대화 내용이다. 〈작성 방법〉에 따라 서술하시오. [4점]

〈작성 방법〉

- 밑줄 친 ㉠에 해당하는 이유를 제시할 것
- 괄호 안의 ㉡에 해당하는 성분의 명칭을 쓸 것
- 밑줄 친 ㉢을 감소시키는 방법 2가지를 제시할 것

4 마

점질물 무신, α－아밀라아제 함유

5 구약감자

① 수용성 식이섬유인 글루코만난은 겔 형성 능력이 있음

② 곤약의 재료

③ 특유의 향 때문에 조리 시 끓는 물에 데쳐서 사용함

6 돼지감자

과당의 다당류인 이눌린은 인체 내에 분해 효소 없음

7 카사바

① 카사바 뿌리는 타피오카 전분의 원료

② 청산배당체인 리나마린 함유하므로 생것으로 섭취하지 않음

③ 가열하거나 물로 씻으면 제거됨

8 야콘

① 전분이 거의 없음

② 영양분을 프럭토올리고당 형태로 저장, 프럭토올리고당은 단맛이 강하며 체내 흡수되지 않고, 수용성 식이섬유처럼 콜레스테롤 흡착하여 체외 배출

CHAPTER 09

해조류

1 녹조류 – 파래

2 갈조류

(1) 다시마

① 글루탐산이 있어 감칠맛이 나지만 오래 끓이면 쓴맛

② 미끈거리는 점질 물질: 수용성 식이섬유인 알긴산

③ 건조된 표면의 흰 가루: 만니톨(단맛) * 다시마를 물로 씻으면, 만니톨이 모두 손실되니 마른 헝겊으로 닦아서 사용

④ 갈색: 카로티노이드인 푸코잔틴

(2) 미역

① 요오드, 알긴산, 만니톨

② 갈색: 카로티노이드인 푸코잔틴

③ 가열하면 엽록소 비율 높아져 녹색

(3) 톳

날로 먹으면 비린 맛 있으므로 데쳐서 사용

3 홍조류

(1) 김

① 구우면 독특한 향: 디메틸설파이드

② 감칠맛: 글리신, 알라닌

③ 색: 황색 잔토필, 녹색 클로로필, 적색 피코에리스린, 청록 피코시안(또는 피코시아닌)

㉠ 검게 보이는 이유: 위의 색들 모두 섞여서

㉡ 빛 또는 공기에 오래 노출: 잔토필, 클로로필 파괴되면서 붉은색

㉢ 가열하면 하면 청록색의 피코시안(구운 김)

기출 문제 2021-B4

다음은 영양교사와 학생이 나눈 대화 내용이다. 〈작성 방법〉에 따라 서술하시오. [4점]

영양교사: 오늘은 탕평채의 조리 방법에 대하여 알아보아요. 재료는 청포묵, 쇠고기, 숙주나물, 미나리, 달걀, 김, 갖은 양념이 필요해요. 조리 과정에서 ㉠ 미나리는 끓는 물에 살짝 데친 후 재빨리 찬물에 헹구어서 물기를 꼭 짜두어요.

학　　생: 네.

영양교사: 달걀은 고명으로 사용하기 위해 흰자와 노른자를 분리하여 지단으로 만들어요.

학　　생: 선생님, 그런데 집에서 프라이팬에 달걀을 깼는데 평소와 다르게 흰자가 넓게 퍼졌어요. 왜 그런가요?

영양교사: 일반적으로 ㉡ 달걀의 신선도가 떨어졌을 때 나타나는 현상이라고 볼 수 있어요.

학　　생: 선생님, 김이 재료 중에 들어 있어서 질문하는데요. 김은 보통 검은색으로 보이는데 저희 집에 있는 김은 ㉢ 붉은색으로 변했어요.

〈작성 방법〉

- 밑줄 친 ㉠의 색이 데치기 전에 비해 선명해지는 이유를 제시할 것(단, 효소와 관련한 내용 제외)
- 밑줄 친 ㉡에서 달걀 흰자의 pH 변화와 그 이유를 각각 제시할 것
- 밑줄 친 ㉢에 해당하는 색소의 명칭을 쓸 것

CHAPTER 10

버섯류

1 표고버섯

① 맛: 5′-GMP(감칠맛)

② 향: 렌티오닌(렌티오닌 함량: 건표고 > 생표고)

③ 에르고스테롤 → 비타민 D_2

> 말린 표고버섯은 수온 20도에서 20분, 10도에서 40분 전후로 흡수를 완료하는데, 이렇게 물에 담그면 감칠맛 성분을 잃게 됨. 따라서, 미지근한 물에 설탕을 약간 넣어 두면, 흡수는 빠르고 맛의 용출을 늦출 수 있음. 그 이유는 설탕물의 농도와 세포 내부와의 농도 차가 적기 때문에 성분의 용출도 늦어지게 되기 때문임

2 송이버섯

향: 메틸시나메이트, 마츠다케올

3 양송이

효소적 갈변: 티로시나제

기출 문제 2019-B7

다음 내용은 중학교 조리실에서 쇠고기 버섯전골을 실습하면서 영양교사와 학생이 나눈 대화이다. 〈작성 방법〉에 따라 순서대로 서술하시오. [5점]

영양교사: 오늘은 쇠고기 버섯전골을 실습하려고 해요. 우선 재료부터 알려줄게요. 재료는 쇠고기, 건 표고버섯, 느타리버섯, 팽이버섯, 다시마 우린 물, 두부, 당근, 호박, 양파, 마늘, 국 간장을 준비했어요.
학　　생: 건 표고버섯을 그대로 사용하면 되나요?
영양교사: 물이나 설탕물에 살짝 불려 사용하세요.
학　　생: 선생님! 건 표고버섯에서 독특한 향이 나는데 이 향의 주된 성분이 무엇인가요?
영양교사: (㉠)이에요.
학　　생: 다시마 우린 물에 표고버섯을 넣어 끓이면 맛이 더 좋아지나요?
영양교사: 그래요. (㉡) 때문이에요.
학　　생: 선생님! 두부는 어떻게 할까요?
영양교사: 전골 마지막 단계에 ㉢ 국 간장으로 심심하게 간을 하여 적당한 크기로 썬 두부를 넣어서 살짝 끓이면 맹물에서 끓이는 것보다 더 부드러워져요.

〈작성 방법〉

- ㉠에 해당하는 성분을 쓸 것
- ㉡에 해당하는 「맛의 상호작용」의 유형을 쓰고, 이 유형을 다시마와 표고버섯의 대표적인 감칠맛 성분과 관련하여 서술할 것
- 밑줄 친 ㉢의 이유를 서술할 것(단, 두부는 일반 간수를 이용하여 제조하였음)

육류

1 육류의 구조

(1) 근육 조직

골격근 ⊃ 근섬유다발 ⊃ 근섬유 ⊃ 근원섬유 ⊃ 미세섬유(액틴과 미오신)

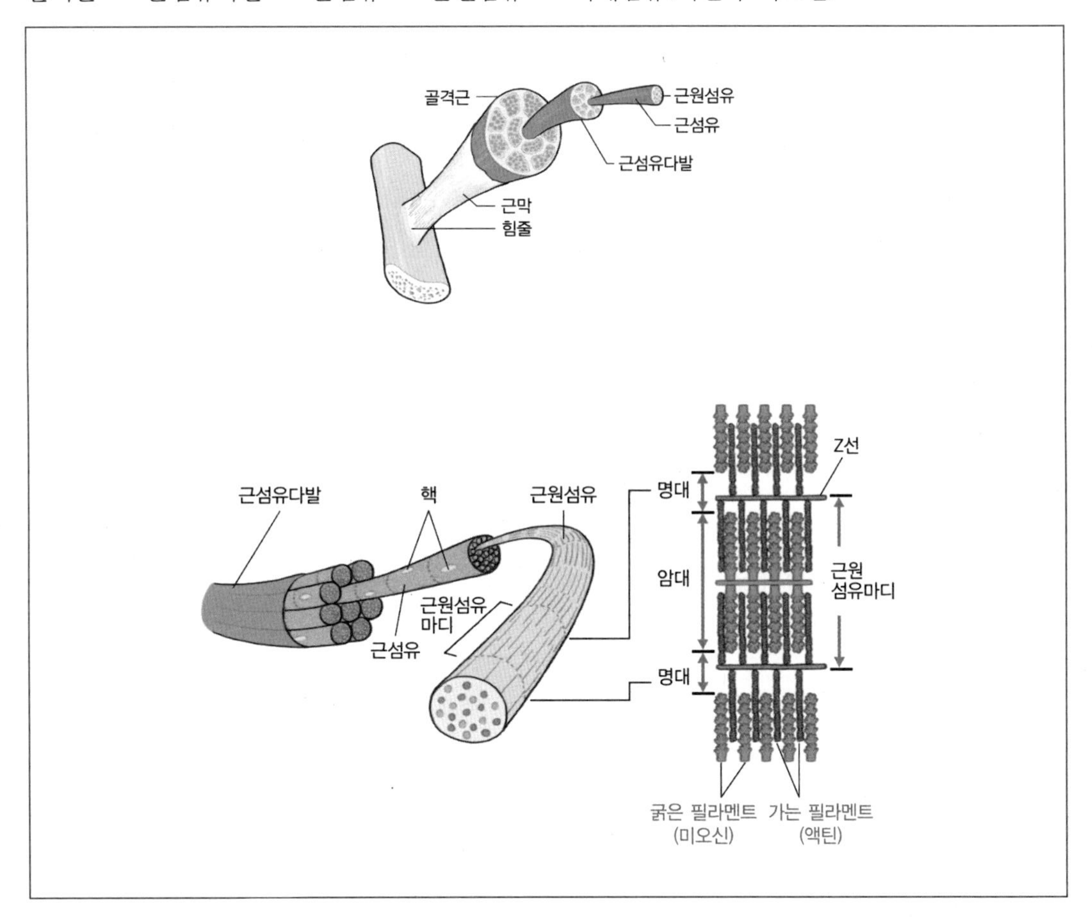

(2) 결합 조직

① 근육 조직/지방 조직을 둘러싸는 막, 힘줄 등

② 콜라겐, 엘라스틴 함유

③ 결합 조직 발달: 운동량 많고, 나이 많고, 수컷 > 암컷, 쇠고기 > 닭, 돼지

(3) 지방 조직

(4) 골격

① 칼슘과 인의 공급원

② 사골 끓일 때 뽀얀 것은 뼈에서 용출된 인지질에 의한 유화 작용

2 육류의 성분 및 조리 특성

(1) 결합 조직 & 근섬유

① 어린 동물의 고기는 결합 조직이 적으므로 연하지만 지방 함량도 적어 맛은 떨어짐

② 늙은 동물의 고기는 결합 조직이 많아 질기고, 지방 함량도 적어 맛도 떨어짐

③ 결합 조직은 가열 전에는 질기지만, 콜라겐을 끓이면 65℃ 부근에서 변성돼 수용성의 젤라틴이 됨

④ 엘라스틴은 가열하여도 질겨서 식용 불가

⑤ 근섬유는 가열 온도와 조리 시간이 증가할수록 더욱 수축하고 질겨짐

⑥ 결합 조직이 적고, 근섬유나 지방이 발달한 부위는 건열 조리 예 등심, 안심, 채끝, 우둔 등

⑦ 결합 조직이 많을수록 질겨서 습열 조리에 적당 예 양지, 사태

(2) 지방

① 쇠고기는 돼지고기나 닭고기에 비해 불포화 지방산은 적고 포화 지방산은 많으므로 지방 융점이 높음

② 쇠고기는 고기를 구워 뜨거울 때는 부드러우나, 식으면 뻣뻣해짐

③ 돼지고기의 지방의 융점은 체온과 비슷해 입에서의 촉감이 좋음

④ 불포화 지방산의 함량 : 오리 > 닭 > 돼지 > 소

(3) 기타

① 늙은 동물의 고기가 어린 동물의 고기에 비해 결합 조직과 수용성의 육류 추출물이 많이 들어 있어 국물 맛을 내는 데 적합

② 어린 동물의 뼈는 연하고 분홍색이며, 성숙된 동물의 뼈는 단단하고 희며 어린 뼈보다 맛 성분이 더 많이 우러나오므로 탕이나 육수에 적합

3 사후 경직과 숙성

(1) 사후 경직이란?

① 동물 사후 일정 시간이 지나면 근육이 단단하게 굳는 것

② 사후 경직기의 고기는 질기고 보수성이 낮으니 숙성 후 조리

(2) 사후 경직 과정

① 도살 직후(pH 약 7.0)

㉠ 근육 세포에 혈액 공급이 끊김(산소 공급 끊김). 그러나 근육 세포 내 생화학 반응은 계속됨

㉡ 근육 글리코겐 → 혐기적 해당 → 젖산

㉢ 젖산 축적으로 인해 pH 하락(pH 6.5까지 하락)

② 경직기(pH 6.5~5.5)

㉠ 도살 직후 사후 경직이 오는 것은 아니고, 소·돼지의 경우 도살 약 12시간 후에, 젖산 축적으로 pH가 6.5로 떨어지면 경직이 시작됨(초기 사후 경직)

㉡ i) pH 구간에서 ATP 분해 효소(ATPase) 활성화로, ATP 신속 분해 ii) 이전부터 혐기적 대사로 인한 ATP 생성량 저하 ∴ ATP 결핍 상태

㉢ ATP 없으면 수축 상태의 액토미오신은 액틴과 미오신으로 분리되지 않음[ATP가 미오신(머리)에 결합해야 액틴은 미오신으로부터 분리됨] → 근육이 단단하게 굳음, 고기 질겨짐

㉣ 액틴과 미오신 사이 공간 좁아져 보수성 저하, 육즙 분리

㉤ ATP 분해로(ATP=ADP+Pi), 인산 생성되어 pH 하락 가속화(젖산+인산이 같이 pH↓)

㉥ 소·돼지 도살 24시간 후, pH 5.5에 도달하면, 혐기적 해당 멈춤. 젖산 생성 중지(최대 사후 경직)

③ 숙성기

㉠ 카텝신 활성화, 액토미오신 분해 → 근육의 길이가 짧아짐 → 식육 연화

㉡ 보수성 향상(육즙 풍부)

㉢ 향미: ATP → ADP → AMP → IMP(=이노신산), 단백질 분해로 생성된 아미노산

㉣ pH ↑(암모니아 생성)

㉤ 숙성 기간: 돼지 5일, 소 10일, 숙성 동안 미생물 번식 억제를 위해 냉장고에 보관

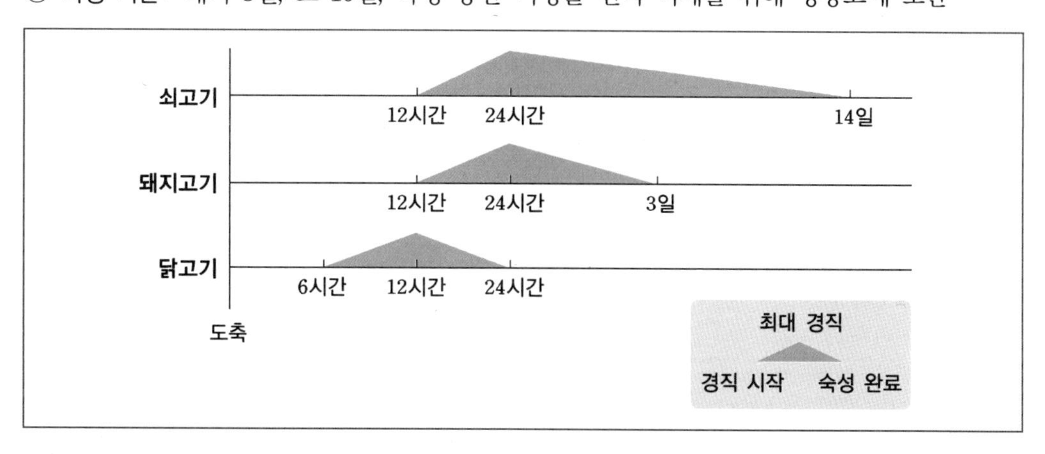

(3) DFD 고기(dark, firm, dry)

오래 굶거나, 심한 운동, 스트레스 → 근조직의 글리코겐 감소 → 사후 젖산 생성의 감소 → pH가 카텝신의 최적 pH까지 내려가지 않음 → 결국, 액토미오신 분해가 원활하게 일어나지 않아 숙성이 덜 된 질긴 고기가 됨

- dark = 산소 결합력이 낮음
- firm, dry = 숙성이 안 됨(경직기 고기의 특징)

(4) 액토미오신의 생성

① ATP가 분해되면 ATP와 결합하고 있던 미오신은 액틴과 결합

② ATP가 결핍된 상태에서는 ADP가 미오신 머리에 결합한 상태로 미오신과 액틴 사이에 분리할 수 없는 강직 복합체 형성

③ ATP 수준이 어느 정도 유지될 때는 ATP에 의해 액토미오신이 해리되어 근육이 이완되지만, 모두 고갈된 후에는 액토미오신을 유지

4 육류의 색

식품학에서 미오글로빈을 적자색, 옥시미오글로빈을 선홍색으로 묘사한 바 있음. 쇠고기는 송아지 고기나 돼지고기에 비해 더 많은 미오글로빈 함유하고 있어 색이 더 진함. 볼깃살 같은 운동을 많이 한 부위는 안심, 등심에 비해 더 많은 미오글로빈 함유, 색이 더 진함

기출 문제 2014-A기입12

다음은 영양교사와 학생의 대화 내용이다. (   ) 안에 들어갈 용어를 쓰시오. [2점]

5 식육 연화

(1) 기계적 방법

① 썰거나, 다지거나, 망치로 두드리면, 근섬유를 짧게 끊어 식육을 연하게 함

② 자르거나 칼집을 낼 때, 근섬유 길이 방향의 직각(고기결의 직각 방향)으로 해야 근섬유 길이가 짧아짐

(2) 효소

① 배 · 무(프로테아제), 파파야(파파인), 파인애플(브로멜린), 무화과(피신), 키위(액티니딘)

② 브로멜린, 액티니딘은 효과가 매우 크므로, 사용량이 많거나 사용 시간이 길면 오히려 씹는 맛 저하 우려

(3) 산(토마토, 레몬), 염(소금, 간장), 당(설탕, 배즙, 양파즙)

① 산, 염, 당 공통 사항

<table>
<tr><th>구분</th><th colspan="2">적당히 넣을 때</th><th>과량 넣을 때</th></tr>
<tr><td>산</td><td>식육 수화력 증가 →</td><td rowspan="3">식육 보수성 증가하여 연해짐</td><td rowspan="3">탈수 작용으로 질겨짐</td></tr>
<tr><td>염(소금)</td><td>식육 수화력 증가 →</td></tr>
<tr><td>당(설탕)</td><td>당은 보수성 좋음 →</td></tr>
</table>

② 산, 염, 당 개별 사항

구분	적당히 넣을 때	과량 넣을 때
산		• 식육 pH가 식육 단백질 pI(5.5)와 가까워지면, 순전하 0, 정전기 반발력↓, 단백질 응고성 증가, 용해도 감소로 식육이 단단해질 수 있음 • pH를 식육 단백질 pI보다 높거나 낮게
염(소금)		
당(설탕)	당은 단백질 응고 억제하므로 식육 연화	

* 와인, 맥주 등은 산성임
* 설탕은 단백질 응고 억제 요인이나 산과 소금은 응고 요인이므로, 식육 연화는 모순이라고 생각할 수 있으나 적당량 넣었을 때 식육 연화에 도움이 된다는 의미로 이해

6 육류의 분류

- 결합 조직 많음: 양지, 사태
- 결합 조직 적음: 등심, 안심, 채끝, 우둔

(1) 쇠고기

① 습열 조리

㉠ 탕: 양지, 사태, 꼬리, 사골, 우족 등

- 찬물에서 끓이기 시작해 끓으면 불의 세기를 줄여(중불) 충분히 끓임
  - 국물을 먹을 목적 → 찬물에서 끓이기 시작해야 육즙(수분, 맛성분, 영양성분 등) 충분히 우러남. 끓는 물에 고기 넣으면 표면 단백질이 응고하여 육즙 용출이 더딤
  - 불의 세기를 줄여(중불) 충분히 끓임: 불용성 콜라겐을 끓이면 65℃ 부근에서 변성돼 수용성의 젤라틴이 됨. 결합 조직이 부드러워짐
- 소금을 약간 넣고 끓이면 염용성 단백질의 용출을 도움
- 뼈는 찬물에 담가 핏물은 빼고 뜨거운 물에 20분 정도 끓여 물은 버리고 찬물에 다시 끓이면 뽀얀 국물을 얻을 수 있음

㉡ 장조림

- 장조림은 국물보다 식육을 먹을 목적. 홍두깨살, 우둔살의 근섬유가 길어 잘 찢어짐
- 끓는 물에 고기를 넣어 익힌 후 간을(간장, 설탕) 함
  - 끓는 물에 고기를 넣어 단백질을 응고시킨 후 간장을 넣어야 탈수 억제돼 육질이 부드럽기 때문
  - 처음부터 간을 하면 조리수 삼투압 높으므로 식육 탈수돼 육질이 단단하고 질기게 됨
- 적절한 염농도는 1.2~1.5% 정도

㉢ 찜

- 소량의 물에 식육을 먼저 익힌 다음 채소와 양념을 넣어 중불에서 충분히 끓임
- 너무 오래 끓으면 콜라겐이 지나치게 분해되어 씹는 맛이 없어짐

㉣ 스튜

토마토는 식육의 pH를 약산성으로 만들어 근육의 수화 능력을 증가시켜 식육 연해짐

㉤ 편육

- 식육을 먹는 목적 → 끓는 물에서 조리해야 표면 단백질이 응고하여 육즙(수분, 맛성분, 영양성분 등)이 많이 유출되지 않음
- 식육이 익으면 졸 상태의 젤라틴이 겔 상태가 되기 전에 모양을 잡아야 하므로 면포로 싸서 돌로 누르거나 실로 묶어둠

ⓑ 스톡

- 뼈, 고기, 야채 등 이용한 육수
- 고기는 국물 요리에 적합한 양지, 사태 등

객관식 글리신, 글루탐산, IMP, 크레아틴, 요소, 카르노신 등등 국물에 용출

> • 화이트 스톡: 다 자란 소 뼈 사용해야 국물이 탁해지지 않는다.
> • 브라운 스톡
>   – 송아지 뼈 사용. 뼈 사이에 콜라겐이 많아 끓으면 젤라틴으로 되어 국물이 걸쭉
>   – 고기 1/3은 볶은 후 나머지와 같이 고아내면 갈색 국물. 고기 볶아서 갈색

② 건열 조리

㉠ 구이, 볶기: 팬을 충분히 달군 후 고기를 놓아야, 표면 단백질 응고돼 육즙(수분, 맛성분, 영양성분)의 유출이 적음

㉡ 스테이크: 먼저 센불에 구워 표면 단백질 응고 후, 불의 세기를 줄여 원하는 정도까지 구움

㉢ 불고기: 간장에 오래 재우면 식육 탈수로 질겨질 수 있음

㉣ 떡갈비

- 고기를 다져 양념을 한 후 치대어 모양을 만든 것
- 많이 치댄다 → 염용성 미오신이 염에 녹아 나와 엉김 → 끈기가 생겨 잘 뭉쳐짐

(2) 돼지고기

① 돼지고기 뒷다리살은 티아민의 좋은 공급원

② 돼지고기는 소고기보다 연함(어릴 때 도축해 결합 조직이 적은 데다 지방 함량이 많음)

③ 돼지고기에는 선모충, 유구촌충이 있을 수 있으므로 익혀 먹어야 함

④ 돼지고기는 찬물에서 끓이면 분홍색

⑤ 수퇘지는 암퇘지에 비해 근육의 결이 거칠고, 특유의 웅취 있음

(3) 닭고기

① 쇠고기에 비해 미오글로빈이 적어 색이 연함

② 주로 근섬유 위주인 가슴살과 안심살은 고온에서 단백질이 수축해 퍽퍽해지므로 단시간 조리함. 반면에 날개와 닭다리는 콜라겐 함량이 높으므로 장시간 조리함

③ 냉동과정 중 닭뼈 골수의 적혈구가 파괴돼, 가열 시 뼈나 뼈 주위 근육이 검게(갈색으로) 변함. 냉동 닭을 해동하지 않고 가열 조리하면 예방 가능

7 육류의 저장

① **동결 시 급속동결**: 얼음 결정이 작게 형성돼 육질 저하나 육즙 유출 최소화

② 해동 시 냉장고에서 서서히(실온 해동× – 육즙 유출과 미생물 번식을 방지)

어패류

1 어패류의 분류

(1) 어류

일반적으로 해수어는 담수어보다 지방 함량이 많음

해수어 ┌ 흰살 생선: 지방 5% 미만, 해저 깊은 곳, 활동성 적음
　　　 └ 붉은살 생선: 지방 5~20%, 해수면 가까운 곳, 활동량 많음

* 색깔은 미오글로빈 함량 차이

(2) 조개류

대합, 모시조개, 전복, 소라, 굴, 홍합, 가리비 등

(3) 갑각류

게, 새우, 가재 등 외피는 키틴질의 단단한 껍질

(4) 연체류

문어, 오징어, 낙지, 한치 등

2 어패류의 구조

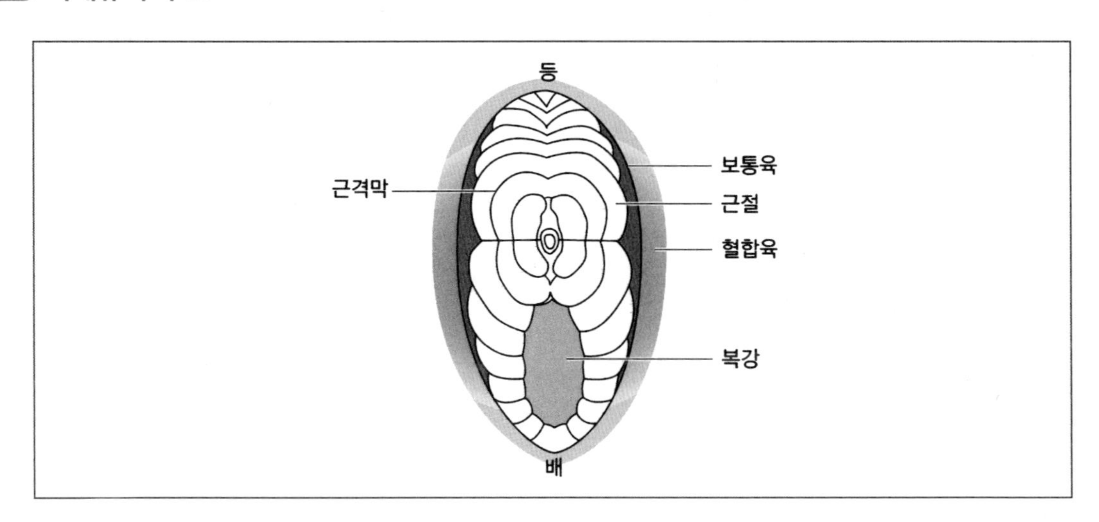

① 혈합육: 붉은살 생선에 더 발달
② 근절과 근절은 근격막으로 접합, 가열 시 근격막의 콜라겐이 젤라틴으로 변성되어, 어육이 쉽게 부스러짐

3 어패류의 성분

(1) 탄수화물

① 탄수화물은 주로 글리코겐 형태로 저장
② 어류의 글리코겐 함량은 1% 이하로 낮으며, 포획 직후 분해되기 시작하므로 판매될 때는 거의 남아있지 않음
③ 패류는 글리코겐 2~5% 함유. 굴, 전복 등의 단맛은 글리코겐이 효소에 의해 분해된 포도당 때문임
④ 굴은 글리코겐 함량이 높은 겨울철 굴이 더 맛있음
⑤ 어패류는 포획 직후부터 분해되기 시작하므로 싱싱할수록 단맛이 강함
⑥ 게, 새우의 껍질에는 다당류 일종인 키틴, 키토산 함유

(2) 단백질

① 라이신 함량이 높음
② 어패류는 결합 조직(콜라겐, 엘라스틴)이 적어 연함

(3) 지질

① 불포화 지방산 다량 함유되어 쉽게 산패함
② 어패류 지방 함량은 계절에 따른 변화가 큼

(4) 무기질, 비타민

① 어유, 간유: 비타민 A
② 굴 등의 조개류: 아연, 철
③ 칼슘: 새우, 뼈째 먹는 생선
④ 굴: 티아민 함유, 생굴은 티아미네이스의 작용으로 티아민 파괴(가열로 효소 불활성화)

(5) 색소

① 연어, 송어: 아스타잔틴
② 새우, 게: 아스타잔틴
③ 문어/오징어의 먹물, 어피의 흑색: 멜라닌

④ 갈치 껍질이 은색: 구아닌과 요산이 섞인 침전물이 빛을 반사

⑤ 오징어, 낙지

㉠ 싱싱한 오징어와 낙지 표피 세포: 갈색의 색소포. 색소포에는 트립토판으로부터 합성되는 오모크롬

㉡ 사후: 색소포 수축으로 백색

㉢ 신선도가 떨어지면: 약알칼리성으로 변한 체액에 오모크롬 용해돼 붉은색을 띰

(6) 냄새

TMAO: 해수어 삼투압 조절, 어류 감칠맛 성분

▮ 동물성 식품의 냄새 성분

냄새 성분	냄새 성분의 생성	비고
트리메틸아민	$O{=}N(CH_3)_3$ (트리메틸아민옥시드) —환원→ $N(CH_3)_3$ (트리메틸아민)	바닷물고기의 비린내 성분
피페리딘, δ-아미노발레르알데히드, δ-아미노발레르산	$H_2N(CH_2)_4CH(NH_2)COOH$ (리신) —(CO_2)→ $H_2N(CH_2)_5NH_2$ (캐더버린) —(NH_3)→ 피페리딘 캐더버린 ⬇ $H_2N(CH_2)_4CHO$ δ-아미노발레르알데히드(비린 냄새) ⬇ $H_2N(CH_2)_4COOH$ δ-아미노발레르산(부패한 냄새)	민물고기의 비린내 성분 및 부패취 성분
암모니아	$CO(NH_2)_2$ (요소) —H_2O→ $2NH_3 + CO_2$ (암모니아)	육류 및 어류의 선도 저하 시 생성
메틸메르캅탄, 황화 수소, 인돌, 스카톨	시스틴 → 시스테인 → $CH_3SH+CO_2+NH_3$ / $H_2S+NH_3+CH_3COOH+HCOOH$ 트립토판 ($H_2N-CH(CH_2\text{-indolyl})-COOH$) → 인돌 + 스카톨	육류 및 어류의 부패취 성분

(7) 맛

① 어류 < 연체류 < 갑각류
흰살 생선 < 붉은살 생선

② 베타인: 문어, 오징어, 낙지, 새우, 전복
타우린: 문어, 오징어
숙신산(=호박산): 패류

③ 아미노산계 감칠맛: 글루탐산(MSG)
핵산계 감칠맛: 이노신산(IMP)
ATP, AMP는 글루탐산과 함께 존재하면 강한 감칠맛(맛의 상승)

어류 ATP 분해 과정

ATP → ADP → AMP → IMP(=이노신산=이노신 일인산) → 이노신 → 하이포잔틴
(인산 제거, 인산 제거, 암모니아 제거, 인산 제거, 리보오스 제거 순서임)

오징어, 문어, 패류 ATP 분해 과정

ATP → ADP → AMP → 아데노신 → 이노신 → 하이포잔틴
(인산 제거, 인산 제거, 인산 제거, 암모니아 제거, 리보오스 제거 순서임)

(8) 독성 성분

① 복어의 난소, 간: 테트로도톡신
② 홍합, 섭조개, 가리비, 대합: 삭시토신
③ 모시조개, 바지락: 베네루핀

4 어패류의 사후 경직과 자기 소화(=자가 소화)

사후 경직 → 자가 소화 → 부패

사후 경직기의 어류가 신선함

* 육류 숙성 = 어패류 자가 소화, 하지만 어패류 자가 소화는 부정적으로 묘사됨

(1) 사후 경직

① 몸집이 작고 글리코겐 함량이 적어 경직 개시가 빠르고, 경직 지속 시간이 짧음(포획 직후부터 글리코겐 분해)

② 붉은살 생선이 흰살 생선보다 경직이 빨리 시작되며 경직 지속 시간도 짧아 자기 소화도 빨리 일어남

③ 죽기 전 격렬하게 운동한 어류는 저장한 글리코겐을 사용하므로 경직 개시가 빠르고, 경직 지속 시간이 짧음

④ 생선을 잡은 뒤 선도 유지를 위해 바로 동결하면, 글리코겐이 보존되고, 사후 경직 개시 시간이 연기되므로, 저장 수명이 길어짐

⑤ 경직 개시 : 사후 1~7시간 시작, 경직 지속 : 5~22시간

(2) 자기 소화

① 경직기가 끝나면 단백질 분해 효소에 의해 자기 소화가 일어나 어육 연해짐

② 일부 큰 생선을 제외하고 어육은 수육과 달리 자기 소화가 일어나면 풍미가 저하되고 부패되기 쉬움

③ 자기 소화에 의해 저분자의 질소화합물 생성되어 점질물 → 아가미, 내장 등에 부착된 미생물의 먹이

④ 자기 소화가 끝나면 pH는 중성으로 되며 세균 번식에 알맞은 환경이 됨

⑤ 트리메틸아민옥사이드(TMAO) 감칠맛, 무취 $\xrightarrow{\text{세균에 의해 환원}}$ 트리메틸아민(TMA) 비린내

⑥ 히스티딘 $\xrightarrow[\text{탈탄산}]{}$ 히스타민(알레르기성 식중독 유발물질, 두드러기 등등)

⑦ 각종 부패취 성분 생성

5 어패류의 신선도 판정

관능적	탄력성	사후 경직 중의 생선은 눌러도 살이 빨리 되돌아옴
	안구	안구가 튀어나오고 투명한 것
	피부	어종 특유의 색채와 광택
	비늘	비늘 탈락이 없고 윤택함
	아가미	• 색이 선홍색이고 냄새가 나지 않는 것 • 부패되면 갈색, 흑색, 점착성 증대, 부패취
	복부	복부에 탄력이 있고 팽팽하며 내장이 나오지 않은 것
화학적	pH	• 신선한 생선 pH 7 정도 • 최대 경직기 pH 5.5 정도 • 다시 pH 증가해 6.0~6.2면 초기 부패, 6.2~6.5면 부패로 봄(pH는 감소했다가 다시 증가하므로 pH만으로 부패 판정 어려움)
	암모니아 형태의 질소	30mg% 이상이면 초기 부패
	휘발성 염기질소	• 신선육: 5~10mg% • 초기 부패: 30~40mg% (%는 어육 100g당이라는 뜻임)
	TMA	3~4mg% 초기 부패(어종마다 많이 다름)
미생물학적	세균수	어육 1g당, 초기 부패: 10^7 ~10^8

6 어패류의 처리

(1) 어취 제거

① 씻기: 생선 비린내의 주원인인 트리메틸아민은 표피 부분에 많으며 수용성이므로 흐르는 물에 살살 문지르며 씻고, 점액을 잘 제거함(특히, 단체 급식 시 일시에 다량 손질하게 되는 경우 소금물은 호염성 장염 비브리오균이 번식하기 쉬우므로 피함)

② 된장, 우유(콜로이드 용액): 콜로이드 입자인 된장 속의 단백질과 펩티드, 우유 속의 카제인이 냄새 성분과 흡착(된장이 다른 조미료와 흡착해 조미료가 생선에 침투하는 것을 방해할 수 있으므로 된장을 나중에 넣을 것)

③ 레몬즙, 식초(산): 레몬즙, 식초의 산이 염기성의 아민을 중화시킴

④ 청주(알코올): 알코올이 어취 성분과 함께 휘발함

⑤ 그 외 강한 맛과 향으로 생선 비린내를 숨기는 재료들, 미각을 마비시켜 느끼지 못하게 하는 재료들도 있음

(2) 조개류 전처리(해감)

① 바닷물 염도인 2~3% 소금물에 담그고 종이를 덮어 주위를 어둡게 하여 둠
② 소금물의 농도가 높으면 조개가 탈수되어 질기고 맛이 없음
③ 재첩과 같은 민물조개는 맹물에서 해감
④ 조개는 해감 시 삼투압 조절을 위해 세포 내 아미노산을 증가시키므로 맛도 더욱 좋아짐

(3) 기타

① 어패류는 자른 후 씻는 것을 피함. 영양소와 맛성분 손실
② 생선 표면의 미끈거림은 당류와 단백질이 결합한 점성 물질로 오염 물질 및 세균을 흡착
③ 미끈거림은 물로는 제거되지 않으나 소금물로 씻으면 제거

정리
- 비린내 제거는 소금물이 아니고 물
- 미끈거림 제거는 소금물
- 맛성분 용출 방지 효과는 소금물

7 어패류의 조리 특성

(1) 열응착성

① 생선 가열 시 석쇠, 냄비, 프라이팬 등 금속 재질의 조리 도구에 달라붙는 현상
② 미오겐 때문에 발생하는 현상으로, 미오겐의 펩타이드 결합이 끊어지면서 활성기가 석쇠에 붙음
③ 석쇠를 미리 달구거나 기름칠해서 예방
④ 석쇠를 미리 달구는 이유는 단백질을 빠르게 응고시키기 위함

(2) 생선에 소금 뿌리기

소금 양	효과	식품 예
1~2%	생선 탈수시켜 살 단단	생선 소금구이
2~6%	액틴, 미오신 용출	어묵
10~15%	액틴, 미오신 용출량 감소, 단백질 응고, 탈수, 효소 변성돼 불활성화, 세균 증식 억제	자반

생선과 육류에 소금 뿌리기
- 생선은 조리 20분 정도 전에 미리 뿌려 놓으면 조직이 적당히 단단해져 맛있음
- 육류는 굽기 직전에 뿌려야 조직이 부드러워 맛있음. 미리 뿌리면 탈수 작용으로 고기가 질기고 단단해짐
- 고기 또는 생선에 소금을 뿌려 구우면 표면이 빨리 굳어 맛성분 유출 줄일 수 있음

(3) 오징어 껍질에 콜라겐

① 오징어 껍질: 표피 + 색소층 + 다핵층 + 진피

㉠ 껍질을 벗겨도 진피는 남음

㉡ 진피에 콜라겐 많음. 세로 방향

㉢ 오징어 가열 시, 콜라겐 수축, 내장이 붙어 있던 안쪽이 바깥으로 나오면서 세로 방향으로 말림

㉣ 오징어가 말리지 않게 하려면 바깥쪽에, 솔방울 모양을 만들려면 내장이 붙어 있던 안쪽에, 칼집을 냄

② 생선, 오징어 껍질의 진피에는 콜라겐 많음. 콜라겐은 가열 시 강하게 수축함

③ 생선구이 시 생선 껍질 수축 및 찢어짐. 껍질에 칼집을 내면 생선을 보기 좋게 구울 수 있음

(4) 생선 콜라겐

콜라겐 −(가열)→ 졸 상태의 젤라틴 −(식히면)→ 젤라틴 겔화

8 어패류의 조리 및 이용

(1) 조림

① 흰살, 붉은살 생선 공통

㉠ 양념장이 끓은 후 생선을 넣어야 → 표면 단백질 응고되어 → 모양 유지, 풍미 빠지지 않음

㉡ 너무 오래 끓이면 → 간장의 삼투압에 의해 탈수로 생선살 수축하고 단단해짐. 단백질 열응고 오래 지속돼 생선살이 단단해짐

② 차이점

㉠ 흰살 생선은 담백하고 살이 잘 부스러지므로, 최소 양념으로 생선 자체의 맛을 살리며, 단시간 가열

㉡ 붉은살 생선은 살이 단단한 편이며 어취가 있으므로 고춧가루 등의 양념을 첨가하여 양념이 깊이 침투하도록 10~15분 정도 가열함

(2) 구이

지방 함량이 많은 생선이 적합

(3) 찌개

흰살 생선 중 비린내가 적고 비교적 콜라겐 함량이 많아 살이 단단한 생선이 적합

(4) 전과 튀김

지방 함량이 적은 흰살 생선

(5) 회

① 흰살 생선은 붉은살 생선에 비해 경직 기간이 길어 쉽게 상하지 않음

활어회	갓 잡은 것
경직기 회	회를 냉장고에 1~2시간 보관 후 섭취, 근육이 단단하여 쫄깃함
선어회	• 포획 후 8~10시간 정도 지남 • 경직이 끝나 살이 연화되고 이노신산이 증가하여 맛도 좋아짐

② 회에 레몬즙을 뿌리면 단백질 응고 촉진해 단단한 식감

(6) 어묵

약 3% 소금 농도에서 염용성 단백질인 액틴과 미오신이 용출돼 나온 뒤, 액토미오신 형성 → 수분과 흡착해 점도 높은 졸 형성 → 입체적 망상 구조 형성해 겔 형성

객관식 어묵을 만들 때 첨가한 Na^+는 미오신/액토미오신을 튼튼한 망상 구조로 만들어 탄력 있는 겔을 형성함

기출 문제 2020-A12

다음은 영양교사와 학생의 대화 내용이다. 〈작성 방법〉에 따라 서술하시오. [4점]

학　　생: 선생님! 신선한 바다 생선은 비린내가 왜 안 나나요?
영양교사: 신선한 바다 생선은 약간의 단맛과 무취의 (㉠)(이)라는 물질이 표피 점액에 있는데 그 물질은 비린내가 없기 때문이에요. 하지만, 생선을 잘못 보관하거나 시간이 지날수록 (㉠)이/가 변해 ㉡ 강한 비린내를 내게 되지요.
학　　생: 그렇군요. 생선을 조리할 때 비린내를 제거하는 방법이 있나요?
영양교사: 물론이죠. 비린내를 제거하는 방법이 몇 가지 있지만, 오늘 급식으로 제공되는 고등어 조림에는 ㉢ 청주와 ㉣ 된장을 첨가했어요.
학　　생: 청주와 된장을요? 청주와 된장의 냄새 때문에 비린내가 안 나게 되는 건가요?
영양교사: 음... 청주와 된장이 갖는 특유의 냄새가 비린내 제거에 영향을 미칠 수도 있지만 비린내를 제거하는 원리는 각각 따로 있어요.

〈작성 방법〉

- 괄호 안의 ㉠에 공통으로 해당하는 물질과 밑줄 친 ㉡의 냄새 성분을 순서대로 제시할 것
- 밑줄 친 ㉢, ㉣에 의해 생선 비린내가 제거되는 원리를 각각 1가지씩 제시할 것

CHAPTER 13

달걀

1 달걀의 구조

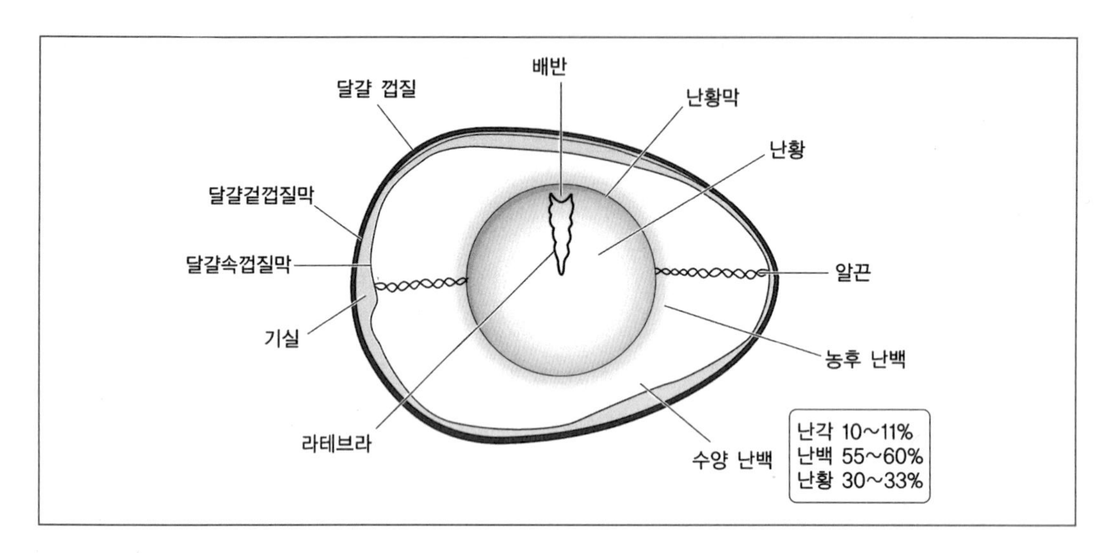

(1) 난각, 난각막, 기공, 기실

① 달걀 껍질 = 난각

㉠ 위 그림에서 왼쪽의 평평한 부분을 둔단부, 오른쪽의 뾰족한 부분이 첨단부

㉡ 백색란과 갈색란은 닭의 품종 차이일 뿐 달걀의 품질, 맛, 영양 차이는 없음

㉢ 산란 직후 난각은 큐티클로 덮여 있어 까칠함. 세균 침입을 막는 역할. 시간이 지날수록 큐티클 벗겨짐

② 난각막

㉠ 달걀겉껍질막 = 외난각막

㉡ 달걀속껍질막 = 내난각막

③ 기공 : 난각에는 많은 기공이 있어, 수분 증발, 이산화탄소 배출, 세균 침입 등이 일어남. 기공은 둔단부에 주로 몰려 있음

④ 기실(= 공기집) : 산란 직후에는 기실이 없지만 시간이 지날수록 수분과 이산화탄소 증발하고 내용물 수축하여 기실 생김. 외난각막과 내난각막은 붙어 있으나 기실 부분에서 떨어져 있음

(2) 난백

① 농후 난백(점도 높음) + 수양 난백(점도 낮음)

② 신선한 달걀은 농후 난백이 많음. 차츰 농후 난백도 자가 소화에 의해 수양 난백화

③ 알끈은 난황 위치 고정, 알끈은 익히면 거칠고 단단해지므로 섬세한 음식을 할 때는 알끈 제거

(3) 난황

① 오래된 난황은 알끈이 약해져 중앙에 있지 않고, 난황막이 약해 터지기 쉬움

② 난황은 미립자[중심에 TG + 인지질(레시틴) + 외부를 단백질이 둘러쌈]로 구성돼 있으며, 삶을 때 미립자가 각자 응고하므로 부서지기 쉬움. 난황을 깨 교반해서 가열하면 미립자 간 교차 결합 형성해 고무처럼 됨

2 달걀의 성분

- 난백: 전체 난백의 10% 정도가 고형분이며, 이 중 대부분이 단백질. 지질은 거의 없음
- 난황: 전체 난황의 50% 정도가 고형분이며, 이 중 지질 비율이 단백질 비율보다 큼

구분	난황	난백
지질	• 올레산 등 불포화 지방산 • 레시틴 등 인지질 • 콜레스테롤	거의 없음
단백질	비텔린, 비텔리닌, 리포비텔린, 리포비텔리닌	• 오브알부민: 가장 큰 비율 • 콘알부민(=오보트랜스페린): 철, 구리와 같은 금속과 결합 가능, 기포 형성 • 오보글로불린: 기포 형성 • 오보뮤코이드: 트립신 저해제 역할 • 오보뮤신: 기포 안정성 • 라이소자임: 용균 작용, 기포 안정성 • 아비딘: ov + a, ovo + g, ovo + m
	필수 아미노산 모두 함유, 단백가 100	
무기질	철분	
	삶으면 함황 아미노산의 분해로 황화수소 생성. 삶은 달걀 냄새	
색소	• 잔토필류(루테인, 제아잔틴) • 난황의 색은 품종 및 사료에 따라 달라질 뿐이며, 영양소 함량을 반영하는 것은 아님	

3 달걀의 조리 특성

(1) 열 응고성

① 응고 원리

㉠ 가열 → 단백질 변성 → 응고

㉡ 반숙이 날달걀 또는 완숙보다 소화가 잘되는 이유: 가열하면 일부 이황화 결합이 분해. 오래 가열하면 새로운 이황화 결합 생성

② 열 응고 영향 요인

- 응고성 증가 → 단단한 달걀찜
- 응고성 감소 → 부드러운 달걀찜

㉠ 단백질 농도: 단백질 농도 높을수록 응고 촉진(수분이 많을수록 희석 효과로 응고성 감소)

㉡ 산 첨가: 단백질 응고 촉진 ∵ 달걀물 pH 저하. 달걀물 pH가 달걀 단백질 pI에 가까워지면 단백질의 순전하가 0에 가까워지면서 단백질은 정전기적 반발력을 잃고 응고

㉢ 염(또는 전해질 또는 이온): 단백질 응고 촉진

∵ 염의 해리로 생긴 이온이(우유, 칼슘 이온이 or 소금/소금의 해리로 생긴 이온이 또는 나트륨 이온이) 단백질의 전하를 중화시켜 정전기적 반발력을 잃게 만듦

㉣ 설탕: 단백질 응고 억제

∵ i) 설탕은 변성된 단백질에 결합하여 단백질끼리 재결합 방해

ii) 설탕은 응고 단백질을 어느 정도 용해시키는 해교 작용이 있음

달걀찜을 만들 때, 달걀을 우유에 푼다는 의미?

- 우유는 순수한 물보다 수분 함량이 적음
- 우유 자체는 단백질
- 칼슘이온
- 우유는 모든 면에서 달걀 단백질 응고를 촉진함

식품학 단백질 열변성 영향 요인 중 수분이 많으면 열변성이 쉬움. 수분의 분자 운동이 왕성해져 펩티드 사이의 수소 결합을 쉽게 파괴함

기출 문제 2017-B4

다음 표와 같은 배합으로 (가)~(라)의 달걀액을 각각 만들어, 90℃ 정도의 온도에서 배합 이외에는 모두 동일한 조건으로 달걀찜을 만들었다. 다음에 제시한 〈조건〉을 고려하여 완성된 달걀찜의 단단한 정도에 따라 (가)~(라)를 부드러운 것부터 나열하고, 그 이유를 설명하시오. [4점]

종류	전란 푼 것(g)	물(g)	우유(g)	소금(g)	설탕(g)
(가)	30	70	–	–	–
(나)	30	–	70	1	–
(다)	30	70	–	1	–
(라)	30	70	–	–	2

〈조건〉
- 첨가한 소금과 설탕이 달걀액의 희석 정도에 미치는 영향은 무시할 것
- 물과 우유의 비중 차이는 무시할 것
- 우유의 단백질이 달걀액의 단백질 농도에 미치는 영향은 무시할 것

(2) 난백 기포성

① 난백 단백질(난백과 난백 단백질 구분)

㉠ 오보글로불린: 표면 장력을 낮추어, 거품 형성에 기여
- 오리알 난백은 오보글로불린이 적어 거품이 생기지 않음
- 달걀 난백도 오보글로불린을 제거하면 거품 형성되지 않음

㉡ 오보뮤신: 난백의 점도 증가시켜, 거품 안정화에 기여

② 거품 형성 원리

㉠ 난백 교반 → 난백 단백질 변성 → 막을 형성하여 공기를 둘러쌈(난백 단백질이 기포제 역할)

㉡ 난백 단백질이 변성되면 내부에 있던 소수성이 바깥으로 드러나면서, 친수성과 소수성을 모두 띄는 양친매성이 됨. 소수성 부분은 공기를 향하고, 친수성 부분은 물을 향하면서 막을 형성함

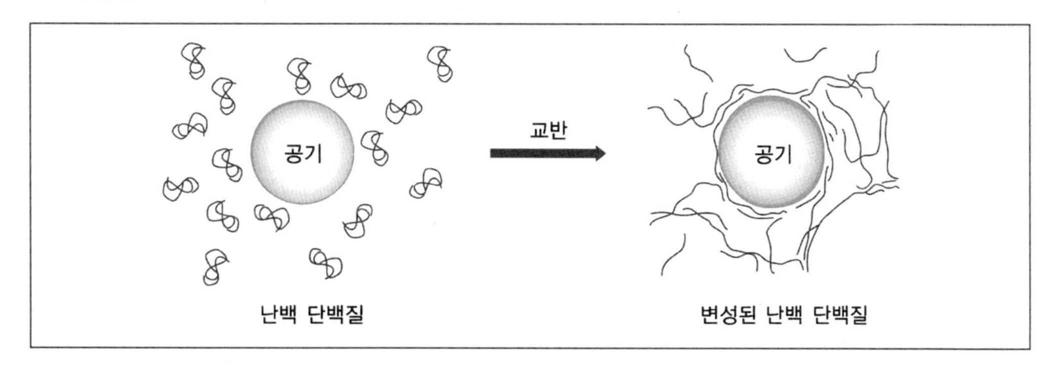

- 공기는 물과 친하지 않음. 거품이 형성되려면 공기와 물이 만나는 경계의 표면 장력을 낮춰야 함. 난백 단백질이 계면활성제 역할을 하여 표면 장력을 낮춤
- 계면활성제 ⊃ 기포제, 유화제

③ 기포 형성능, 기포 안정성, 점도(=점성)

난백의 점성이 낮으면 기포 형성능이 높으며, 반대로 난백의 점성이 높으면 기포 안정성이 증대돼, 일반적으로 기포 형성능과 기포 안정성은 상반되는 경향이 있음

㉠ **기포 형성능**: 거품이 쉽게 형성되는지. 기포 형성능이 떨어지면 거품을 내는 데 시간이 오래 걸림

㉡ **기포 안정성**: 거품이 꺼지지 않고 오래 지속되는지, 기포막이 안정한지

④ 영향 요인

㉠ 난백 상태

- 오보글로불린을 제거하면 거품 형성 안 됨
- 난백의 점성은 난백 단백질 중 오보뮤신의 영향을 받으므로 오보뮤신을 제거하면 거품 안정성 저하
- 묽은 난백은 점성이 낮으므로, 기포 형성능이 좋고, 기포 안정성이 좋지 않음
  예 난백 희석, 수양 난백
- 된 난백은 점성이 높으므로 기포 형성능이 좋지 않고, 기포 안정성이 좋음 예 농후 난백
  * 신선도: 신선한 달걀은 된(또는 농후) 난백이 많으므로 점성이 높아 기포 형성능이 좋지 않고 기포 안정성이 좋음 (신선도에 따른 기포 형성능 평가는 농후와 수양에 따른 점성만 고려하고 pH는 고려하지 않음)

㉡ 온도: 온도가 높아지면 점도가 떨어짐

- 거품 형성을 쉽게 하려면? 냉장고에서 꺼내 실온에 어느 정도 두었다가 거품 내기
- 안정된 거품을 얻으려면? 냉장고에 두었다가 전기 비터로 거품 내기

㉢ 설탕

- 설탕은 난백 점도 증가시킴 → 기포 형성능 감소 → 따라서 기포 형성 후 설탕 첨가가 좋은 방법
- 설탕은 난백 단백질 변성 억제 → 기포 형성능 감소 → 따라서 기포 형성 후 설탕 첨가가 좋은 방법
- 설탕은 난백 점도 증가 → 기포 안정성 증가
- 설탕은 보수성이 좋아 거품 표면에서 수분 증발 감소 → 기포막 광택

㉣ pH

- 난백 pH가 난백 단백질의 pI에 가까워지면 기포 형성능 및 기포 안정성 둘 다 좋아짐
- 등전점 부근에서 → 난백 점도 저하(& 표면 장력 저하)로 기포 형성능 좋아짐
  ↳ 단백질의 순전하는 0에 가까워지므로 → 단백질 간 정전기적 반발력 감소 → 단백질이 거품 표면막을 형성 용이(또는 거품 표면에 단백질 흡착 용이) → 기포 안정성 증가

- 소량의 산 첨가(다량의 산 첨가 시 단백질 응고가 일어나 기포 형성능 저하)
- 교반해 거품이 어느 정도 생겼을 때 산 첨가(교반 전 첨가하면 응고 일어남)

등전점에서 단백질의 성질
- 점도, 삼투압, 팽윤, 용해도는 최소
- 흡착, 기포력, 탁도, 침전은 최대

기출 문제 2019-A8

다음은 카스텔라에 대한 내용이다. 괄호 안의 ㉠, ㉡에 해당하는 주된 단백질의 명칭을 순서대로 쓰시오. [2점]

> 카스텔라는 난황에 설탕, 물엿, 물을 넣어 충분히 젓고, 여기에 거품을 낸 난백과 밀가루를 함께 넣어 가볍게 저은 후 오븐에서 구운 것이다. 카스텔라가 폭신폭신하고 부드러운 이유는 거품 형성 능력이 큰 (㉠)와/과 거품을 안정화시키는 (㉡), 그리고 유화성이 있는 레시틴이 기여하기 때문이다.

(3) 난황 유화성

① 레시틴(인지질)은 양친매성 물질

② 난황은 난황 자체로서 수중유적형 유화 식품이면서, 천연 유화제

③ 식용유에 난황을 넣고 교반하면 마요네즈

④ 난백보다 난황이 유화력 4배(* 거품은 난백으로, 마요네즈는 난황으로)

- 전란을 저으면 난황 지방이 기포 형성을 방해하기 때문에 난백을 젓는 것에 비해 기포 형성이 잘 되지 않음(난백 단백질이 지방을 감싸는 데도 쓰이기 때문)
- 사포닌과 지방도 마찬가지임

(4) 녹변

① 녹변: 난황의 표면이 암녹색으로 변하는 현상

② 난백의 황화수소(H_2S)가 난황의 철분과 반응하여 황화제1철(FeS) 형성하여 암녹색

③ 철의 함량은 난황이 훨씬 높음

④ 함황 아미노산의 함량은 난황과 난백이 비슷함

⑤ 달걀 가열 시

㉠ 난백의 함황 아미노산으로부터 황화수소 생성(난황보다 난백 유황이 열 안정성 약함)

㉡ 가열 시, 외부 압력이 중심부보다 높음. 황화수소가 압력이 높은 난백에서 압력이 낮은 난황으로 이동

⑥ 녹변 촉진 요인

㉠ 오래된 달걀(pH 높음 → 단백질로부터 황이 쉽게 분리됨)

㉡ 높은 온도

㉢ 가열 시간 길수록

⑦ 녹변 예방법

㉠ 신선한 달걀 사용(pH 낮음)

㉡ 오래 가열하지 않음

㉢ 삶은 달걀을 찬물에 담금(외부 압력이 중심부보다 낮으므로 황화수소가 외부로 이동)

- 삶은 달걀을 찬물에 담그면, 난백과 난황의 부피가 수축해 난각막과의 사이에 공간이 생겨 껍질이 잘 벗겨지는 효과가 있음
- 달걀을 삶을 때 껍질이 깨져 난백이 흘러나오면 소금, 식초를 넣어 응고를 촉진시킴

(5) 조리 특성 응용

조리 특성	용도	예
유화성	유화제	마요네즈, 케이크
기포성	팽창제	케이크, 머랭, 마시멜로
×	간섭제 (결정 형성 방해)	캔디, 셔벗
응고성	결착제(=결합제)	전, 크로켓, 만두속
응고성	농후제	커스터드, 푸딩, 달걀찜
응고성	청정제 > 청징제 (부유물이 달걀 단백질에 흡착돼 단백질과 함께 응고 침전, 국물은 맑아짐)	맑은 국, 콘소메

객관식 화양적: 꼬치전처럼 생겼음

4 달걀의 조리 및 이용

삶은 달걀, 수란, 달걀찜, 커스터드, 스크램블 에그, 오믈렛, 프라이드 에그, 수플레, 머랭, 에그노그 등

5 신선도 판정

(1) 외관 판정법

① 껍질이 꺼칠한 것이 매끈한 것보다 더 신선함

② 흔들어 소리가 나면 기실이 커진 것으로 오래된 것임

(2) 투광 판정법

어두운 방에서 강한 광선

(3) 비중법

① 10% 소금물에 달걀을 넣고 떠오르는 상태를 관찰함

② 신선한 달걀의 비중은 1.08~1.09로 밑바닥에 수평으로 가라앉음

③ 오래된 달걀일수록 → 기공 통해 수분과 이산화탄소 증발 → 기실 커짐 → 달걀 비중 작아짐 → 둔단부가 위를 향한 채 뜸

* 달걀이 신선할수록 난각막이 난백에 잘 붙어 껍질을 벗기기가 어려움

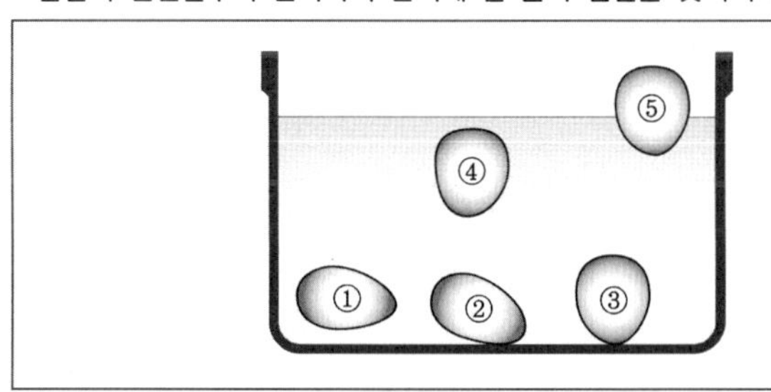

① 산란 직후의 신선한 것
② 1주일이 경과된 것
③ 보통 상태
④ 오래된 것
⑤ 부패한 것

(4) 할란 판정법

달걀을 평판 위에 깨서 평가

① 호우 단위(haugh unit, HU)

㉠ H는 농후 난백의 높이(mm), W는 달걀의 무게(g)라 할 때, $HU = 100\log(H - 1.7W^{0.37} + 7.6)$

㉡ HU가 70 이상이면 신선

② 난황 계수와 난백 계수

㉠ 난황 계수 = 난황 높이(mm) / 난황 평균 직경(mm)
난백 계수 = 난백 높이(mm) / 난백 평균 직경(mm)

㉡ 신선한 달걀의 난황 계수: 0.4 정도, 0.25 이하이면 난황이 깨지기 쉬움

㉢ 신선한 달걀의 난백 계수: 0.14~0.17

③ 된 난백의 비

㉠ 된 난백 무게 / 전 난백 무게

㉡ 신선한 달걀의 된 난백 비는 60%

6 달걀의 저장

① 살모넬라균 번식 방지를 위해 5℃ 이하 냉장 보관

② 기공은 둔단부에 많으므로, 첨단부를 밑으로 둔단부를 위로 보관하면 기공을 막지 않아 호흡과 탄산 가스 배출 원활하여 신신도 유지

7 저장 중 품질 변화

(1) 큐티클

꺼칠한 큐티클 층이 벗겨지며 매끈해짐

(2) pH

① 신선할 때 난백은 pH 7.6이나 2~3일 내 9~9.7이 됨 → 기공을 통해 CO_2 증발 때문

② 초기 pH 측정은 달걀의 신선도 측정에서 중요한 지표

③ 신선한 난황은 6 정도에서 시간이 지나면 6.8이 됨(비교적 변화 완만)

(3) 기실

시간이 지날수록 수분과 이산화탄소는 증발하고 내용물은 수축해 기실은 커지나 비중은 감소함

(4) 난황, 난백

① 자가 소화로 농후 난백이 수양 난백화

② 된 난백 비 감소

③ 오래된 난황은 알끈 약화로 중앙에 있지 못하고, 난백의 수분을 흡수해 부피가 커지면서 난황막이 약화돼 터지기 쉬움

④ 호우 단위, 난황 계수, 난백 계수 모두 감소

달걀 산란일자 표시

달걀 껍데기에는 '산란일자, 생산자 고유번호, 사육 환경 번호' 순으로 총 10자의 난각 표시가 있음
사육 환경 번호는 1. 자유 방목, 2. 축사 내 평사, 3. 개선된 케이지, 4. 기존 케이지

달걀 정보 확인법

기출 문제 2021-B4

다음은 영양교사와 학생이 나눈 대화 내용이다. 〈작성 방법〉에 따라 서술하시오. [4점]

> 영양교사: 오늘은 탕평채의 조리 방법에 대하여 알아보아요. 재료는 청포묵, 쇠고기, 숙주나물, 미나리, 달걀, 김, 갖은 양념이 필요해요. 조리 과정에서 ㉠ 미나리는 끓는 물에 살짝 데친 후 재빨리 찬물에 헹구어서 물기를 꼭 짜두어요.
> 학 생: 네.
> 영양교사: 달걀은 고명으로 사용하기 위해 흰자와 노른자를 분리하여 지단으로 만들어요.
> 학 생: 선생님, 그런데 집에서 프라이팬에 달걀을 깼는데 평소와 다르게 흰자가 넓게 퍼졌어요. 왜 그런가요?
> 영양교사: 일반적으로 ㉡ 달걀의 신선도가 떨어졌을 때 나타나는 현상이라고 볼 수 있어요.
> 학 생: 선생님, 김이 재료 중에 들어 있어서 질문하는데요. 김은 보통 검은색으로 보이는데 저희 집에 있는 김은 ㉢ 붉은색으로 변했어요.

〈작성 방법〉

- 밑줄 친 ㉠의 색이 데치기 전에 비해 선명해지는 이유를 제시할 것(단, 효소와 관련한 내용 제외)
- 밑줄 친 ㉡에서 달걀 흰자의 pH 변화와 그 이유를 각각 제시할 것
- 밑줄 친 ㉢에 해당하는 색소의 명칭을 쓸 것

우유와 유제품

1 우유의 성분

수분 약 87%, 고형분 13%(단백질 3~4%, 유지방 3~4%, 유당 4~5% 등등)

(1) 단백질

① **단백질 조성**: 카제인 80% : 유청(= 유장, whey) 단백질 20%

② **카제인**

㉠ 카제인은 산, 레닌에 의해 응고, 열에 안정하여 조리 온도에서 응고 안 됨

㉡ α-카제인과 β-카제인은 소수성, κ-카제인은 양친매성, 카제인 미셀 형성

㉢ 우유 속의 카제인 단백질 = 콜로이드 용액(졸)

③ **유청 단백질**

㉠ 유청 단백질(α-락트알부민, β-락토글로불린 등)은 산이나 레닌 응고×, 열 응고○(65℃ 정도에서 응고하기 시작)

㉡ 우유 가열 시 피막 및 침전물 형성

(2) 유지방

① 중성 지방을 인지질이 둘러싼 미셀

② 우유 속의 유지방은 에멀젼(수중 유적형 O/W)

③ 유지방이 많을수록 부드러운 질감

④ 유지방에는 단쇄, 중쇄 지방산 비율 높아서 소화 및 흡수 양호하고, 우유와 유제품에 독특한 풍미를 주나, 리파아제의 작용으로 유리 지방산이 생성되면 불쾌취

> **우유는 콜로이드 용액**
> - 우유 속의 카제인 단백질은 졸
> - 우유 속의 유지방은 에멀젼
> - 카제인 단백질이나 유지방 모두 미셀(=마이셀) 구조
> - 카제인 단백질에서는 카파카제인이, 유지방에서는 인지질이 감싸는 역할

(3) 탄수화물

대부분 유당 ┌ 유산균의 먹이가 되어 정장 작용
└ 용해도가 낮아 결정화되기 쉬우므로, 저장된 분유가 덩어리지는 원인, 아이스크림이 모래알

(4) 비타민, 무기질

① 칼슘 풍부, 철 부족

② 비타민 A, 리보플라빈은 많고, 비타민 C는 적은 편

③ 빛에 노출되면 리보플라빈 파괴되므로 불투명 용기에 포장

> 리보플라빈은 빛에 불안정하여 ⅰ) 산성, 중성에서 빛을 쬐면 루미크롬이 됨(투명한 병에 담긴 우유가 장시간 빛에 노출) ⅱ) 알칼리에서 빛을 쬐면 루미플라빈이 됨

(5) 색, 맛, 향

① **유백색**: 카제인과 인산칼슘의 콜로이드 용액이 빛에 반사된 것
담황색: 카로틴(푸른 잎을 사료로 하는 여름은 겨울보다 우유 내 카로틴 함량 많음), 리보플라빈

② **약간의 감미**: 유당

③ **우유 향**: 아세톤, 아세트 알데히드, 디메틸설파이드, 저급지방산

㉠ 우유 가열 시 마이야르, 캐러멜화

㉡ **가열 우유 특유 향**: 휘발성 황화합물, 황화수소

㉢ 초고온살균한 우유에서 나는 가열취의 원인은 주로 유청 중의 베타 락토글로불린(β-lactoglobulin)이 분해될 때 발생하는 황화수소 때문

2 우유의 가공

(1) 균질화

유화 상태가 깨지면 지방구가 떠올라 크림층을 형성할 수 있음. 이를 방지하기 위해 일정하게 작은 크기로 분쇄하는 것을 균질화라고 함

① **장점**: 크림층 형성 방지, 부드러운 촉감, 맛 좋아짐, 소화 및 흡수 용이

② **단점**: 표면적 증가하여 산패 쉬워짐

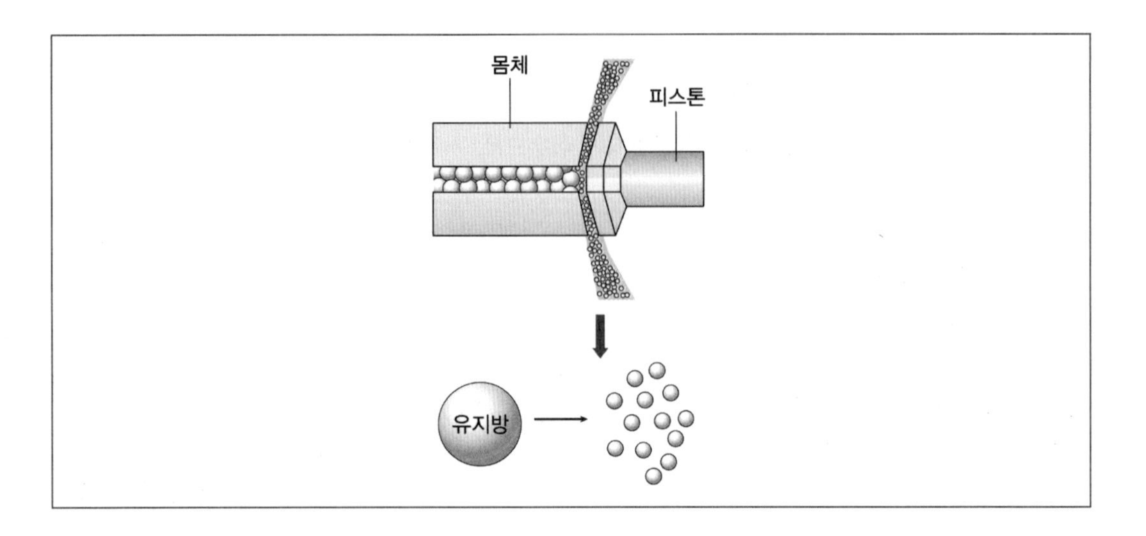

(2) 살균

① 저온 장시간 살균(Low Temperature Long Time, LTLT)

㉠ 62~65℃ 30분

㉡ 가장 오래된 방법, 비용이 적게 듦, 간편함, 우유 본래의 풍미가 남지만 보존성은 떨어짐

② 고온 단시간(또는 고온 순간) 살균(High Temperature Short Time, HTST)

㉠ 72~75℃ 15~20초

㉡ 영양과 맛 보존

③ 초고온 순간 살균(Ultra High Temperature, UHT)

㉠ 120~135℃ 2~3초

㉡ 영양소 파괴와 화학적 변화 최소화, 살균 효과 극대화, 국내 가장 널리 쓰임, 휘발 성분이 날아가 풍미 감소

(3) 강화

지방 함량을 높이거나, 비타민 A · D, 철분, 칼슘, 셀레늄 등을 강화

기출 문제 2016-A5

다음은 우유 살균법에 대한 설명이다. 괄호 안의 ㉠, ㉡에 해당하는 용어를 순서대로 쓰시오.

[2점]

> 우유는 영양소와 수분이 풍부하여 각종 미생물이 번식하기 쉬우므로 반드시 살균하여야 한다. 영양 성분이나 맛은 유지하면서, 살균 효과를 낼 수 있는 살균법(72~75℃, 15~20초)은 (㉠)이다. 이 때 살균이 제대로 되었는지 확인하기 위한 지표로서 활성을 측정하는 효소는 (㉡)이다.

3 우유의 조리 특성

(1) 피막 형성

① 우유를 뚜껑 없는 냄비에서 40℃ 이상으로 가열하면 표면에 피막 형성 시작
② 상층에 모인 지방과 유청 단백질인 α-락트알부민, β-락토글로불린이 붙어 피막 형성
③ 피막이 수분 증발을 막아 우유가 끓어 넘침
④ 피막 제거해도 또 생김. 제거 시 영양 손실
⑤ 뚜껑을 덮고 우유를 저어가며 중탕 가열하면 피막 감소(타락죽: 우유를 끓이는 과정이 포함됨)

(2) 응고

① 산에 의한 카제인 응고 기전

㉠ pI, pH 이용해 응고 기전 설명

- 카제인의 pI는 4.6, 우유의 pH는 6.6
- 따라서 우유 안에서 카제인은 음전하를 띠므로, 정전기적 반발력에 의해 서로 밀어냄
- 산 첨가 시(또는 유산균 접종 시 유당 발효해 젖산 생성하므로) → 우유 pH 내려감 → 우유 pH가 카제인 pI에 가까워지면 → 카제인의 순전하는 0에 가까워지며 → 카제인은 정전기적 반발력을 잃고 응고

㉡ 산 응고 치즈에는 칼슘이 부족한 이유

- 카제인은 우유 안에서 칼슘포스포카제네이트 형태로 존재
- 산 첨가 시(또는 유산균 접종 시) 유당 발효해 젖산 생성하므로
- 산의 H^+에 의해 카제인의 음전하 중화되면, 카제인은 정전기적 반발력을 잃고 응고함. 이때, 칼슘포스포카제네이트의 상당량 칼슘 이온은 수소 이온으로 대체돼 유청에 남게 됨. 따라서 산 응고 치즈는 칼슘 함량이 낮음

(+) (−) 칼슘포스포카제네이트 —수소 이온(H^+)→ (중성) 카제인 + (+) Ca^{2+}
↓
카제인 응유물(겔)

② 산에 의한 카제인 응고 기타 지식

㉠ 산 응고 치즈 예시: 코티지치즈, 모차렐라, 크림치즈

㉡ 산을 넣거나, 유산균 접종(원유에는 유산균이 있음. 유당을 발효해 젖산을 생성하면, pH가 내려감. 그러나 시판 우유는 가열살균하였으므로 유산균을 이용한 우유 발효 제품을 만들고 싶다면 유산균을 새로 접종해야 함. 이때 넣는 유산균을 스타터라 함)

㉢ 토마토, 레몬 등 산을 함유한 제품은 우유와 함께 조리할 때, 우유 단백질이 침전하지 않도록 주의해야 함. 조리 마지막 단계에 넣어 짧게 가열함

㉣ 토마토 스프를 만들 때 화이트 소스를 이용할 수 있음. 화이트 소스란 밀가루와 우유로 만든 것으로서, 밀가루의 전분과 글루텐이 카제인을 둘러싸 토마토의 산에 의한 카제인 응고 방지

㉤ 아이스크림 만들 때 젤라틴 첨가 시 카제인 응고 방지

③ 효소에 의한 응고

응유 효소: 레닌(키모신이라고도 함)

카파 카제인(양친매성) —(레닌)→ 파라－카파－카제인(소수성) + 글라이코펩티드(친수성)

㉠ 카제인 미셀은 양친매성의 카파 카제인에 의해서 안정성이 유지됨. 하지만 레닌 첨가 시, 카파 카제인은 소수성의 파라－카파－카제인과 친수성의 글라이코펩티드로 분해됨. 글라이코펩티드가 끊어져 나가면 카제인 미셀은 안정성을 잃고 소수성 결합에 의해 응고됨

㉡ 이 과정에서 칼슘이 추가로 결합해 카제인 응고를 도움

㉢ 이 과정에서 산 응고 치즈와 달리 카제인 미셀에 함유된 칼슘이 제거되지 않으므로 칼슘 함량이 높음. 단단하고 질긴 치즈

* 효소 관련 핵심 기전은 ㉠ (2023), 무기질 언급 기전 ㉠+㉡ (2022)
* 효소 응고 치즈가 칼슘 함량이 높은 이유? (2024)

(강의 ver) 산 응고 치즈의 경우 (2) 응고 < ① 산에 의한 카제인 응고 기전 < ㉡ 산 응고 치즈에는 칼슘이 부족한 이유. 레닌 응고 치즈의 경우, ㉠+㉢

(채점 ver) 산 응고 치즈에서는 칼슘포스포카제네이트의 상당량 칼슘 이온은 수소 이온으로 대체돼 유청에 남게 되지만, 레닌 응고 치즈에서는 카제인 미셀에 함유된 칼슘이 제거되지 않음

㉣ 레닌은 효소이므로 가열에 의해 불활성화됨. 최적 온도 40℃ 정도. 레닌 응고 치즈의 예로는 체다치즈가 있음

④ 기타 다른 방법에 의한 응고

㉠ **염**: 우유에 염(소금, 햄)을 넣고 가열(염이 해리돼 생긴 이온이 단백질의 전하를 중화시킴)

㉡ **폴리페놀**: 채소, 과일, 차, 커피, 감, 아스파라거스 수프, 감자 수프

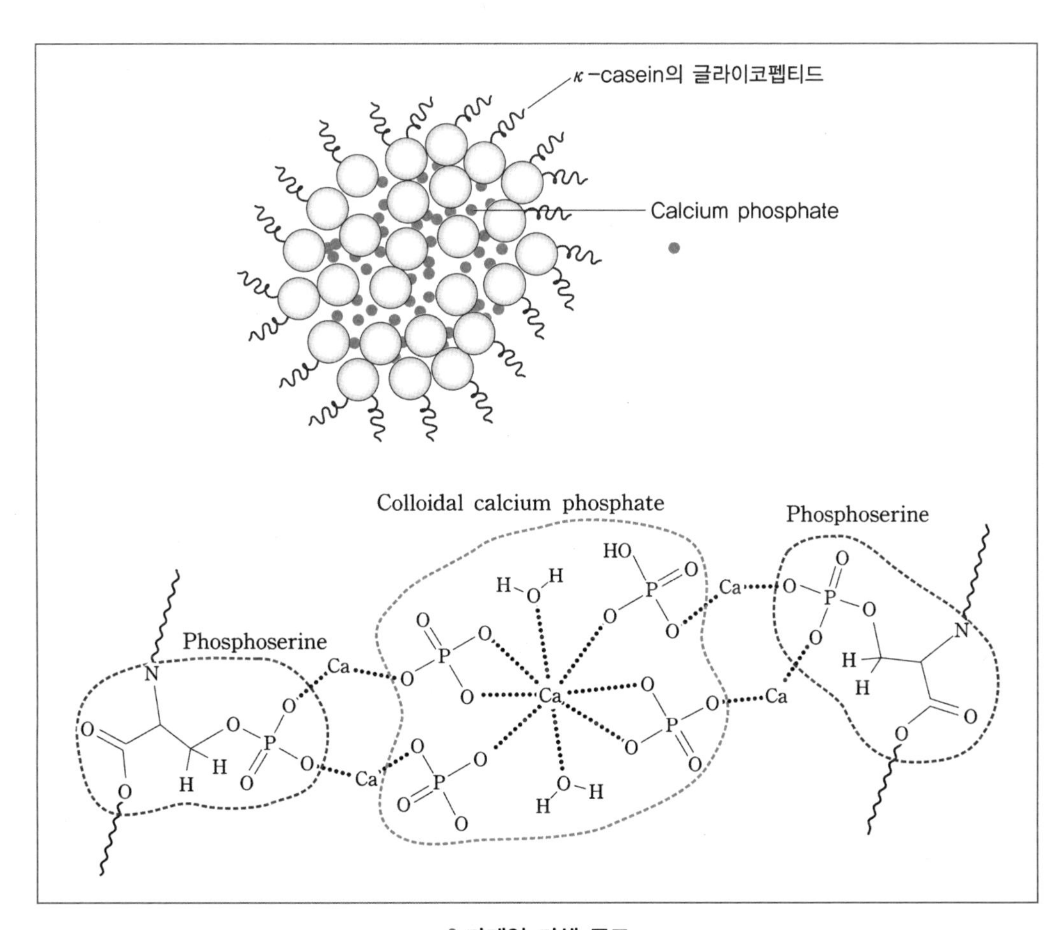

카제인 미셀 구조

기출 문제 2022-B4

다음은 단백질의 성질에 관한 내용이다. 〈작성 방법〉에 따라 서술하시오. [4점]

단백질이 가열, 산, 알칼리, 염류 등에 의해 응고되거나 물리·화학적 작용에 의해 고유의 구조가 달라지면서 본래의 성질과 다른 상태가 되는 것을 (㉠)(이)라고 하며, 이때에도 ㉡ 단백질의 1차 구조는 변하지 않는다. 치즈는 우유 단백질을 응고시킨 대표적인 식품으로 우유에 산을 넣거나, ㉢ 응유효소인 레닌을 첨가하여 제조한다.

〈작성 방법〉

- 괄호 안의 ㉠에 해당하는 용어를 쓰고, 밑줄 친 ㉡의 이유를 서술할 것
- 치즈 제조 시 밑줄 친 ㉢과 반응하여 생성되는 물질의 명칭을 쓰고, 그 응고 기전을 우유 속 무기질 성분을 포함하여 서술할 것

기출 문제 2023-A9

다음은 단백질의 응고성을 이용하여 식품을 만드는 과정을 도식화한 것이다. 〈작성 방법〉에 따라 서술하시오. [4점]

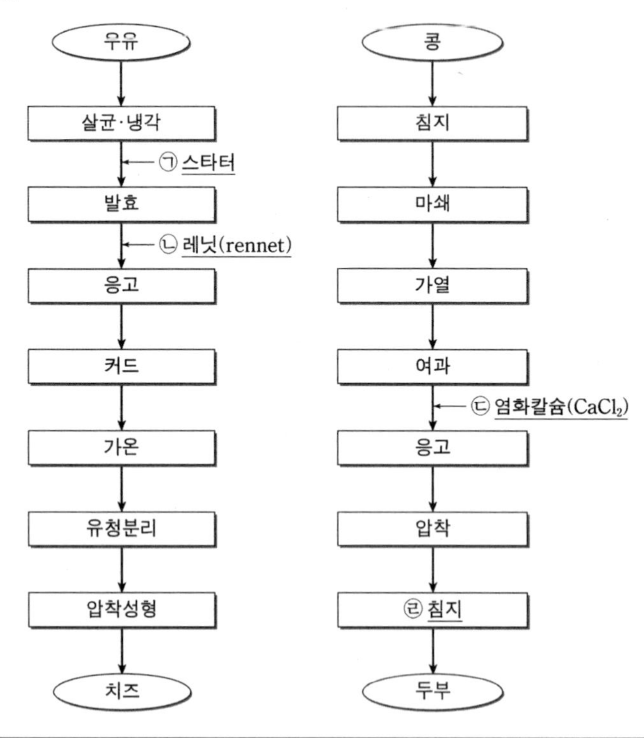

〈작성 방법〉

- 밑줄 친 ㉠을 첨가하는 목적을 쓸 것
- 밑줄 친 ㉡, ㉢에 의한 응고 기전의 차이를 서술할 것
- 밑줄 친 ㉣의 목적 1가지를 쓸 것

기출 문제 2024-B9

다음은 우유 단백질의 응고에 관한 설명이다. 〈작성 방법〉에 따라 서술하시오. [4점]

우유에는 다양한 단백질이 약 3% 함유되어 있는데, 이러한 단백질은 특정한 조건에서 응고되어 침전된다. 우유 단백질을 응고시키는 방법으로는 ㉠ 식염으로 포화, ㉡ pH 4.6으로 산성화, ㉢ 레닌(rennin) 첨가, 가열 등이 있다.

〈작성 방법〉

- 밑줄 친 ㉠, ㉡으로 단백질이 응고되는 원리를 순서대로 서술할 것
- 밑줄 친 ㉢ 효소가 작용하는 기질의 명칭을 쓰고, ㉡보다 ㉢의 작용으로 응고된 단백질에 칼슘 함량이 더 높은 이유를 서술할 것

4 유가공품 제조

- 원심 분리 → 위에 뜬 지방을 크림 + 나머지를 탈지유
  (원심 분리로 지방을 분리하고자 할 때, 균질화를 안 한 우유가 더 좋음. 균질화한 미세한 지방구는 원심분리가 잘 안 됨)
- 산 또는 효소 이용 → 카제인이 응고한 부분을 커드 + 나머지를 유청

(1) 크림

원심 분리를 통해 얻은 크림을 이용해, 커피크림, 휘핑크림 등을 제조

(2) 버터

원심 분리를 통해 얻은 크림에서 지방 비율을 더 높이고, 유중수적형의 에멀젼으로 만듦

(3) 발효유/연유/분유

- 발효유 : 우유 또는 탈지유를 발효시킴
- 연유 : 우유 또는 탈지유 농축
- 분유 : 우유 또는 탈지유를 농축 및 건조. 전지분유와 탈지분유

(4) 치즈

커드를 가지고 치즈 제조

CHAPTER 15

한천과 젤라틴

1 한천

(1) 채취 · 가공

① 홍조류인 우뭇가사리를 가열해 추출함

② 0.2~0.3%의 낮은 농도에서도 겔을 형성할 정도로 뛰어난 겔화제(젤라틴의 7~8배)

③ 한천은 직선상의 아가로스 + 가지상의 아가로펙틴 혼합물

④ 아가로스는 겔화력과 보수성이 큼

⑤ 아가로펙틴은 겔화력과 보수성은 약하나 점탄성이 큼

⑥ 갈락탄 일종(갈락탄이란 갈락토스로 구성된 다당류를 말함. 갈락토스 또는 갈락토스 유도체로 구성됨)

(2) 이수 현상(=이액 현상, 이장 현상)

겔 표면에 수분이 흘러나오는 것을 말하며, 망상 구조가 수축하면서 내부의 물이 빠져나오는 현상

(3) 이수 방지책

한천 농도 높임, 설탕 첨가, 소금 첨가, 방치 시간 줄임(한천 농도 1% 이상이고 설탕 60% 이상이면 이수 현상 전혀 없음. 소금 3~5% 첨가 시 겔 강도 증가 및 이수 감소)

* 설탕은 보습성이 뛰어나 수분이 한천겔의 망상 구조를 빠져나가는 것을 방지

기출 문제 2017－A7

다음은 여고생 정현이와 영양교사의 대화 내용이다. 괄호 안의 ㉠에 공통으로 해당하는 물질의 명칭과 ㉡에 해당하는 용어를 순서대로 쓰시오. [2점]

> 정　현: 선생님, 어제 제가 엄마하고 과일 젤리를 만들었는데, 처음 만든 것 치고는 잘 만든 것 같아요. 맛있었어요.
> 영양교사: 그랬구나. 젤리를 만들 때 무엇을 넣고 굳혔니?
> 정　현: (㉠)을/를 넣고 굳혔는데, 젤리가 좀 단단하던데요.
> 영양교사: 그래, (㉠)을/를 넣고 굳히면 젤리가 불투명하고 단단해.
> 정　현: 저는 냉장고에 넣어야 굳는 줄 알았는데, 실온에서도 잘 굳었어요.
> 영양교사: 그렇단다. 그리고 굳힌 젤리를 냄비에 넣고 끓이면 80~85℃ 이하에서는 녹지 않지만, 온도를 더 높이면 녹으니까 모양을 다시 만들 수도 있어.
> 정　현: 그렇군요. 그런데 단점은 없나요?
> 영양교사: (㉡)이/가 일어나기 쉬워. 하지만 (㉠)의 농도를 1% 이상으로 높이고 설탕을 60% 이상 첨가하면 덜 일어날 수 있단다.

2 젤라틴

① 무미, 무취, 필수 아미노산 함량이 적은 불완전 단백질

② 젤라틴 젤리는 한천 젤리보다 점탄성과 부착력이 강하므로 2층 젤리 가능

③ 단백질을 주성분으로 하는 젤라틴 용액은 기포성이 있어 거품을 낼 수 있으며, 거품을 내면 2~3배의 용량으로 증가해 스펀지 같은 조직이 됨 예 마시멜로, 누가, 시폰케이크, 바바리안 크림 등

④ 유화제, 결정 형성 방해제 등으로 이용 가능

⑤ 불용성 콜라겐을 산, 알칼리, 가열 처리 시 변성 및 분해돼 수용성 젤라틴 형성

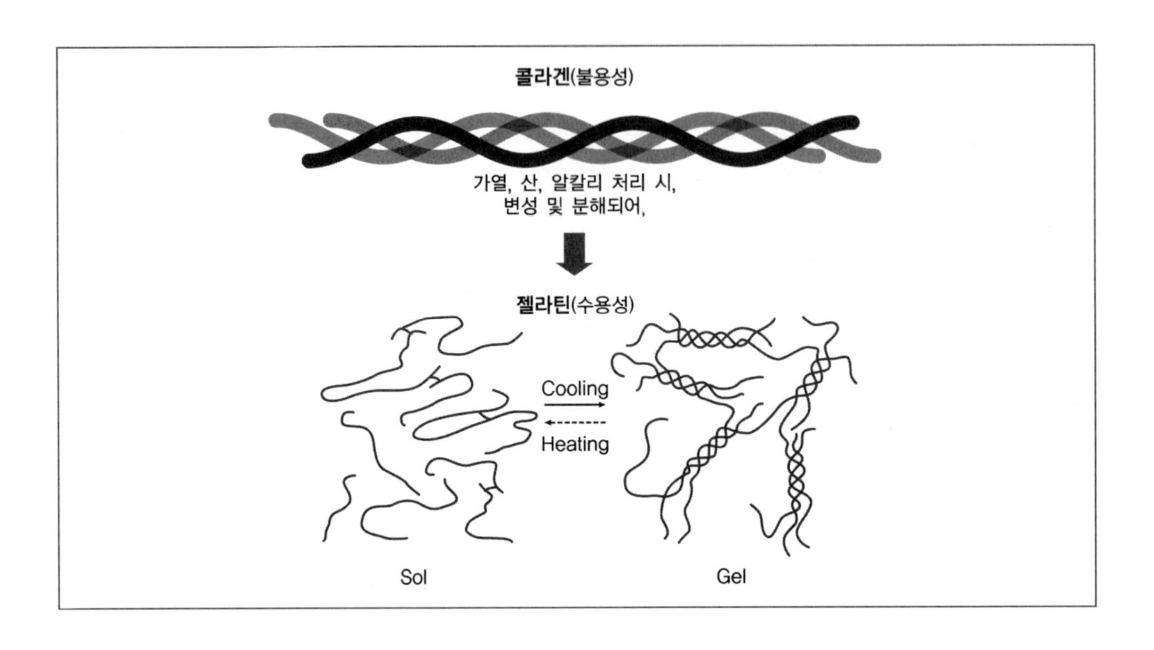

3 한천과 젤라틴 비교

구분	한천	젤라틴
형태	실 한천(가루, 실, 각형 등등 제품)	판 젤라틴(가루, 판 등등 제품)
가공	우뭇가사리 등 홍조류에서 추출(탄수화물 일종)	콜라겐으로부터 유도됨(단백질 일종)
졸&겔	끓이면 졸, 식히면 겔. 졸 ↔ 겔 가역적 변화	
응고 온도	30℃	3~15℃
융해 온도	80~100℃ (같은 양의 설탕을 넣어도 한천 젤리는 젤라틴 젤리에 비해, 융해 온도가 높아서 덜 닮)	40~60℃
	• 응고 온도 차이 때문에 한천은 실온에서 겔 형성, 젤라틴은 냉장 보관해야 겔 형성 • 융해 온도 차이 때문에 한천 겔은 여름에도 실온에서 녹지 않지만 젤라틴 겔은 녹음	
제품	젤리, 양갱	젤리, 마쉬멜로, 족편(콜라겐이 가열 변성에 의해 젤라틴)
칼로리	없음	있음
조직감, 투명성	단단, 불투명	부드러움, 투명

4 겔 형성 영향 요인

구분	한천	젤라틴
겔화 기본 사항	• 농도가 낮으면 겔화 시간이 김 • 기온이 높으면 농도를 올려야 함 • 냉각 온도가 낮을수록 단단하고 빨리 굳음	
산	• 산에 의해 한천이 가수분해돼 사슬 길이가 짧아지므로 겔 강도 약화 • 한천을 가열해 용해시킨 후, 60℃ 정도로 식혀서 과즙 첨가(과즙을 처음부터 같이 넣고 끓이면 산에 의해 한천 가수분해 더 촉진)	• 산을 적당히 넣으면 젤라틴 등전점(pH 4.7)에서 응고력이 강해짐 • 산을 더 넣어 pH가 등전점 이하로 떨어지면 응고력 약화됨
소금	• 겔 강도 증가 • 이수 약화	젤라틴이 물을 흡수하는 것을 막아 단단하게
설탕	• 설탕 첨가 시(60%까지) – 겔 강도 증가 – 겔의 점성·탄성 증가, 투명도 증가, 이수 약화	• 설탕 첨가 시(50%까지) – 젤리 강도 감소
효소		젤리를 만들 때, 파인애플 등 단백질 분해 효소를 포함한 재료를 사용하려면, 생파인애플의 경우 가열하여 효소 불활성화 필요. 또는 효소 불활성화된 통조림 제품 사용(파인애플의 단백질 분해효소=브로멜린) → 단백질 분해 효소가 젤라틴을 가수분해하면, 사슬 길이가 짧아지므로 망상 구조 형성이 어렵기 때문
우유	우유의 지방과 단백질은 한천 겔 망상 구조 형성 방해하여 겔 강도를 약화하므로 우유를 첨가할 때는 한천의 농도를 높여야 함	

생각해 보기

• 효소는 단백질 식품의 형성을 돕기도, 방해하기도 함
• 레닌은 카제인을 이용해 치즈 만드는 것을 도움
• 브로멜린은 콜라겐을 이용해 젤리 만드는 것을 방해함

객관식 젤라틴은 찬물에서 젤라틴 무게의 5~10배 정도 물을 흡수하여 팽윤

CHAPTER 16

유지류

1 유지의 성질

(1) 융점(=녹는점)

유지는 넓은 범위의 융점을 지님. 그 이유는 ① 여러 종류의 TG 혼합, ② 한 종류의 TG라도 녹는 점이 다른 두 개 이상의 결정형으로 존재하는 동질 이상 현상 때문임

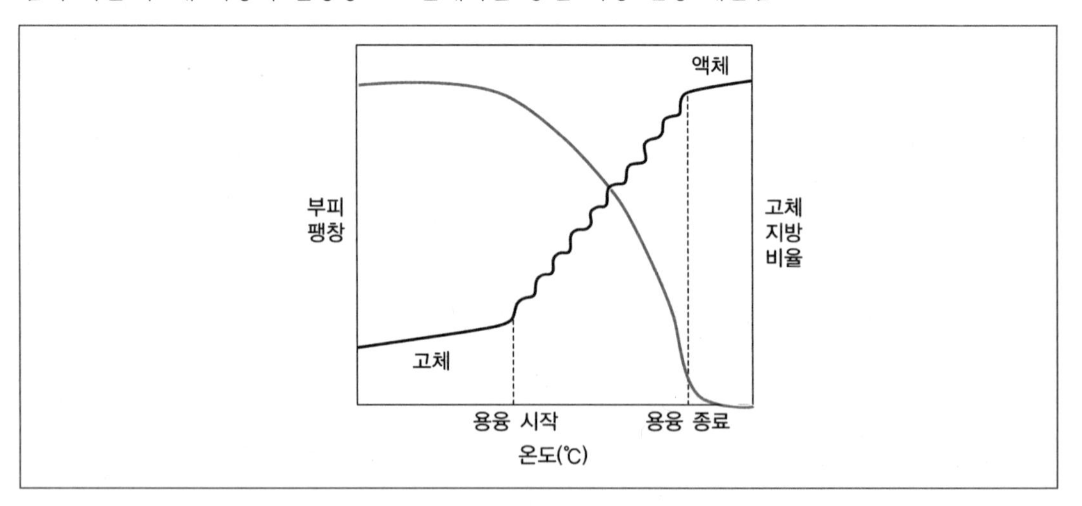

온도에 따른 유지의 부피 팽창 곡선

(참고) 고소한 = greasy, 유지는 식품에 풍미

(2) 결정성

① 동질 이상 현상(= 동질 다형 현상) : 한 종류의 지방이 두 개 이상의 결정형으로 존재하는 현상. 특히 코코아버터와 쇼트닝

구분	α형	β′형	β형
안정성	불안정	중간	안정
밀도	낮음	중간	높음
융점	낮음	중간	높음
결정 크기	작음	중간	큼
조직감		부드러움	거침

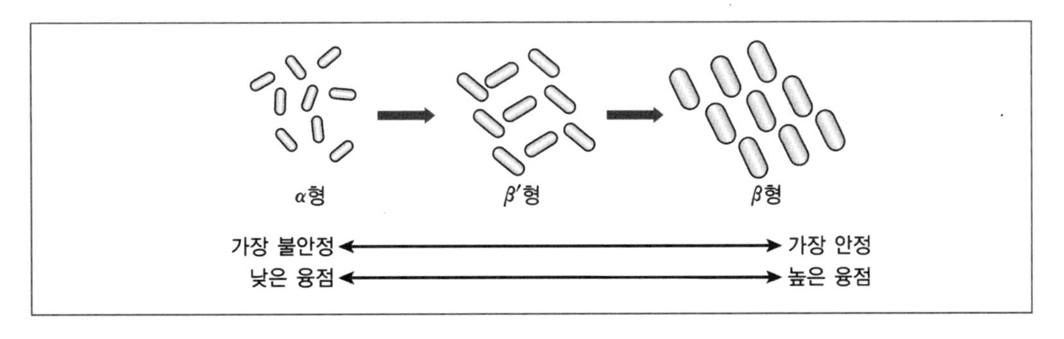

② 초콜릿 제조 시 β형 바람직한 이유: 결정성은 초콜릿 제조에 매우 중요함. β형은 융점이 높아 손으로 잡아도 녹지 않기 때문에 융점이 높은 β형이 선호됨

㉠ 템퍼링: 초콜릿 제조 시 코코아버터의 지방을 녹이고 굳히는 조작을 반복하면서 결정형을 가장 크고 안정한 β형으로 만드는 과정(녹았다 굳으면: α형 → β′형 → β형)

㉡ 블루밍: 초콜릿 표면에 지방 또는 설탕이 하얗게 석출되는 현상

③ 쇼트닝은 β′형 바람직한 이유

㉠ 쇼트닝은 β′형일 때 가소성과 크리밍성이 좋음

㉡ 안정하면서도 비교적 결정의 크기가 작아 부드러운 질감을 줌
(β′형 쇼트닝 실수로 녹았다 굳으면 어떤 형태? β형)

(3) 가소성

① 외력에 의해 잘 변형되고 외력을 제거했을 때 원래 형태로 돌아가지 않는 성질

② 고체 지방 지수(SFI, Solid Fat Index)가 15~25% 정도가 좋음

③ 액체유 함량이 75~85%인 것 = 고체 지방 지수가 15~25%인 것(고체 지방과 액체 지방이 섞인 상태)

가소성이 크려면? (≒ 액체유 함량이 많으려면?)

- 불포화 지방산 함량이 많거나, 단쇄 지방산 함량 많거나, 온도가 높을수록 유리함(사실 이 조건은 액체유 함량에 대한 조건임. 가소성은 액체유 함량이 무조건 많다고 좋은 것은 아니고, 75~85% 정도가 좋음)
- 라드(=돼지 지방, 불포화 지방산 함량이 더 많음) > 소 지방
- 버터는 다른 동물성 지방에 비해 단쇄 지방산 함량 많음(가소성이 좋으려면 액체유 함량이 75~85% 되어야 함. 불포화 지방산 또는 단쇄 지방산 함량이 많을수록 융점이 낮아 액체유 함량이 더 많음)
- 버터는 가소성 온도 범위(13~18℃)가 좁아 여름에 사용이 어려움

버터, 라드, 우지의 고체 지방 지수

샘플	SFI				가소성을 나타내는 온도 범위(℃)
	10℃	20℃	30℃	35℃	
버터	37	13.6	7.0	2.0	13~18(좁다)
라드	25.0	21.1	9.0	5.5	10~25(아주 넓다)
우지	40.0	31.5	24.5	22.0	30~40(넓다)

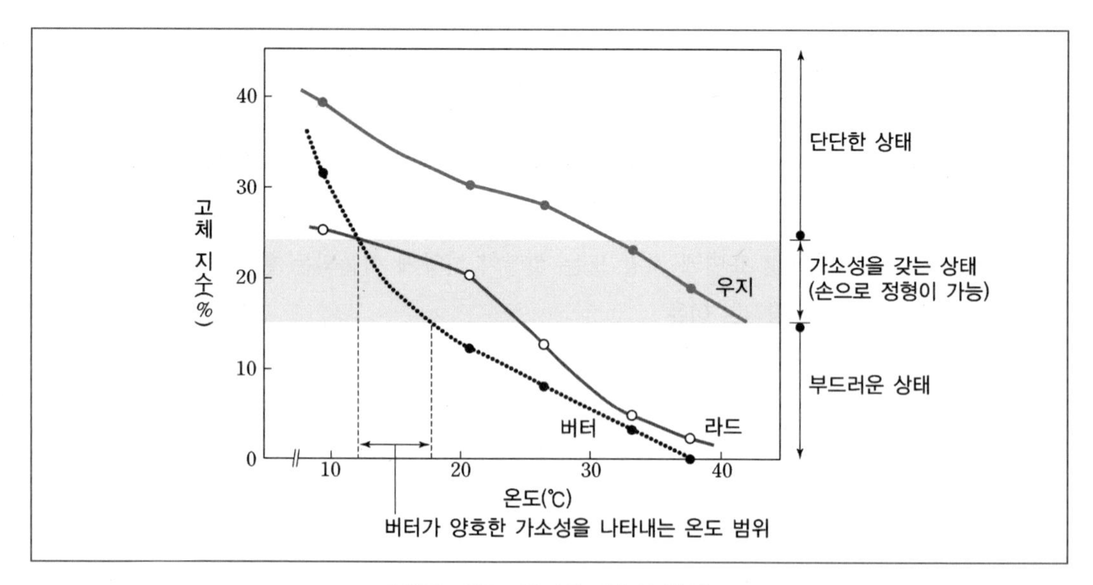

버터, 라드, 우지의 가소성 범위

(4) **쇼트닝성(쇼트닝과 쇼트닝성은 다른 개념)**

① 유지는 밀 단백질 수화를 억제하고 글루텐 표면을 둘러싸 글루텐 망상 구조 형성을 방해함. 이로 인해 연한 반죽이 되게 하거나, 바삭한 켜(층, layer)가 생기게 함

② 영향 요인

㉠ 가소성이 클수록(고체 지방 지수가 15~25%), 글루텐 표면에 더 골고루 퍼지기 때문에 쇼트닝성도 좋음

- 단, 상온에서 완전한 액체유는 좋지 않음. 유동성이 너무 커서 전분 입자 표면에 고정돼 글루텐 형성을 효과적으로 차단하지 못함
- 불포화 지방산↑ → 융점↓ → 액체유 함량↑ → 가소성↑ → 글루텐 표면에 더 골고루 퍼짐
- 불포화 지방산 또 다른 측면: 이중 결합에 의해 사슬이 구부러져 넓은 표면 덮음

㉡ 유지의 양이 많을수록 쇼트닝성이 큼. 단, 도넛이나 약과 반죽에 유지를 너무 많이 넣으면 글루텐 형성이 잘 되지 않아 튀길 때 풀어짐(다른 빵은 주로 굽지만, 도넛·약과는 기름에 튀김)

㉢ 달걀이나 우유는 유지를 유화시키므로 쇼트닝성이 감소함(쇼트닝성 발휘할 유지의 양이 감소함을 의미)

＊유동성이 큰 액체유가 고체 지방에 비해, 유화제에 의한 쇼트닝성 감소가 현저함

㉣ 기타 사항

- 라드 > 쇼트닝 > 버터 > 마가린
- 부드러운 쿠키나 촉촉한 파운드 케이크: 녹인 버터를 사용해야 작게 나뉘어 골고루 퍼짐. 냉장 버터는 고체 상태라서 밀가루 반죽 내에서 뭉쳐 있고 골고루 퍼지기 어려움
- 파이, 패스트리 반죽: 냉장 버터를 사용하며, 큰 덩어리로 존재하다가 반죽을 누르거나 밀대로 밀 때, 글루텐과 글루텐 사이에 크고 얇은 막을 형성함. 구웠을 때 제품에 켜(layer)가 생겨 바삭한 느낌이 남

(5) 크리밍성

① 버터, 마가린, 쇼트닝 같은 고체 지방을 교반하면 공기가 들어가 부피 증가하면서 부드럽고 하얀 크림 형성

② 쇼트닝 > 마가린 > 버터

＊라드는 크리밍성이 좋지 않음

(6) 유화성

① 마요네즈: 기름, 식초, 난황을 섞어 교반. 난황의 레시틴이 유화제 역할

② 분리된 마요네즈 재생: 난황

참고 프렌치드레싱: 식초와 기름을 혼합한 것으로, 일시적 유화액이므로 흔들어 써야 함

(7) 용해성

물에 녹지 않고, 유기 용매에 녹음

(8) 비열

유지의 비열은 약 0.4~0.5 정도. 비열이 작아 온도가 빨리 오르거나 빨리 내림. 튀김 시 끓는 기름에 냉동 재료를 넣으면 기름의 온도가 쉽게 내려감

2 유지의 조리 특성

(1) 유지와 튀김

① 유지는 좋은 열 전달 매체. 끓는점(=비점)이 높고(더 높은 온도까지 가열 가능하다는 뜻) 열전도도가 좋아 고온에서 단시간에 조리가 가능하므로 영양소와 맛 손실이 적음(삶기에 비해 튀김은 덜 파괴)

② 좋은 튀김유는 발연점이 높아야 함. 식품의 향에 영향이 없도록 향기 없는 기름이 좋음

예 식물성 대두유, 옥수수유 등

* 참기름, 들기름은 정제하지 않았음

* 버터 및 마가린은 물과 유화제 포함, 일부 유화제 포함한 쇼트닝 등은 튀김에 적합하지 않음

③ 튀김 시 재료가 가진 수분은 증발하고 기름이 흡수돼 바삭해짐. 수분 증발이 더 핵심, 유지는 오히려 흡유량 적어야 바삭함

④ 기름의 발연점 저하를 늦추기 위해 직경이 좁고 깊은 용기가 좋음

(2) 튀김유의 적정 온도

① 튀김 시 온도는 대체로 180℃

② 겉만 익힐 경우 높은 온도에서 짧은 시간 튀김. 속까지 익히려면 낮은 온도에서 튀기는 것이 좋음

③ 낮은 온도에서 튀기면 튀김 시간이 길어져 흡유량이 많아지니 좋지 않음(약과는 기름의 흡수가 많아야 부드러우므로 140~150℃의 낮은 온도에서 튀김)

(3) 튀김유 온도 변화 줄이기

① 튀김을 할 때 기름의 온도 변화가 적어야 함(낮은 온도 → 시간 길어짐 → 흡유량 증가)

② 냄비 표면의 1/3~1/2 정도 분량을 조금씩 넣음

③ 수분 함량이 많은 식품은 수분을 어느 정도 제거 후 튀김

④ 넉넉한 양의 기름

⑤ 직경이 좁고 두꺼운 금속 용기

(4) 흡유량

① 흡유량 적어야 바삭함

② 낮은 온도의 튀김유, 긴 튀김 시간

③ 식품에 당 및 수분 함량이 많을 때

④ 식품의 표면적 클 때

⑤ 식품에 기공이 많을 때(식빵 등)

⑥ 튀김옷을 만들 때 달걀노른자를 많이 사용하면 레시틴의 유화성 때문에 흡유량 많아짐
⑦ 강력분 사용 시 글루텐 형성이 많아 흡유량 적음

(5) **바삭한 튀김:** 글루텐 형성 억제 및 수분 증발 관련

① 밀가루는 단백질(또는 글루텐) 함량이 적은 박력분. 박력분이 없으면 중력분에 전분 섞어 사용함. 박력분은 밀 단백질 함량이 적어 글루텐 형성을 억제함
② 튀김옷을 만들 때 젓가락 등을 이용해 가볍게 저어야 글루텐 형성이 억제됨
③ 설탕의 탈수 작용 → 밀단백질 수화 억제 → 글루텐 형성 억제
④ 15℃ 냉수를 사용하면 → 밀단백질 수화 억제 → 글루텐 형성 억제
(물의 온도가 높으면 밀단백질 수화 촉진과 글루텐 형성이 촉진되고 점도가 높아져, 튀김옷이 두껍고 질겨짐)
⑤ 식소다를 0.2% 정도 첨가하면 가열에 의해 탄산 가스가 발생하면서 동시에 수분도 증발돼 바삭해짐
⑥ 튀김옷 제조 시 사용하는 물의 1/4~1/3을 달걀로 대체하면 달걀 함유 지질이 글루텐 형성을 방해함. 또한 달걀 단백질이 열에 응고하면서 수분을 방출시켜 튀김이 바삭해짐
⑦ 달걀 과다 사용 시 튀김옷이 약간 두껍고 단단함

튀김 옷
밀단백질 수화 억제 → 글루텐 형성 억제 → 튀김옷이 얇고 연해짐. 또한 글루텐 형성 억제로 흡습성은 약해지고 수분 증발은 쉬워짐. 따라서 튀김(옷)이 바삭해짐
* 튀김 쪽은 반죽이란 말 대신 튀김옷 사용 / 증발이 쉬워지는 이유는 수화수 및 망상 구조 안에 갇힌 물은 적어지고 자유수는 많아지기 때문

빵 반죽
밀단백질 수화 억제 → 글루텐 형성 억제 → 연하고 부드러운 반죽

• 조리 상식: 물에서 오래 끓이거나 기름에 오래 튀기면 흡수량/흡유량이 많아짐

(6) **기타**

① 감자칩이나 생선튀김처럼 수분이 많은 음식은 튀김옷을 입히지 않거나 전분을 살짝 묻혀 튀기면 쉽게 탈수돼 바삭하게 튀겨짐
② 재료의 수분을 증발시키지 않으려면 수분이 많은 튀김옷 이용, 그러면 재료의 수분 증발 없이 튀김옷 수분만 증발함 예 새우튀김
③ 냉동식품을 튀길 경우, 튀김옷을 입힌 식품은 냉동 상태에서 가열하고, 옷을 입히지 않은 식품은 반 해동 상태에서 튀기는 것이 좋음

기출 문제 2022-B8

다음은 영양교사와 학생의 대화이다. 〈작성 방법〉에 따라 서술하시오. [4점]

오늘은 고구마튀김을 만들 거예요. 바삭한 튀김을 만들기 위해 튀김옷으로 어떤 밀가루를 사용하는 것이 좋을까요?

㉠ 박력분이 좋다고 배웠어요.

맞아요. 밀가루의 단백질 성분과 관련이 있기 때문이죠.

그럼 기름은 발연점이 높은 것이 좋다고 하셨으니까 지난번 실습 시간에 사용하고 모아 둔 대두유를 다시 쓸까요?

안 돼요. 신선한 대두유를 사용할 거예요. 기름을 여러 번 사용할수록 몸에 해로운 ㉡ 아크롤레인(acrolein)이 쉽게 만들어지므로 신선한 기름을 사용하는 것이 좋아요.

〈작성 방법〉

- 바삭한 튀김을 만들기 위해 밑줄 친 ㉠을 사용하는 이유를 밀가루의 단백질 성분과 관련하여 2가지를 서술할 것
- 밑줄 친 ㉡이 생성되는 과정을 원인물질을 포함하여 서술할 것

3 식용 유지의 종류

(1) 대두유

토코페롤 함유, 변향

(2) 옥수수유

가열이나 산화에 안정, 튀김해도 거품 생성 및 발연점 저하가 적음

(3) 면실유

목화씨에서 추출, 고시폴은 천연 항산화 물질이나 독성이 있으므로 고시폴 반드시 제거

(4) 올리브유

① 단일 불포화 지방산인 올레산 함량이 높아, 다른 식물성 유지에 비해 산화 안정성이 높은 편

② 정제하지 않은 엑스트라 버진은 발연점이 낮아 튀김유로 적합하지 않음

(5) 유채유(또는 채종유)

에루스산(독성 성분)이 있음(독성이 적게 개량된 품종에서 추출한 기름 → 카놀라유)

(6) 미강유(=현미유)

항산화 성분은 토코트리에놀, 감마－오리자놀

(7) 참기름 vs 들기름

참기름과 들기름은 정제하지 않은 기름이므로 발연점 낮음

① 참기름 : 천연 항산화제 세사몰, 토코페롤

② 들기름 : ω3 리놀렌산이 50~60%라서 산패 취약하므로 냉장 보관

(8) 야자유(=코코넛유, 팜유, 팜핵유 등. 보통은 코코넛유)

식물성 유지이지만 포화 지방산의 비율이 높아 상온에서 (반)고체, 불포화 지방산 함유량이 높은 다른 식물성 유지에 비해 산화 안정성 높음

(9) 코코아버터

카카오콩에서 얻음. 초콜릿 원료

(10) 우지 = 쇠기름

(11) 돈지 = 돼지기름 = 라드

① 불포화 지방산 함량으로 보면 버터보다 높고, 천연 유지이므로 마가린과 달리 트랜스 지방은 없음
② 우지보다 녹는점 낮아 부드러운 식감
③ 크리밍성은 떨어지지만 쇼트닝성은 좋음
④ 특유의 냄새

(12) 어유

EPA, DHA 등 다가 불포화 지방산 함유, 상온에서 액체

(13) 마가린

① 버터 대용
② 식물성 유지(주로)에 수소 첨가해 경화유를 만듦
③ 유중 수적형 에멀젼(지방 : 물=8 : 2)으로 만들어 버터와 비슷하게 만든 가공 유지
④ 경화 과정에서 트랜스 지방 생길 수 있음

* 마가린과 쇼트닝은 대표적 경화유

(14) 쇼트닝

① 라드 대용
② 100% 지방
③ 식물성 유지(주로)에 수소 첨가해 만든 경화유
④ 트랜스 지방 생길 수 있음
⑤ 크리밍성과 쇼트닝성 좋아서 제과에서 중요함
⑥ 산화 안정성 좋음
⑦ 버터나 마가린에 비해 발연점 높은 편이나 식용유, 옥수수유 등 다른 식용유만큼 높은 것은 아님
⑧ 일부 쇼트닝은 유화제를 첨가하기도 하며 발연점 저하 원인이 됨

* 과자는 더 바삭하게, 빵과 케이크는 더 부드럽게 만들어 주는 특징이 있어 제과 및 제빵에서 널리 이용돼옴

유지의 발연점 비교

유지 종류	발연점(℃)	유지 종류	발연점(℃)
정제 대두유	256	비정제 대두유	210
정제 면실유	233	사용한 라드	190
정제 낙화생유	230	유화제 함유 쇼트닝	177
정제 옥수수유	227	비정제 참기름	175
버진 올리브유	190	비정제 올리브유	175
코코넛유	175	비정제 낙화생유	162

* 튀김은 발연점이 높은 콩기름, 옥수수유

기출 문제 2017-A8

다음은 여중생 승유와 영양교사의 대화 내용이다. 괄호 안의 ㉠, ㉡에 해당하는 물질의 명칭을 순서대로 쓰시오. [2점]

승 유: 선생님, 어제 엄마가 참기름과 들기름을 사오셨는데, 들기름만 냉장고에 넣어 두셨어요. 왜 그렇게 하시는지 여쭤 봤는데, 그냥 그렇게 하면 좋다고 사람들이 얘기하니까 그렇게 하시는 거래요. 선생님은 그 이유를 아시나요?

영양교사: 참기름과 들기름에는 불포화지방산이 80% 이상 함유되어 있어서 산패되기 쉽단다. 그런데 참기름에는 이러한 반응을 막아 주는 천연 항산화제인 (㉠)와/과 토코페롤이 들어 있어서 실온에 보관해도 돼. 하지만 들기름에는 이 물질들이 적게 들어 있고, 다가불포화지방산인 (㉡)은/는 참기름보다 훨씬 많아서 실온에 두면 더 쉽게 산패가 일어난단다.

승 유: 그럼 들기름은 꼭 냉장 보관해야겠네요.

소금, 설탕, 산, 알칼리, 산화 총정리

1 소금

방부(미생물 번식 억제) 효과	염장 시 낮은 수분 활성
갈변 억제	깎은 사과를 소금물에 담그면 ① 산소 차단과 ② 효소 억제(염소 이온) ①은 소금보다는 물에 의함
시금치 데칠 때 녹색 보호	• 데치는 물의 농도와 채소 세포액의 농도가 같아져 클로로필의 용출을 억제 • 클로로필이 페오피틴으로 변하는 것을 억제
밀가루 반죽이 질기고 단단(빵, 국수)	• 반죽의 점탄성 높임 • 프로테아제 활성 억제로 글루텐 입체적 망상 구조가 치밀
• 단백질 식품에서 단단한 조직감 – 달걀찜 – 고기 또는 생선에 소금을 뿌려 구우면 표면이 빨리 굳어 맛성분 유출 줄일 수 있음 – 달걀을 삶을 때 물에 소금을 넣고 삶으면 껍질에 금이 가도 바로 응고돼 흰자 유출을 줄일 수 있음	• 단백질 응고 촉진 – 두부: 염석 용어 사용 ○, 중화와 탈수 – 두부 외: 염석 용어 사용 ×, 중화만
단맛은 강하게 신맛은 약화	

2 설탕

잼, 젤리, 양갱, 연유 및 각종 당 절임에서 방부 작용	식품의 수분 활성도를 낮춤
호화 억제	설탕은 보습성이 뛰어나 전분 호화에 필요한 물을 설탕이 빼앗음
양갱, 케이크 전분 노화 방지	설탕에 의한 탈수로, 전분 분자의 이동 및 회합 제한돼 전분 재결정화 억제
고메톡실 펙틴 겔 형성	설탕이 탈수제 역할을 해 펙틴 표면의 수화수가 제거됨으로써 펙틴 분자 간 접근이 용이
부드러운 반죽, 바삭한 튀김옷	설탕의 흡습성으로 인해 밀 단백질 수화 감소 → 글루텐 형성 억제
빵 만들 때 이스트 발효 촉진 또는 억제	적정량이면 영양분으로 쓰여 발효 촉진, 과량이면 삼투 현상으로 이스트 탈수되어 발효 억제
부드러운 달걀찜, 커스터드, 푸딩	단백질 응고 억제
기포 형성능 저하 기포 안정성 증가	• 난백 단백질 변성 억제, 난백 점도 증가 • 난백 점도 증가
색과 향 부여	카라멜화, 마이야르

* 설탕=윤기

3 산

단백질 응고 촉진	산 첨가 시 pH↓ → pH가 pI에 가까워지면 → 단백질 순전하 0에 가까워지면서 → 단백질은 정전기적 반발력 잃고 응고
해수어 비린내 억제	비린내 성분인 트리메틸아민 중화(산염기 중화)
전분 소스의 점도가 저하	산 분해로 전분의 길이가 짧아짐(탕수육 소스를 만들 때 산을 나중에 넣는 것이 좋음)
효소적 갈변 억제	pH 저하에 따른 효소 활성 저하
마이야르 억제	pH 저하 시 나타나는 현상(마이야르는 비효소적이므로 효소 관련성 없음)
클로로필, 안토잔틴, 안토시아닌 색 변화	산성 조건에서 색소의 색 변화
노화 억제(강산)	강산성에서 억제(산 분해로 전분의 길이가 짧아짐)
겔 강도 약화	산 분해로 아밀로오스 길이 짧아지고 겔 강도 감소
살균, 방부	

4 양념 첨가 순서

① 설탕과 과일즙(배즙)을 먼저 넣는 이유: 식육 연화 효과로 다른 양념이 더 잘 뱀

② 설탕을 소금(또는 간장)보다 먼저 넣는 이유

- (간장에는 소금이 들어 있는데) 분자량이 커서 재료에 스며드는 속도가 느린 설탕을 소금보다 먼저 넣어야 간이 고르게 됨(권장)
- (간장 내) 소금은 설탕에 비해 분자량이 작아 침투 속도가 빠르므로 수분이 빠져나오면서 조직이 수축돼 분자량이 큰 설탕이 스며들기 어려움

③ 참기름을 늦게 넣는 이유: 참기름을 먼저 넣으면 연화 효소의 작용이 억제되며, 막을 형성해서 양념이 잘 스며들지 않음 + 휘발성 향 성분 손실

④ 식초와 간장은 가열하면 휘발하는 성분이 많으므로 조리가 거의 끝날 무렵에 넣음

5 알칼리

(1) 알칼리란

OH^-(수산화 이온) 농도 증가, pH↑

(2) 알칼리성 물질 예시

① 대표: 중조 = 베이킹 소다 = 식소다 = 중탄산나트륨 = 탄산수소나트륨 = $NaHCO_3$

② 그 외: 수산화나트륨, 수산화칼슘 / 탄산나트륨, 탄산칼륨 등등

(3) 알칼리 처리 시 여러 현상들

① 비누 냄새, 비누 맛과 입에서 미끌거리는 느낌(OH^- 때문)

② 알칼리에 약한 비타민 파괴(티아민 및 비타민 C 등)

③ 알칼리성에서 세포벽의 헤미셀룰로오스와 펙틴이 팽윤, 분해, 연화

㉠ 알칼리성 식소다를 소량 첨가해서 가열하면 단시간 가열해도 세포벽의 헤미셀룰로오스와 펙틴이 쉽게 분해 및 연화됨. 가열이 길어지면 물러짐(시금치 데치기)

㉡ 알칼리성에서 세포벽의 헤미셀룰로오스와 펙틴이 팽윤 및 연화됨(콩 불리기)

④ 색 관련

(4) 조리 원리 사례

case 1) 채소 데칠 때 녹색 유지 위해 식소다를 약간 넣기도

- 원리: (3)-④
- 단점: 알칼리에 약한 비타민 파괴(티아민 및 비타민 C 등) [(3)-②], 채소를 무르게 함 [(3)-③-㉠]

case 2) 콩 불릴 때 흡습성 높이기 위해(잘 불리기 위해) 식소다 및 탄산칼륨 첨가

- 원리 : (3)－③－Ⓛ
- 단점 : 입안에서 미끌거리는 불쾌한 느낌과 비누 맛 [(3)－①], 알칼리에 약한 비타민 B_1 파괴 [(3)－②]

case 3) 빵 팽창제로 식소다 첨가

- 원리 : 2중탄산나트륨($2NaHCO_3$) $\xrightarrow{\text{가열}}$ 이산화탄소 + 탄산나트륨(Na_2CO_3) + 물
- 단점 : 알칼리성 탄산나트륨으로 인해
  - → (색 나빠짐) 알칼리성에서 밀가루의 안토잔틴은 황색으로 됨 [(3)－④]
  - → (냄새가 남) 비누 냄새 [(3)－①]

6 산화(조미료 아님)

① 밀가루에 물을 넣고 치대면 반죽이 됨 → 이황화 결합

② 밀가루, 당근 → 카로티노이드 산화

③ 유통기한이 지난 들기름에서 이취가 남 → 유지 산화

④ 홍차 제조 과정에서 찻잎이 적갈색으로 바뀜 → 폴리페놀 산화 효소

⑤ 냉장고에 보관 중인 생등심이 갈색으로 변함 → 미오글로빈 또는 옥시미오글로빈에서 메트미오글로빈으로, 철 2가 이온에서 철 3가 이온으로 바뀜

⑥ 안토잔틴, 안토시아닌 산화 갈변

CHAPTER 18

조리원리 일반

1 전처리

(1) 썰기

① 표면적 커져서 열전도율 높아져 조리 시간 단축

② 조미료 침투, 흡유량, 흡수량 증가

③ 썬 후 씻지 않고, 씻은 후 썰어야 영양소 손실 적음

(2) 분쇄와 마쇄

① 분쇄: 건조 식품을 가루로 만드는 것

② 마쇄: 수분이 있는 식품을 갈거나, 으깨거나, 짜거나 등등

2 조리법

(1) 습열 조리법

물과 수증기를 열 전달 매체로 하며, 끓이기, 조리기, 삶기, 데치기, 찌기 등이 있음

① 포우칭: 70~80℃, 거품 일지 않는 물

② 시머링: 100℃ 이하, 잔잔한 거품

③ 끓이기

④ 찌기: 수증기의 기화열(잠열의 일종) 이용

⑤ 데치기(=블렌칭)

(2) 건열 조리법

기름과 공기를 열 전달 매체로 하며, 굽기, 볶기, 지지기, 튀기기 등이 있음

① 굽기

㉠ 오븐 굽기: 베이킹, 로스팅

㉡ 직접 구이: 석쇠, 꼬챙이

㉢ 간접 구이: 냄비, 팬

② 볶기: 소테, 스터프라잉, 지지기, 튀기기 등

(3) 복합 조리법

① 건열 + 습열

② 브레이징, 스튜잉

3 열 전달

(1) 복사, 대류, 전도

① **복사**: 열원으로부터 중간 매체 없이 물체에 직접 도달함

㉠ 조리 용기의 표면이 검고 거칠수록 복사 에너지 흡수 잘함

㉡ 투명한 용기는 복사열을 투과시켜 식품 표면에 흡수되도록 함

㉢ 직화, 오븐, 토스트 따위

- 조리 용기로 표면이 검고 거친 것: 복사열 흡수 잘함
- 표면이 매끈, 반짝, 밝으면: 복사열 반사
- 투명한 용기: 복사열 투과시켜 식품으로 복사

② **대류**: 뜨거운 것은 밀도가 낮아져 위로, 차가운 것은 밀도가 높아져 아래로 이동, 물과 공기, 골고루 섞이는 데 기여

㉠ 점도가 높은 액체는 대류가 잘 일어나지 않음

㉡ 가열 산화된 유지는 점도 급증으로 대류가 잘 일어나지 않아 열 전달 효율이 떨어짐

③ **전도**: 물질 이동 없이 온도가 높은 곳에서 낮은 곳으로, 열에너지가 물체를 따라 이동

㉠ 식품 내부나 냄비 등

㉡ **열전도율**: 알루미늄 > 철 > 유리

* 알루미늄은 열전도율이 높아 라면이 빨리 끓어 불지 않음

㉢ **열 전달 속도**: 복사 > 대류 > 전도

(2) 전자레인지

① 열원이 따로 있지 않고, 극초단파가 물을 진동시켜 식품 내부에서 열 발생하게 함(조리 공간의 온도 오르지 않음, 열 손실 적음)
② 조리 시간이 짧음
③ 전자파가 투과되는 유리, 도자기, 종이 등 재질의 용기 사용, 금속이나 법랑질은 안 됨
④ 형태, 색, 맛 등 유지, 영양소 손실 적음
⑤ 수분 증발로 식품 중량 감소(뚜껑을 덮거나 랩을 씌워 수분 증발 막을 수 있음)
⑥ 갈변 일어나지 않음(갈색을 내려면 오븐이나 그릴에서 먼저 조리하여 갈색을 낸 후, 전자레인지로 중심부 익히기)
⑦ 해동 및 데우기에 편리
⑧ 극초단파 분산을 위해 회전 접시
⑨ 액체 식품은 깊이가 얕은 용기
⑩ 종류나 크기가 다른 여러 식품은 익는 정도가 달라 불편함
⑪ 다량 조리, 큰 형태 식품 조리에는 부적당

4 식품 미생물

(1) 세균

바실러스 서브틸리스: 고초균, 메주, 청국장, 전분·단백질 분해

(2) 곰팡이

아스퍼질러스 오리제: 황국균, 막걸리, 미소 된장, 전분·단백질 분해(아스퍼질러스 속을 누룩곰팡이 또는 국균이라고도 함)

(3) 효모

① **사카로마이세스 세레비지애**: 발효 공업, 당을 발효해 탄산 가스와 에탄올, 빵 효모, 청주 효모, 출아법 번식
② **산막 효모**: 채소 발효 식품이나 주류 발효액의 표면에 증식하여 피막

MEMO

도서 정오표 안내

교재에 수정 사항이 있을 경우 '박문각출판 홈페이지'(www.pmg.co.kr)에 공지하오니 참고하시기 바랍니다.

영양교사 단기 합격 전략서

심재범 전공영양 이론1 하

초판인쇄 | 2025. 2. 20. **초판발행** | 2025. 2. 25. **편저자** | 심재범
디자인 | 박문각 디자인팀 **발행인** | 박 용 **발행처** | (주)박문각출판
등록 | 2015년 4월 29일 제2019-000137호
주소 | 06654 서울특별시 서초구 효령로 283 서경 B/D **팩스** | (02)584-2927
전화 | 교재 문의 (02)6466-7202, 동영상 문의 (02)6466-7201

저자와의 협의하에 인지생략

정가 17,500원

ISBN 979-11-7262-497-2 / ISBN 979-11-7262-494-1(세트)